소설보다 재미있는 구석구석 이야기 여행

대한민국
숨겨진 여행지
100

이종원 지음

상상출판

승봉도　　　　　　대이작도　　　이작도

자월도

영흥도

연안부두

소설보다 재미있는 구석구석 이야기 여행

대한민국
숨겨진 여행지
100

이종원 지음

지은이 이종원

1966년 서울 출생. 성균관대 중어중문학과, 무역대학원 졸업. (사)한국여행작가협회 홍보이사, 대외협력이사를 역임했으며 회원수 1만 6000명 규모의 여행 동호회 '모놀과 정수(cafe.daum.net/monol4)' 대표로 200차례 이상 여행 인솔. 신세계백화점, 롯데백화점, 현대백화점 등 문화센터에서 테마여행클럽을 진행하며 기업체 연수 여행에도 나서고 있다. 2009~2012년 여행작가학교 글쓰기와 여행사진 강사, 2010~2012년 한국관광공사와 한국관광협회 주관 문화관광해설사 대상으로 스토리텔링 관련 강의를 하고 있다. 청와대, 검찰청, 기획재정부, 전북도청, 울산시청, 용인시청, 서울대, 경희대, 삼성전자, 기아자동차, LG디스플레이, IBM 등 관공서, 대학, 기업체에서 '살맛나는 여행' '여행을 통한 경쟁력 강화' 등의 주제로 강연에 나서고 있다. 한국은행, 현대자동차, 대교, 교육과학기술부, 해양경찰청 등 사보와 언론매체에 여행칼럼을 기고하고 있으며 KBS, SBS, EBS 등 TV와 라디오에 출연해 감동이 묻어 있는 대한민국 스토리 여행지를 소개하고 있다.

소설보다 재미있는 구석구석 이야기 여행

대한민국 숨겨진 여행지 *100*

초판 1쇄 인쇄 2013년 10월 25일
초판 1쇄 발행 2013년 11월 1일

지은이 이종원
펴낸곳 상상출판

공급처 (주)더블북코리아
전　화 02-2061-0765
팩　스 02-2061-0766
이메일 doublebook@naver.com

ISNB 978-89-93894-94-3 (12980)

• 일러두기
〈대한민국 숨겨진 여행지 100〉 핸디북을 펴내면서 저자와의 협의에 따라 본문의 사진 일부를 삭제했음을 알려드립니다.

소야도

문갑도

덕적도

무의도

인천대교

하늘에서 내려다본 대한민국 서해바다

제주도행 비행기를 탈 때 오른쪽 후미 창가 좌석(6석이면 F석)을 배정받아라.
하늘에서 대한민국 지형을 내려다볼 수 있는데 주로 비행기가 서해안고속도로 위를 비행하기 때문에
물감을 뿌려놓은 듯한 인천의 섬, 안면도, 마량포구, 변산반도 등 해안선이 눈에 들어온다.
남해에 접어들면 보길도, 청산도, 추자도까지 볼 수 있는데
대한민국 지도 한 장 펼쳐놓고 섬들을 짚어보는 재미가 쏠쏠하다.

충주 김연아 나무
충북 충주시 수안보면에 있는 미륵사지에서 하늘재를 따라
1.7km 정도 지점에 있다. 수령 120년 된 소나무다.

갯깍주상절리대
제주 중문단지의 하얏트리젠시 호텔 오른쪽 바닷가로 내려가
우측으로 500m 쯤 걸어가면 바위기둥인 갯깍주상절리대를 만날 수 있다.

의성 금성산 고분군 작약밭. 5월 말에 작약꽃이 만개한다.

Prologue

소설만큼 드라마틱한 여행이야기

등산갈 때 유용하게 써먹기 위해 무전기를 하나 장만하고 당시 5살 난 딸 정수와 무전기 성능 테스트를 했다.

"정수야 잘 들리냐, 오바." "응 잘 들려." "아빠가 뭐라고 했냐, 오바."

말이 끝나자 갑자기 건넌방에 있던 정수가 알쏭달쏭한 표정으로 달려왔다.

"아빠, 왜 자꾸만 나보고 오빠라고 불러?"

내 여행의 가장 큰 동력은 아이들이다. 우리 아이들이 순수한 마음을 오래 유지했으면 하는 바람으로 이 책을 준비했다. 단순한 여행지 소개가 아니라 현지에 녹아 있는 진득한 삶의 내음, 진솔한 사랑과 재미와 감동이 묻어 있는 스토리를 담고자 했다. 이 책을 다 읽고 나면 누구나 혹부리 할아버지가 되어 아이들에게 동화 같은 여행 이야기를 들려줄 수 있으리라 확신한다.

숨겨진 여행지 ○ ○ 10년 동안 전국을 씨돌아다니며 한푼 두푼 저감통에 모아두었던 여행기 1천여 편 중에서 유쾌하고 의미 있는 여행지 100

곳을 뽑았다. 국내에서 유일하게 산모를 위한 태교의 숲길이 조성된 중미산자연휴양림, 예수님처럼 물 위를 걷는 화천 산소길, 바닷물을 빨아들이는 황금산 코끼리바위, 카펫보다 촉감 좋은 부곡천 억새길, 주왕산의 속살 절골계곡, 금강의 오지마을 방우리 등 대한민국 하늘 아래 이렇게 신기한 여행지가 있을까 할 정도로 숨겨진 여행지를 찾아냈다.

꽃과 맛 ••• 여인들이 좋아하는 꽃 여행지도 담았다. 어린아이 머리통만 한 의성 작약, 고려인의 피눈물이 떠오르는 고려산 진달래, 문학기행을 겸한 봉평 메밀꽃, 선홍빛 꽃문신을 새긴 보길도 동백꽃, 매화여 장부 홍쌍리 여사가 피땀으로 키운 광양 매화 등 꽃향기에 코가 뻥뻥 뚫리니 팝콘 같은 웃음을 터트리며 산들산들 거닐면 그만이다. 대한민국 술꾼이라면 꼭 가봐야 할 양조장인 진천 세왕주조, 막걸리 안주거리로 삼삼한 광장시장 빈대떡과, 소주 한잔을 단번에 꺾을 수 있는 장충동 족발, 동인천의 삼치, 신포 닭강정 등 아빠의 관심사도 놓치지 않았다.

Travel Story ••• 아무래도 이 책의 가장 큰 장점은 소설만큼이나 드라마틱한 여행 스토리라 하겠다. 성북동 길상사는 백석과 김영한의 지고지순한 사랑이야기를 품고 있으며 'ㄱ' 자형 두동교회는 기독교의 토착화를 위해 선교사들이 얼마나 애를 썼는지 신앙의 참뜻을 되새겨준다. 추자도에 아들을 버릴 수밖에 없었던 정난주 마리아의 사연도 애달프고, 지리산 산수유 돌담길을 거니노라면 사형장으로 끌려가는 백부전의 한 맺힌 산동애가 소리가 들리는 듯하다. 오늘날에도 세금을 내고 학생에게 장학금을 주는 예천의 석송령을 본 적이 있는가. 공주 감사 창건의 일등공신은 황소였고, 의령의 망개떡은 가야와 백제, 두 나라의 화친을 위한 결혼 이바지음식이었다는 것을 알게 되면 입가에 미소가 절로 번질 것이다. 백제 멸망 후 중국으로 끌려간 의자왕이 1300년 만에 부여로 돌아올 수 있었던 것은 부여 사람들의 눈물겨운 노력이 있었기에 가능했다. 이외에도 우이령 둘레길, 정선 하늘길, 안면도 해변길, 부안 마실길, 죽령 옛길, 안동 예던길, 서울대공원 삼림욕장 산책로 등 홀로 걸어도 호젓하고 둘이 걸으면 더 좋은, 운치 있으면서도 매혹적인 걷기코스도 빠뜨리지 않았다.

Travel Guide ◦◦◦ 여행 추천시기를 월별로 소개했고 가족, 연인, 답사, 단체 등 여행의 성격을 구분했다. 1박 2일 추천일정과 2인 비용을 산출했으니 그대로 따라 하면 된다. 가는 길, 맛집, 잠자리 정보뿐 아니라 놓치지 말아야 할 볼거리, 향토음식 등 만족스러운 여행이 될 수 있도록 '친절한 여행팁'을 달았다.

Special Page ◦◦◦ 첫 번째 부록으로 속초 영금정, 진도 세방낙조, 화성 궁평낙조 등 벅차오르는 감동을 선사해줄 의미 있는 해돋이, 해넘이 명소를 담았다. 세상이 빡빡하고 힘겨울 때 수면을 박차고 오른 태양을 보면서 희망과 위안을 얻길 바란다. 두 번째 부록은 초보자도 쉽게 따라 할 수 있는 여행의 기술이다. 맛집 찾는 법, 저렴하고도 깔끔한 숙소, 살아 있는 여행정보 얻기, 시티투어 활용법 등 누구나 따라 하면 여행의 고수가 될 수 있는 노하우를 책에 실었다.

전작 『우리나라 어디까지 가봤니? 56』이 7쇄를 찍을 정도로 독자의 열기가 뜨거웠다. 덕분에 제주 거문오름 원고는 중학교 3학년 국어교과서에 실리는 영광을 얻었고 청와대는 물론 수많은 기업체에서 여행 강연을 하면서 바쁜 나날을 보냈다. 작년 12월부터 다시 정신을 차리고 책을 쓰기 위해 방안에 틀어박혔지만 전작보다 잘 써야 한다는 부담감 때문일까, 도무지 집중을 할 수 없었다. 그러다 보니 몸이 망가졌다. 치통 때문에 치과 신세를 졌고 아토피 때문에 한동안 피부과 약으로 버텼다. 극심한 몸살에 거위털 침낭 속에서 3일을 꼬박 앓아야 했고 마감을 눈앞에 두고 복막염까지 걸려 무려 8일을 입원했다. 그런데 그것이 전화위복이 되었다. 몸은 아팠지만 오히려 정신은 맑아졌다. 주사바늘을 팔에 꽂고 노트북 자판을 두드리며 놀라운 투혼을 발휘했다. 머리로 쓴 책이 아니라 온몸으로 쓴 결과물이기에 더욱 애착이 간다.

물론 홀로 써내려간 것은 아니다. 함께 여행하면서 격려해주고 마르지 않는 이야기를 쏟아주신 1만 6000명 '모놀과 정수' 회원들이 있었기에 이렇게 거침없이 걸어올 수 있었다. 사무실 집필공간까지 내준 상상출판 유철상 대표와 야근과 주말근무까지 하면서 부족한 원고에 명품 옷을 입혀주신 출판사 직원들께도 감사인사 전한다.

신내동 보금자리 골방에서

이종원

Contents

Part 3
강원도

Part 6
경상도

Part 7
제주도

Special 부록

Part 1
서울

조선왕조 500년의 비밀정원
창덕궁 후원

Travel Guide

추천시기 사계절 **여행성격** 연인, 가족 **추천교통편** 자가용, 지하철, 버스
추천일정 1일 창덕궁 – 창덕궁 후원 – 북촌마을 – 국립민속박물관
　　　　　 2일 창경궁 – 종묘 – 청계천 – 광화문광장 – 경복궁

주소 서울 종로구 율곡로 99번지 **전화** 02-762-8261 **웹사이트** www.cdg.go.kr
2인비용 교통비 4000원, 식비 2만원, 여비 1만원

15년 전쯤일 게다. 프랑스 베르사유 궁전의 웅장함을 보고 '남들이 저런 건물 올릴 때 우린 도대체 뭐했지?' '맨날 당파싸움으로 세월을 보냈으니 제대로 내세울 만한 궁궐이라도 있나?' 이런 의구심으로 가득 찼다. '그래도 내 눈으로 직접 확인하고 욕을 하자.' 일말의 양심이랄까 아니면 오기가 발동했는지도 모르겠다. 먼저 찾아간 국립중앙박물관에서 국보 제83호 반가사유상을 만나 환희를 얻었고, 다음날 바로 창덕궁을 찾았다. 궁궐 구석구석을 거닐면서 그동안 내가 얼마나 한심한 생각을 하고 살아왔는지 뼈저리게 반성했던 기억이 난다. 우아한 건물은 둘째 치고라도 자연을 끌어들여 전혀 꾸밈없이 건물을 앉힌 후원의 모습에 흠뻑 반해버린 것이다.

그 뒤로 우리 문화에 관심을 가지며 차츰 안목을 높여나갔다. 하나를 보면 두 개가 궁금해 관련 책을 뒤져보았고 훌륭한 선생님까지 만나게 되었다. 배우면 배울수록 욕심이 생겨 전국을 유랑하다 보니 결국 여행자가라는 직업까지 얻게 되었다. 그러고 보니 창덕궁이야말로 내 인생에 큰 획을 그은 단초인 셈이다.

1년 중에 가장 창덕궁이 아름다울 때가 바로 11월 둘째 주와 셋째 주로, 서울서 가장 단풍이 늦다. 더구나 창덕궁 후원만 따로 둘러볼 수 있는 특별관람 프로그램이 있으니 일부러라도 시간을 내봄 직하다. 부용정은 물론 예전에 개방하지 않았던 애련지-관람정-옥류천까지 후원의 속살을 살펴볼 수 있다. 후원 관람은 각 입장시간별 100명으로 인원을 제한하며 해설사의 안내에 따라 관람하게 된다. 함양문-연경당-의두합-부용지-애련지-관람지-옥류천-다래나무-돈화문 등 총 100분이 소요되며 창덕궁 입장료 이외에 별도의 관람료 5000원을 부담해야 한다.

금천교를 지날 때 다리 아래 돌짐승을 유심히 보라. 해태처럼 생겼는데 실은 '서수'라는 상상의 동물로 악귀를 물리치는 역할을 한다. 어도가 상당히 넓고 좌우에 돌난간을 세웠다. 궁궐을 들어갈 때는 꼭 시내를 건너야 하는데 이는 풍수지리상 시냇물이 명당수의 역할을 하기 때문이다. 창덕궁 담벼락을 따라 긴 오솔길을 거닐면 부용정과 연못이 나온다. 연못은 네모난 방형이며, 중앙에 둥그런 섬이 있고 그 안에 소나무가 심어져 있다. 이는 '하늘은 둥글고 땅의 모양은 네모나다.' 즉 천원지방(天圓地方)이라는 전통적인 우주관을 표현한 것이다. 땅을 음, 물을 양이라 한다. 그렇다면 부용정 앞에 돌기둥 2개는 물 위에 올라 있고 나머지는 땅 위에 있다. 즉 물과 땅이 교합하는 이치를 말해주고 있다. 부용정을 하늘에서 내려다보면 '十' 자형처럼 보이는 것도 음양의 조화로 보면 된다. 물과 땅이 결합하면 그 기운이 하늘을 뚫을 수 있는데, 그 기운이 어수문을 지나서 왕실도서관인 규장각에서 우주의 이치를 만나게 된다. 규장각 열람실의 편액이 '주합루(宙合樓)'가 된 연유가 바로 여기에 있다. 주합루는 2층 건물로, 서고인 1층은 직사광선이 방안에 들어가 종이가 훼손되지 않도록 사방에 툇간을 깊게 하였다. 열람실인 2층은 햇볕이 들어올 수 있게 개방형으로 지었다. 책을 읽을 수 있도록 밝게 꾸며져 있다. 그 옆에 임금의 초상화를 모신 서향각이 서 있다.

주합루에 오르는 계단 문을 유심히 보라. 바로 '어수문(魚水門)'이다. 물고기는 신료를 의미하고 물은 왕을 상징한다. 물고기는 물을 떠나서 살수 없듯이 신료들도 왕의 뜻 안에서 살아가라는 의미다. 화려한 다포식의 팔작지붕을 가졌는데 단청이 유난히 화려하다. 왕은 이 문을 통해 규장각으로 들어가고, 신하는 어수문 옆에 딸린 쪽문으로 드나드는데 높이가 낮아 반드시 머리를 숙여야만 들어갈 수 있다. 영화당은 과거보는 곳이다. 높은 축대 위에 건물이 들어선 이유는 시험 감독을 위해서다. 이 앞마당에 선비들이 자리 잡고 왕과 시관들이 감독을 하였다. 과제에 따라 시험지에 답안을 쓰면 그 자리에서 채점하고 임금이 낙점해 장원급제를 정한다. 임금은 급제한 인재를 친견하고 어사화를 머리에 꽂아준다고 한다. 춘향전의 이몽룡이 어사화를 쓴 곳이 바로 이 영화당이다. 애련지는 사랑스런 여인이 떠오를 만큼 예쁜 연못이다. 한반도 모양의 반도지는 부채꼴 모양의 관람정을 품고 있다. 전무후무한 건물이다. 존덕정은 겹지붕을 지닌 것이 특이한데 천장에는 청룡, 황룡이 그려져 있다. 북쪽으로 고개를 넘으면 옥류천 계곡이 나온다. 존덕정에서 옥류천까지 창덕궁 단풍이 하이라이트다. 이곳이야말로 왕실의 비밀정원으로, 드라마 〈해를 품은 달〉에서 훤이 연우낭자와 데이트를 즐긴다면 바로 이런 장소가 아닐까 싶다. 옥류천에는 소요정, 태극정, 농산정, 청의정 등 특이한 정자들이 서로 마주하고 있다. 특히 청의정은 네 기둥에 사각형 마루, 팔각 천장, 초가지붕을 지닌 것이 특징이다. 옥류천에서 정문 가는 길 역시 조선 500년 역사와 함께한 단풍의 색이 화려해 천천히 곱씹으며 걸어야 나중에 후회가 없다.

Travel Info

가는 길 지하철 3호선 안국역 3번 출구 / 1·3·5호선 종로3가역 6번 출구

맛집 고궁(전주비빔밥, 02-736-3211, 안국역 6번 출구), 선천(불고기, 02-734-1970), 조금(뚝배기밥, 02-725-8400, 인사동), 삼청동수제비(수제비, 02-735-2965, 삼청동)

잠자리 효선당게스트하우스(02-725-7979, 북촌), 바다게스트하우스(02-745-3930, 명륜동), 종로비즈호텔(02-743-2001, 낙원동)

주변 볼거리 인사동, 북촌, 삼청동, 서울성곽, N서울타워, 남산공원

시인 백석과 기생 김영한의 지고지순한 사랑 이야기

길상사

Travel Guide

추천시기 4~10월 **여행성격** 연인, 가족 **추천교통편** 자가용, 지하철, 버스
추천일정 당일 혜화동 – 최순우 옛집 – 길상사 – 수연산방 – 심우장

주소 서울 성북구 성북2동 323

전화 02-3672-5945 **웹사이트** www.gilsangsa.or.kr

2인비용 교통비 4000원, 식비 2만원, 여비 1만원

'삼각산 길상사' 현판이 내걸린 일주문에 들어선다. 그 흔한 사천왕문과 탑도 눈에 띄지 않는다. 아무래도 사찰이라기보다는 정원에 가깝다. 봄에는 꽃과 산야초, 여름에는 신록이, 가을에는 붉은 단풍이 유난히 곱다. 서울시내에서 이렇게 멋진 사색코스가 있으리라 상상도 못했다. 아무 방해도 받지 않고 서걱서걱 낙엽을 밟으며 혼자만의 사색을 즐기기에 그만이다.

'이 대자대비한 관세음보살의 원력으로 이 세상 온갖 고통과 재난에서 벗어날지어다.' 관세음보살상 아래는 이런 글귀가 적혀 있다. 유명 조각가이자 천주교 신자인 최종태 교수의 작품으로, 볼수록 성모상을 닮았다. 따사로운 햇살을 받으며 감로수병을 들고 있는 관세음보살에서 자비의 산증인 김영한의 얼굴이 겹쳐진다.

그녀의 삶은 한 편의 드라마다. 15세 꽃다운 처녀 김영한은 가난했던 탓에 병약한 신랑에게 반강제로 시집을 갔는데, 그녀가 빨래하러 간 사이에 남편이 우물에 빠져 죽고 만다. 남편을 먼저 보낸 뒤 시어머니의 시집살이는 매서웠고 그녀는 죄책감에 시달렸다. 결국 눈물을 훔치며 집을 나왔고 목숨을 부지하기 위해 기생의 길로 들어섰다. 이곳에서 가곡과 궁중무를 배워 차츰 서울의 권번가에 두각을 나타내기 시작했다. 선천적인 재주는 그의 인기를 더해주었다. 잡지에 수필을 발표할 정도로 문학적 소질이 있었으며 미모는 물론 시와 글, 그림에도 재능을 나타냈다. 23세, 흥사단에서 만난 스승 신윤국의 도움으로 동경 유학까지 떠난다. 스승이 투옥되었다는 소식을 듣고 급거 귀국해 함흥감옥을 찾아갔지만 끝내 스승을 만나지 못한다. 하지만 이때 백석과의 운명적인 만남이 이루어진다. 당시 함흥 영생여고 영어교사인 백석은 첫눈에 김영한에게 반해버렸다.

"죽음이 우리를 갈라놓을 때까지 이별은 없을 것." 그러나 그런 애틋한 맹세는 오래가지 못했다. 백석의 부모는 자신의 아들이 기생에 빠져 있다는 소식을 듣고 서둘러 다른 여자와 혼인을 시켜버렸다. 혼인날 밤, 백석은 신혼방을 빠져나와 영한을 찾았다. 함께 만주로 도망가자고 설득하지만 영한은 일언지하에 거절하고 만다. 결국 백석은 방황하다가 홀로 만주로 떠나버렸다. 해방되고 백석이 만주에서 고향 함흥으로 돌아왔지만 영한은 이미 서울로 떠나버린 뒤였다. 백석은 그녀를 잊지 못해 서울로 가려 했지만 38선이 그어져 둘의 사랑은 이어지지 못했다. 분단이 만들어낸 슬픈 사랑은 50년이나 이어졌다. 이별의 고통을 이겨내기 위해 영한은 재산 모으는데 온 힘을 쏟았다. 그러나 금고에 돈이 쌓일수록 허전함은 더했고 백석에 대한 사랑은 사그라지지 않았다. "천억이 그 사람의 시 한 줄만도 못하다"고 할 정도로 백석을 사랑한 김영한은 매년 백석의 생일인 7월 1일 하루 동안은 음식을 전혀 입에 대지 않았다. 2002년부터는 2억 원의 기금을 마련하여 '백석문학상'을 제정해 시인들을 후원하고 있다.

1970~1980년대 삼청각, 청운각과 더불어 국내 최대 요정인 대원각은 술과 고기, 200여 명의 호스티스와 함께 흥청거렸던 밀실정치의 총

본산이었다. 이런 술집이 사찰로 뒤바뀌는 엄청난 일이
벌어졌다. 법정스님의 '무소유'에 감동한 김영한은 토지
7000평, 40여 동 건물 등 1000억 원을 법정스님께 시주
한 것이다. 법정스님이 정중하게 사양했지만 무려 10여 년
의 승강이 끝에 김영한의 고집이 법정스님을 꺾고 만다.
대신 조계종 송광사 분원으로 등록해 송광사의 재산이
되었고, 법정스님과는 무관한 절이 되어 무소유의 뜻
을 이어가게 된다. 법정스님은 감사의 뜻으로 김영한
할머니에게 '길상화'라는 법명을 주고 108염주 한 벌을
목에 걸어주었다.

1999년 11월 13일 길상화 할머니는 길상사 경내를 거닐다가 "내가 죽으
면 화장해 길상사에 눈 많이 내리는 날 뿌려주세요"라는 유언을 남겼
고, 다음날 법정스님이 주신 108염주를 목에 건 채 83세 나이로 운명한
다. 한 달 뒤 12월 14일 눈 많이 내리는 날, 법정스님은 김영한의 재를 길
상사 곳곳에 뿌려주었다. 그녀의 고귀한 사랑은 사찰 곳곳에 머물고 있
다. 아마 극락에서 백석과 이승에서 못다 한 사랑을 나누고 있을 게다.

Travel Info

친절한 여행팁 성북동 근대유적지 길상사와 더불어 성북동 근대유적지를 둘러보면
좋다. 심우장은 「님의 침묵」으로 유명한 시인이자 독립운동가인 만해 한용운이 말년
을 보냈던 곳으로, 조선 총독부와 마주하기 싫어 북향으로 지은 집이다. 수연산방은
한국 최고의 단편소설 작가인 상허 이태준이 살면서 많은 문학작품을 남긴 곳으로,
현재 전통찻집으로 이용되고 있다. 국보급 문화재를 소장하고 있는 간송미술관, 「무
량수전 배흘림기둥에 기대서서」의 저자 최순우 고택 등을 도보로 둘러볼 수 있다.

가는 길 지하철 4호선 한성대입구역 6번 출구에서 버스 1111번, 2112번. 홍익중고에
서 하차해 성암탕 오른쪽 길을 끼고 도보 10분
맛집 오박사네왕돈가스(02-3673-5730, 성북동), 금왕돈가스(02-763-9366, 성
북동), 성북설렁탕(설렁방, 02-762-3342)
잠자리 R호텔(02-923-2900, 성신여대), 테마모텔(02-926-1511, 성신여대), 리베
라모텔(02-928-2468, 성신여대)
주변 볼거리 서울성곽, 수연산방, 심우장, 최순우 옛집, 마로니에공원, 성균관

태종의 분노가 서린 광통교를 아십니까?

광통교

Travel Guide

추천시기 사계절　**여행성격** 연인, 가족　**추천교통편** 시내버스, 지하철, 택시

추천일정 당일(청계천 종주) 청계광장 – 광통교 – 광장시장 – 청계문화관 – 마장
동축산물시장 – 살곶이다리–한양대역

주소 서울 종로구 서린동　**전화** 02-2290-6807　**웹사이트** 청계천 www.cheonggyecheon.or.kr

2인비용 교통비 5000원, 식비 2만원, 여비 1만원

시민들의 휴식처인 청계천에 가면 많은 시민들이 산책하며 담소를 나
누는 장면을 볼 수 있다. 이렇게 평화로운 청계천의 초입에 놓인 광통
교가 비운의 다리임을 아는 사람은 그리 많지 않다. 광통교는 태종의
분노와 복수로 점철된 산물로, 500년 동안 그 한을 삭이고 있었다. 조
선시대 광통교는 청계천을 건너는 가장 큰 다리로, 사람은 물론 말까지
다녔을 정도로 넓었다. 청계천을 거닐다보면 기둥 안쪽에 묘한 석물을
하나 보게 된다. 왕릉의 흙이 내려오지 못하도록 무덤 둘레를 치던 병
풍석이다. 그 귀한 돌이 청계천 둑 돌로 사용된 것도 의아하지만 자세
히 보면 보살상마저 뒤집어졌다.

태조 이성계의 5번째 아들 이방원과 둘째부인 신덕왕후 강씨와의 갈등
은 극에 달했다. 왕비 태조의 마음을 사로잡은 강씨는 또 다른 권력자
인 정도전의 힘을 빌려 아들 방석을 세자로 앉혔다. 살아남기 위한 자
구책이라고 할까. 조선 개국의 대주주인 이방원은 이때부터 자체 군사

력을 기른다. 이느 날 게비 강씨는 아들이 왕이 되는 것을 보지 못한 채 눈을 감고 만다. 조금만 더 살았더라면 조선의 역사는 어떻게 바뀌었을지 모른다. 그렇게 사랑했던 계비 강씨가 갑자기 죽자 태조는 세상을 모두 잃은 것처럼 비탄에 빠졌다. 그녀에게 '신덕왕후'라는 존호를 내리고 정릉을 정성스레 만들어 주었다. 얼마나 그녀를 사랑했던지 능원은 원래 도성 밖에 조성해야 하는데 국법까지 어기면서 오늘날 덕수궁 옆 영국대사관 자리에 정릉을 조성했다. '정동'이란 지명도 정릉에서 유래한 것이다. 태조는 당대 최고의 목수와 석수를 동원해 능을 화려하게 꾸몄다. 오늘날 광통교 아래 놓인 석물을 보면 얼마나 대단한 공력을 들였는지 알 수 있다. 꿈틀거리는 구름 문양은 입체감이 뛰어나고 화려하며 금강령은 방울 소리가 날 정도로 섬세하다. 종 안쪽 꽃문양을 예쁘게 새겼고 아래는 구름과 당초문양으로 수놓았다. 불도를 닦을 때 사용했던 도구인 금강저도 보인다. 가운데 새겨진 태극문양은 우주 삼라만상의 원리를 상징한다. 유교·불교·도교의 힘을 빌려 강씨의 극락왕생을 빈 것이다. 정릉의 원찰인 흥천사에서 아침 재를 올리는 종소리를 듣고서야 아침 수라를 들 정도로 태조는 아내를 잊지 못했다.

호시탐탐 기회를 노렸던 아들 태종은 정도전을 단칼에 제거한 뒤 배다른 형제마저 죽이고 왕자의 난을 일으켰다. 처가식구인 민씨 형제에게도 칼을 휘두를 정도로 잔인했으니 이미 죽은 신덕왕후를 그냥 놔두지 않았다. 결국 형 정종까지 물리친 태종은 왕위에 오르자 정릉 앞 100보까지 집을 짓도록 허가를 내주었다. 권문세도가들은 신이 나서 수백 년 된 나무를 자르고 집을 지었으니 성지 정릉은 허물어지고 만다. 그 만행을 지켜본 종이호랑이 태조의 심정은 오죽했겠는가? 피눈물만 삼켰을 것이다. 아버지 태조는 아들에게 마지막 소원을 피력한다. 죽거들랑 고향 함흥에 묻어주든지 아니면 신덕왕후와 합장해달라고 간청했지만 태종은 두 소원 모두 들어주지 않았다. 개국왕을 변방에 모실 수도 없고 계모와 나란히 누워 있는 꼴을 볼 수도 없었기 때문이다. 간곡한 뜻에도 아랑곳하지 않고 태조는 구리시 동구릉에 홀로 묻히고 만다.

아버지가 죽자 남아 있던 정릉은 철저하게 파괴된다. 왕릉이 도성에 자리한 것이 맞지 않다는 이유로 오늘날 성북구 정릉동으로 이장했고 봉분마저 깎아버렸다. 거기다 능을 묘로 강등하고 신덕왕후를 후궁으로 격하시켜버렸다. 1410년에 흙으로 만든 다리인 광통교가 홍수로 무너지자 정릉에 남아 있던 석물을 광통교를 고치는 데 사용하여 백성들이 석물을 밟고 지나가도록 했다. 남은 목재는 중국 사진을 맞는 태평관을 짓는 데 사용했으니 왕비의 한은 멀리 중국까지 떠돌아다니지 않았나 싶다.

300년의 세월이 지나 송시열의 건의로 신덕왕후는 다시 종묘에 위패를 모시게 되었고 정릉동의 묘가 다시 왕비릉의 모습을 갖추게 되었다. 정릉을 복구하고 제사를 베풀던 날, 정릉 일대에 소낙비가 쏟아졌다고 한다. 백성들은 이구동성으로 신덕왕후의 원혼을 씻는 비라고 얘기했다고 한다.

태종은 신덕왕후를 한양에서 가장 먼 곳으로 내치려고 했는데 결론적으로 정릉은 42개의 조선왕릉 중에서 가장 가까운 곳에 위치하게 되었으니 이 또한 역사의 아이러니다. 태조의 건원릉이나 태종의 헌릉은 비바람으로 인해 석물이 다 헤어졌지만 광통교 석물은 지하에 숨어서인지 보존상태가 아주 좋다. 역사의 수레바퀴는 이렇게 돌고 돈다. 이 슬픈 사연을 아는지 모르는지 오늘도 연인들이 무심코 석물 앞을 지난다. 광통교를 빠져나와 덕수궁 돌담길을 거닐었다. 신덕왕후의 한이라도 한번 느껴봐야겠다.

Travel Info

친절한 여행팁 **청계천 종주** 성수동으로 넘어가는 살곶이다리까지 총 8.5km로, 무작정 앞만 보고 걷는다면 두어 시간이면 충분하지만 먹거리 천국인 광장시장, 관우를 모신 동묘, 황학동벼룩시장 후신인 서울풍물시장, 청계문화관 등을 기웃거리다 보면 5시간은 걸린다.

가는 길 지하철 1호선 종각역 5번 출구 / 2호선 을지로입구역 2번 출구

맛집 용금옥 (추어탕, 02-777-4749, 통인동 118-5), 마약김밥 (김밥, 02-2264-7668, 광장시장), 순희네빈대떡 (빈대떡, 02-2268-3344, 광장시장)

잠자리 H2O게스트하우스 (02-2272-4327, 을지로3가), 초이스하우스 (011-9098-9449, 성신여대 입구), 종로비즈호텔 (02-743-2001, 낙원동)

주변 볼거리 경복궁, 덕수궁, 창덕궁, 동대문, 동대문성곽공원, 청계문화원

700년 보석 같은 역사길

서울성곽 걷기여행

Travel Guide

추천시기 4~6월, 10~12월 **여행성격** 연인, 가족 **추천교통편** 지하철, 버스

추천일정 당일(북악산 코스) 최순우옛집 – 길상사 – 왕돈가스(점심) – 혜화문 – 와룡공원 – 말바위
안내소 – 숙정문 – 촛대바위 – 곡장 – 청운대 – 1·21사태 소나무 – 백악마루 – 창의문

주소 서울시 성북구 성북동 **전화** 와룡공원 02-731-0461 **웹사이트** www.bukak.or.kr
2인비용 교통비 5000원, 식비 2만원, 여비 1만원

서쪽 창의문부터 시작해도 좋지만, 창의문부터 백악산까지 급경사 계
단길이기에 초반부터 체력소모가 심하다. 동쪽 코스는 경사가 완만해
혜화문을 출발점으로 삼는 것이 좋다. 와룡공원에서 말바위까지 높다
란 성벽을 끼고 흙길을 걷게 되는데 부엽토로 다져져 촉감이 좋다. 성
벽 보호 차원에서 목제계단과 목책교가 성벽을 잇고 있는데 목책교 꼭
대기에 서면 길상사, 성북동 성당, 이태준 고택, 낙산공원 조망대가 보
이고 더 멀리 시선을 던지면 동쪽으로 수락산과 불암산, 남동쪽으로 용
마산 등 서울의 서쪽 일대가 한눈에 잡힌다. 목책교를 넘으면 바위 모
양이 말의 머리를 닮았다는 '말바위'가 손짓한다. '서울시 선정 우수조망
명소' 데크가 있어 경복궁과 광화문 빌딩숲, 남산은 물론 관악산까지 한
눈에 볼 수 있다.
말바위 쉼터에서 400m쯤 가면 한양의 사대문이자 북대문인 숙정문이
나온다. 주변이 산악지대여서 문과 연결된 큰길이 없었으므로 조선시

대에도 이 문을 통해 드나드는 사람은 거의 없었다. 더구나 풍수지리상 북쪽은 음기가 강한 곳이라 '숙정문을 열면 장안 여자들이 음란해진다'라고 하여 문단속을 철저히 했다고 한다. 이는 '북쪽은 음, 남쪽은 양'이라는 음양의 원리를 반영한 것이다. 단, 가뭄 때가 되면 문을 열어 음기를 받아들이는 비보문이다. 숙정문은 다른 사대문에 비해 규모가 작지만 세찬 북풍을 이겨서인지 다부지게 생겼다. 처마에 잡상의 숫자도 7개로, 사대문의 품격은 유지하고 있었다. 반듯한 석축, 육중한 홍예문을 매단 돌쩌귀가 튼실하게 보인다.

숙정문부터 곡장까지는 능선을 따라 계단이 이어진다. 성벽 너머로 1970년대 요정정치의 산실인 삼청각이 또렷이 보인다. 한때 남북적십자회담, 한일회담 등 막후 협상장소로 이름을 날렸고 고급 한정식집으로 한 시대를 풍미했으나 결국 부도가 나 현재는 서울시가 인수해 공연장으로 사용하고 있다. 파란만장한 현대사만큼이나 질곡이 묻어 있다. '구부러진 성벽'이라는 의미의 '곡장'이 성벽 바깥쪽으로 툭 튀어나와 적의 동태를 살피고 방어하기에 좋다. 곡장 끝은 타이타닉호의 뱃머리 같아서 이곳에 서면 북한산의 설경과 인왕산의 풍경이 그림처럼 펼쳐진다. 곡장에서 백악산까지는 서울성곽의 백미다. 마치 용이 옥구슬을 향해 휘감아 도는 형상인데 용의 머리에 해당하는 곳이 백악산이며 그 아래 청와대가 자리 잡고 있다. 성곽 구석진 곳에 비밀문인 '암문'이 성벽을 이어준다. '청풍암문'을 벗어나면 북한산에서 불어오는 세찬 바람이 얼굴을 친다. 암문을 벗어나면 서울성곽의 시대별 축조 형태를 볼 수 있는데 모자이크처럼 색깔과 모양이 다양한 돌들이 단단히 물릴 수 있도록 서로 이를 맞추어 놓았다.

청운대는 경복궁, 광화문, 숭례문 일대가 자를 그은 듯 일직선을 그리는 모습을 볼 수 있는 전망포인트다. 청운대 옆 성벽을 유심히 보면 음각된 돌을 볼 수 있는데 공사 일자, 감독관, 공사 책임자의 직책과 이름이 새겨져 있다. 보수가 필요하면 이름을 보고 공사책임자를 불러들였다고 하니 일종의 '공사 실명제'인 셈이다.

오르막의 끝은 청와대 뒷산인 백악산이다. 정상 바위에 서면 광화문, 남산은 물론 상명대학과 구기동 주택단지, 인왕산 성곽과 기차바위 능선, 세종로의 마천루까지 조망된다. 북악산으로 더 잘 알려진 백악산은 경복궁은 물론 청와대의 진산이다. 그 맥은 동쪽으로 이어져 좌청룡 타락산(동숭동)에 닿으며, 서쪽으로는 우백호 인왕산까지 이어진다. 백악산 맞은편은 안산인 남산이 엎드려 있다. 백악산에서 발원한 물줄기는 남쪽으로, 인왕산의 물은 동쪽으로, 남산에서 발원한 물은 북쪽으로 흘러 서울 한복판에서 물을 받아들이니 이것이 청계천이다. 이 물이 동쪽으로 흘러 중랑천과 합류해 다시 한강을 만난다. 남산을 기준으로 하늘에서 내려다보면 물이 태극모양처럼 휘감아 돌기에 서울이 '명당 중의 명당'이란 찬사를 받는다. 백악마루에서 창의문까지는 급격한 경사의 계단길이다. 중간에 바위가 돌고래를 닮았다는 돌고래 쉼터가 자리 잡고 있어 잠시 다리품을 쉬어가기에 좋다. 운 좋으면 군인들이 방목한 사슴을 볼 수 있다. 바위산인 인왕산을 조망하면서 내려가면 창의문안 내소에 닿는다.

Travel Info

친절한 여행팁 **서울성곽길 이용 안내** 신분증을 보여주고 패찰을 받아 목에 걸어야 하며 말바위쉼터 이후는 사진 찍는 것도 제약을 받는다. 4월부터 10월까지 매일 오전 10시와 오후 2시 하루 두 차례 성곽문화해설프로그램을 이용하면 흥미로운 답사 여행이 될 것이다. 신분증과 생수 2병 정도는 미리 챙겨야 하고 눈이 내리면 출입제한이 있으니 미리 전화로 확인하는 것이 좋다.

가는 길 지하철 4호선 한성대입구역 5번 출구, 혜화문까지 1분 거리

맛집 오박사네왕돈까스(02-3673-573, 성북동), 금왕돈까스(02-763-9366, 성북동), 성북실링당(02-762-3342)

잠자리 오픈게스트하우스(02-744-9000, 성북동 1가 105-19), 초이스하우스(011-9098-9449, 성신여대 입구), 마마게스트하우스(02-3789-0317, 남산동 2가 18-2)

주변 볼거리 인왕산, 경복궁, 정동길, 국립중앙박물관

33

青
雲
臺

海拔293m

41년만에 열린 숲길
우이령 둘레길

Travel Guide

추천시기 사계절 **여행성격** 연인, 단체 **추천교통편** 지하철, 버스

추천일정 당일 우이동 – 우이령 – 오봉전망데크 – 석굴암 – 교현탐방지원센터 – 교현리

주소 서울 강북구 우이동 산 74번지

전화 02-998-8365 **웹사이트** 북한산 bukhan.knps.or.kr

2인비용 교통비 5000원, 식비 2만원, 여비 1만원

아무도 없는 오솔길에 발자국을 찍고 싶다면 북한산 우이령길을 권한다. 41년 동안 사람의 발길이 닿지 않아 천혜의 숲을 고스란히 간직한 비밀정원이다. 그러나 가고 싶다고 당장 갈 수 있는 곳이 아니다. 사전예약을 해야 하며 하루 1000명으로 인원 제한을 두고 있으니 미리 계획을 잡아야 한다. 그러나 일단 길에 발을 들여놓으면 두어 시간 정도 클래식 음악을 감상하듯 자연에 몸을 내맡기고 선율 따라 걸으면 된다. 우이령은 병풍 같은 상장능선과 도봉산 오봉 사이의 계곡길인데 여느 둘레길처럼 좁은 길로 생각하면 오산이다. 버스 한 대가 지나갈 정도로 길이 넓기 때문에 산 오르는 재미는 없다. 대신 탁 트인 하늘 덕에 거침없는 풍경이 펼쳐지는 것이 우이령의 매력이라면 매력이겠다.

고개는 경기 북부와 한양을 잇는 지름길로, 서울의 우이동과 양주시 장흥면 고현리를 이어주는 소로였다. 그 옛날 우마차 길로 소와 말이 다녔으며 봇짐장수들이 넘나들었고 한양 양반들이 술병을 옆구리에 차고 호기를 부렸던 길이다. 한국전쟁 때는 양주사람들이 남쪽으로 피난 가기 위해 눈물을 흘리며 고향을 등졌던 고개다. 북한산과 도봉산이 이 고개를 중심으로 소의 귀처럼 죽 늘어졌다고 해서 우이령(牛耳嶺)이란 이름이 붙었는데, '소귀고개'라는 친근한 우리말 이름을 놔두고 하필 '우이령(牛耳嶺)'이란 한자 이름을 붙였는지 모르겠다.

1960년대 초 미군 공병부대가 오솔길을 트럭이 다니는 작전도로로 넓히면서 아기자기한 낭만은 사라졌다. 1968년에는 김신조 무장공비들이 박정희 대통령을 살해하기 위해 넘어온 루트였다. 이 길을 통해 청와대 뒤통수 격인 자하문까지 침입했으니 정부는 치욕적인 길을 그냥 내버려둘 수 없었던 모양이다. 그로부터 민간인의 출입을 막고 '서울의 DMZ'로서 41년 동안 은둔의 시간을 보냈다. 오늘날 건강한 숲으로 성장했으니 자연생태만 따진다면 김신조 일당이 그리 밉지는 않다.

우선 시작점을 우이동으로 삼고 미니스톱에서 개천(소귀천)을 따라가면 북한산둘레길 제1코스 소나무길이고, 직진하면 우이령길이다. 탐방센터에서 예약을 확인하고 안내지도 한 장 챙겨 나온다. 고개까지 1km, 꾸불꾸불한 곡선길에 부드러운 흙이 깔려 있어 맨발로 발 마사지를 하며 걸을 수 있다. 이렇게 길이 좋은 이유는 군 수송차가 다니느라고 울퉁불퉁한 길을 마사토로 덮어 다졌기 때문이다. 늘씬한 리기다소나무가 길 양편에 서 있고 보기 어려운 누리장나무가 군락을 이루고 있다.

고갯마루인 쇠귀고개에 나그네의 목을 축여줄 주막이 자리하길 바랐는데 안타깝게도 대전차장애물이 흉물처럼 서 있다. 폭약을 터뜨려서 콘크리트 덩어리를 도로에 떨어뜨려 적의 전차 진입을 막는 군사시설이다. 고개를 넘으면 경기도 양주 땅이다. 고갯마루에는 1965년 미 35공병단에 의해 작전도로 개통기념비가 서 있다. 조금 내려가면 안보체험관이 눈에 들어온다. 김신조 일당이 쳐들어와 사후 약방문으로 세운 군사 벙커시설로, 겨울엔 문이 잠겨 있어 내부를 들여다볼 수 없다. 그 앞에 넓은 공터가 나온다. '한국의 슈베르트'라고 불리는 작곡가 이흥렬의 가곡 〈바위고개〉에 대한 안내판이 서 있다. 그 너머로 그림 같은 다섯 봉우리가 바로 오봉이다. 한 마을의 다섯 총각이 원님의 외동딸에게 장가들기 위해 반대편 상장능선에서 바위를 던져 지금의 기묘한 봉우리를 만들었다고 한다. 오봉을 멋지게 감상할 수 있도록 전망대를 조성해 놓았다.

전망대에서 판문점 38km, 개성 48km라고 적힌 안내판이 서 있다. 무척이나 가깝다. 개성을 찾은 고은 시인이 남쪽을 바라보며 저 멋진 산이 어디냐고 물었더니 안내원이 씁쓸하게 웃기만 했다고 한다. 그가 바라본 산이 북한산이었기 때문이었다. 하산길은 편편하고 완만하다. 넓은 공터가 나오고 유격장 표지석이 보이는데 그 삼거리에서 우회전하면 석굴암이다. 밋밋한 우이령길에 실망했다면 제법 경사가 있는 석굴암까지 다녀오는 것은 어떨까. 구전에 의하면 신라 문무왕 때 의상대사가 창건했고 공민왕 때 왕사였던 나옹화상이 이곳에서 3년 동안 수행정진했다고 한다. 다시 삼거리로 나가면 길은 계곡과 합류한다. 군 사격장을 지나면 반대편 교현탐방센터가 나온다. 차편이 여의치 않다면 왔던 길을 다시 돌아가도 그리 먼 거리는 아니다.

Travel Info

친절한 여행팁 우이동둘레길 사전예약제 우이동둘레길을 탐방하려면 전일 오후 5시까지 홈페이지(ecotour.knps.or.kr)에서 예약해야 한다. 양주의 교현에서 500명, 우이동에서 500명까지 인원제한을 두고 있다.
(문의: 우이동탐방지원센터 02-998-8365, 교현탐방지원센터 031-855-6559)

가는 길 지하철 4호선 수유역 3번 출구 120번 종점 우이동에서 하차, 153번 도선사입구 하차 / 4호선 쌍문역 2번 출구 101번, 130번 도선사 입구 하차

맛집 장수한우미담(한우, 02-990-9287, 우이동 224-42), 개성해장국집(해장국, 02-906-8740, 4·19묘지), 옥류정(한정식, 02-993-1829, 우이동 238)

잠자리 불광국제선원(02-355-7430, 불광동 642), 스토리모텔(02-923-2303, 보문동 5가 159-3), 론스타모텔(02-992-6969, 창동 14-1)

주변 볼거리 도봉산, 4·19묘역, 수락산, 불암산

한국판 러브레터
경춘선 화랑대역

Travel Guide

추천시기 5~7월, 12~2월 　**여행성격** 연인, 단체 　**추천교통편** 지하철, 버스
추천일정 당일 화랑대역 – 화랑대 – 육군박물관 – 태릉 – 철길산책로 – 갈매역

주소 서울 노원구 공릉2동 29번지
전화 1544-7788 　**웹사이트** 서울시관광 www.visitseoul.net
2인비용 교통비 5000원, 식비 2만원, 여비 1만원

"오겐끼데스까." 일본 영화 〈러브레터〉의 여주인공이 간이역에서 강렬하게 외쳤던 명장면이다. 한겨울에 서울 노원의 화랑대역에 가면 나도 영화 속 주인공이 될 수 있다. 잿빛처럼 암울한 1980년대 경춘선 기차야말로 자유를 향한 해방구였다. 기차는 대성리, 남이섬, 강촌, 춘천까지 한강을 거슬러 올라가면서 젊음의 열정을 한 뭉치씩 떨어뜨렸다. 그 아름답던 순간들은 덜컹거리는 굉음을 내며 떠나버린 비둘기호처럼 아련한 추억거리가 되어 버렸다. 기차 연결칸 바닥에 주저앉아 통기타를 튕기며 고래사냥을 목청껏 불렀던 호기는 이젠 하나도 남아 있지 않다. 앞뒤 안 맞는 개똥철학으로 여대생을 유혹했던 객기도 세월 앞에서는 무용지물이 되어버렸나. 2시간의 춘천행 추억열차는 이제 1시간 쾌속전철로 바뀌었다. 빠르게 갈수록 추억거리는 작아진다.

문화재로 지정된 화랑대역사에 가면 역무원이 되어볼 수 있고 단선 철로 변환기를 만져볼 수도 있다. 철로를 따라 조금 걸으면 육사 후문이

나온다. 이곳부터 기막힌 설경이 펼쳐진다. 폭 30cm 되는 철다리를 조심스럽게 건너면 만화영화에 나옴 직한 철길이 손짓한다. 왼쪽에 개천이 흐르고 오른쪽은 육군사관학교다. 학교를 감싸고 있는 고목에는 고스란히 눈이 앉았다. 지난 71년 동안 단 하루도 기차가 멈추지 않았던 경춘선 철로를 밟으며 추억을 끄집어내면 그만이다. 연인끼리 왔다면 1970년대 영화의 단골포즈인 '나 잡아봐라'를 하면 딱이다. 카메라를 들이대면 엽서사진 한 장쯤은 건질 만한 풍경이 내내 이어진다. 철로에 벌렁 드러누워 파란 하늘을 감상해도 좋다. 사진 좋아하는 사람들이 알음알음 찾는 명소다.

철길에서 잠시 한눈을 팔고 대로를 건너면 태릉이다. 중종의 두 번째 계비인 문정왕후의 능이다. 오랫동안 아들을 낳지 못하다가 34세, 왕비가 된 지 18년 만에 드디어 자신의 인생을 바꾼 아들을 낳게 된다. 거기다 정비 장경왕후의 아들인 인종이 8개월 만에 승하하자 친아들이 12세의 나이에 왕위에 오르게 되어 문정왕후가 수렴청정하기 시작했다. 그러나 인종과 명종의 외척 간 당파싸움으로 을사사화가 일어났고, 권력의 부패로 백성들은 도탄에 빠져 임꺽정 같은 의적들이 출현하게 된다. 개혁자와 요승이라는 상반된 평을 받는 보우를 등용하기도 했다. 철의 여인답게 능역의 규모가 크고 석물의 크기도 대단하다. 눈이 오면 송림과 어우러져 절경을 일궈낸다. 태릉을 반드시 가야 할 이유는 이곳에 조선왕릉 전시관이 있기 때문이다. 왕릉의 형식, 의미, 국장의 절차 등 세계문화유산인 왕릉의 궁금증을 시원스럽게 해결해준다.

다시 철길로 접어든다. 크게 휘감아 도는 기찻길이다. 기차에 타면 덜컹거리는 느낌만 있었을 뿐 이렇게 곡선이 클 줄 몰랐다. 갈매역까지 걸어도 좋고 다시 돌아 나와도 부담 없는 거리다. 신경춘선역인 갈매역에서 상봉역까지 신전철을 타면 갑자기 태엽을 미래로 돌리는 기분이 든다.

Travel Story

문화재로 등록된 화랑대역 ··· 2010년 12월 20일 오전 10시 03분 청량리발 남춘천행 1837호 무궁화열차가 화랑대역에 들어섰다. 잠시 기차가 정차하는 동안 기관사가 내려 권회희 화랑대 역장에게 꽃다발을 걸어주었다. 경춘선 마지막 열차였다. 열차는 기적소리를 울리며 화랑대역을 빠져나간다. 역장은 열차의 꽁무니를 바라보며 만감이 교차했는지 하염없이 눈물을 흘리고 만다. 이렇게 경춘선 무궁화호는 ㄱ년 만에 역사 속으로 사라지고 만다. 역무원이 없는 역사는 차가운 북서풍을 맞으며 청승맞게 서 있다. 화랑대역은 단순한 간이역이 아니라 등록 문화재다. 다른 역은 양변의 길이가 같은 삼각형이지만 화랑대역은 비대칭 삼각형의 박공 지붕구조를 한 특이한 건물이다. 1939년 역사 건립 당시는 태릉역이었으나 육사가 바로 옆에 들어서면서 1958년부터 화랑대역으로 역명이 바뀌었다고 한다. 근사한 제복의 육사생도가 007가방을 들고 기차에 오르면 모든 시선이 집중되던 시절이 있었다.

Travel Info

친절한 여행팁 철길 걷기 지하철 6호선 화랑대역에서 4번 출구로 빠져나오면 바로 경춘선 폐선로에 들어선다. 거기부터 걷는 것이 좋다. 늘씬한 포플러나무가 서 있고 인적이 드물어 한적한 산책을 즐길 수 있다. 철로를 따라 조금 걸으면 육사 후문이 나온다. 내친김에 들어가서 육사박물관과 교정을 산책해도 좋다. 박물관에서는 영화에도 등장한 신기전을 볼 수 있으며 박정희 대통령이 타고 다녔던 리무진 승용차 등 신기한 볼거리가 많다. 육사 구내식당에 들어가면 돈가스와 치킨을 저렴하게 먹을 수 있다. 군인들을 상대하다 보니 맛보다는 양을 중요시한다. 차를 가져왔다면 태릉 앞에 주차하면 된다. 주차비는 받지 않는다.

가는 길 지하철 6호선 화랑대역 4번 출구를 빠져나오면 바로 산책길과 연결된다. 경춘선 화랑대역까지 1km, 15분 소요. 경춘선 화랑대역에서 갈매역까지 3.5km, 1시간 소요.

맛집 제일콩집(손두부, 02-972-7016, 공릉동), 칠형제감자탕(감자탕, 02-949-3047, 공릉동), 노고단칼국수(바지락칼국수, 02-435-9790)

잠자리 L&S(02-438-1800, 망우동), 호텔메이(02-493-1100, 상봉동 89-3), 유토피아(02-492-3422, 망우동)

주변 볼거리 불암산, 태릉, 동구릉, 망우리공원, 중랑천 자전거산책로

39

광장동 빈대떡, 장충동 족발

서울의 맛

Travel Guide

추천시기 사계절 **여행성격** 연인, 친구 **추천교통편** 지하철, 버스

추천일정 당일 청계광장 – 광통교 – 광장시장 – 흥인지문 – 오간수문 – 장충동족발거리

주소 마약김밥 서울 종로구 예지동 6-1

전화 마약김밥 02-2264-7668 **웹사이트** 광장시장 www.kwangjangmarket.co.kr

2인비용 교통비 5000원, 식비 2만원, 여비 1만원

삶의 활기를 느끼고 싶다면 광장시장을 찾아보자. 한복가게, 포목가게, 생선가게, 주방기구를 파는 가게 등 물건의 종류도 다양해 가게를 둘러 보는 재미가 쏠쏠하다. 이곳에서 가장 북적거리는 곳은 역시 먹자골목 이다. 100년의 역사를 가진 광장시장은 서민의 먹자골목으로 유명하다. 좁은 테이블에 둘러앉아 녹두전과 순대를 안주 삼아 막걸리 잔을 비우 고 거리의 악사인 색소폰 할아버지의 음악을 듣노라면 여느 고급 레스 토랑이 부럽지 않다. 마약을 넣지 않았을까 오해를 살 정도로 중독성이 강한 마약김밥은 외국인에게까지 알려졌다. 날이 어두워지면 백열등 아래 비좁은 테이블마다 술꾼들이 삼삼오오 끼어 앉아 안주를 앞에 두 고 막걸리 한 잔으로 고단한 삶을 위로받는다.

광장시장 녹두빈대떡

광장시장은 먹자뷔페라고 불러도 좋을 정도로 먹거리가 다양한데 특히

광장시장 녹두빈대떡

녹두 빈대떡집이 많다. 모터 달린 맷돌이 쉴 새 없이 돌며 녹두를 갈아내면 아주머니들이 익숙한 손놀림으로 철판에 식용유를 두르고 큼지막한 빈대떡을 부쳐낸다. 지글대는 소리며 고소한 냄새 때문에 모른척하고 지나칠 수 없다. 비가 주룩주룩 내리는 날이면 빈대떡집은 발 디딜 틈 없이 북적거린다. 평소에는 250장, 비 오는 날은 300장이 넘게 팔린다. 술자리가 무르익을 무렵이면 근사한 제복을 갖추고 색소폰을 목에 맨 할아버지가 흥을 돋운다. 제복도 화려하고 연주도 수준급이어서 파리 몽마르트르 광장에서 본 거리 악사보다 멋있게 보인다. 막걸리를 마시다 흥에 겨운 술꾼들은 1000원짜리 지폐를 손에 쥐여준다. 할아버지는 가요 〈목포의 눈물〉을 들려준다.

※ **맛집** 순희네빈대떡(02-2268-3344, 광장시장 내), 박가네맷돌빈대떡(02-2267-0614, 광장시장 내)

마약김밥

김밥이 중독성이 있을 만큼 맛있어서 마약김밥이란 살벌한 이름이 붙었다고 한다. 미로 같은 광장시장에서 마약김밥집을 찾기란 그리 쉽지 않다. 하지만 이런 보물찾기 역시 재래시장이 주는 재미다. 변변한 가게도 없이 시장 골목 한쪽 구석에 테이블과 의자 몇 개만 놓고 김밥 장사를 하는데, 큰 광주리에 산더미처럼 쌓아 놓은 손가락 크기의 김밥이 보는 것만으로도 신기하다. 김밥 속에는 단무지, 시금치, 당근이 전부다. 그런데 신기하게도 무덤덤한 맛 때문에 자꾸 손이 간다. 다른 김밥과 다른 점이라면 겨자소스에 김밥을 찍어 먹는 것이다. 원래는 유부초밥에 찍어 먹으라고 내어놓았는데 김밥하고도 절묘하게 궁합이 맞아 지금은 간장을 늘 내어준다. 단무지는 짜지 않고 입에 착착 달라붙으며 아삭아삭 씹는 맛이 경쾌하기까지 하다. 이곳에서 터를 잡고 김밥을 판지 30년이 되었는데 그동안 얼마나 많은 김밥을 말았겠는가. 매일 신선한 재료를 사용한 것이 마약김밥의 맛의 비결이었다. ※**맛집** 마약김밥 (02-2264-7668, 광장시장 내)

장충동족발

아무리 추운 겨울이라도 돼지 족에 동상 걸렸다는 소리를 듣지 못했다. 돼지 족에는 고단백 영양소가 가득 들어있기 때문이다. 그 돼지 족발로 유명한 곳이 장충동족발거리다.

족발은 산모에게 좋은 음식이다. 고단백질 음식인데다 감칠맛 때문에 산모의 입맛을 돋우는 한편 태아를 튼튼하게 해준다. 특히 족발의 젤라틴 성분은 모유 분비를 촉진하며 피부 미용에도 좋다. 장충동에는 12곳이 성업 중인데 돼지 노린내를 얼마나 잘 없애고 고기에 양념 간을 잘 스며들게 하느냐가 족발 맛의 관건이다. 장충동 족발이 40년 이상 한결같은 맛을 내는 비결은 바로 간장, 생강, 파, 마늘을 넣어 만든 족발장 (족발 삶는 물)에 있다. 족발장은 적절한 간과 연갈색의 색깔 그리고 족발의 탄력과 윤기를 내는 원천으로, 집집마다 족발 맛이 다른 이유는 바로 족발장 때문이다. '평안도족발'의 이경순 할머니는 족발장을 신줏단지 모시듯 아낀다. 큼직한 솥에 족발 30개를 넣고 센 불로 3시간 이상 팔팔 끓여서 막대로 잘 저어줘야 꼬들꼬들하게 삶을 수 있다. 1960년 4·19혁명 때 처음 족발장을 만들었다고 한다. 솥에 족발장을 가득 붓고 족발을 끓이는데 국물이 졸아들면 간장을 붓고 다시 채워 반복한 것이 50년을 넘긴 것이다. 중국의 오향장육과 비슷해서 중국인도 자주 찾는다고 한다. 50년을 이어온 족발. 시원한 동치미 국물로 입가심하면 입이 깔끔해진다.

※**맛집** 평안도족발(02-2279-9759, 중구 장충동1가 62-16), 장충동할머니집 (02-2279-9979, 중구 장충동1가 62-18)

왼쪽부터 광장시장 매운탕, 마약김밥, 족발 장

Part 2
경기도

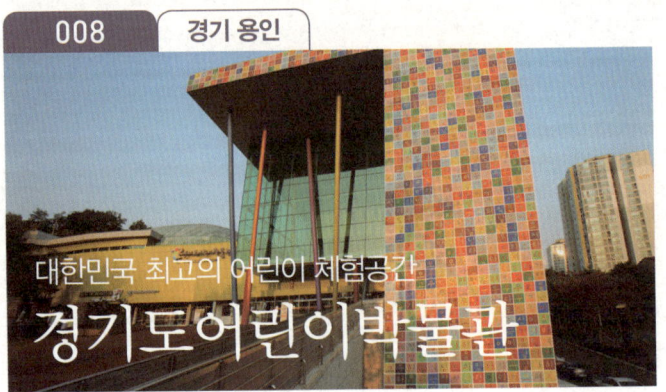

대한민국 최고의 어린이 체험공간
경기도어린이박물관

Travel Guide

추천시기 사계절　**여행성격** 가족　**추천교통편** 자가용, 버스

추천일정 1일 수원IC - 경기도어린이박물관 - 경기도박물관 - 백남준아트센터 - 민속촌 2일 호암미술관 - 에버랜드 - 와우정사 - 용인농촌테마파크

주소 경기도 용인시 상갈로 6　**전화** 031-270-8600　**웹사이트** www.gcmuseum.or.kr

2인비용 교통비 3만원, 식비 8만원, 숙박비 5만원, 여비 3만원

2011년 9월에 개관한 경기도어린이박물관은 전국 10여 개의 어린이 박물관 중 규모나 내용 면에서 가장 크고 알차다. 단순히 눈으로 보는 박물관이 아니라 온몸으로 놀고 즐기면서 배울 수 있어 아이들이 집에 가지 않겠다고 버틸 정도로 재미난 곳이다. 지하 1층, 지상 3층으로, 8년 동안 305억이 들어갔을 정도로 규모가 대단하다. 1000자의 유리타일로 만든 외벽은 세계 최대의 유리벽화로, 한글의 자음과 모음으로 전래동요를 형상화시켰다. 정문에 들어서면 대형 조형물인 키네틱아트의 앙상블에 감탄하게 된다. 3층 높이에서 구슬이 떨어지면서 다양한 운동성과 음향을 보여준다. 1층은 자연놀이터와 튼튼놀이터로 꾸며졌다. 자연놀이터는 주로 만 2세~만 4세의 어린이가 놀기에 적합하며 모형 당근과 배추를 심고 물을 직접 뿌려볼 수 있다. 그늘 아래 젖소의 젖을 짜는 것도 볼 수 있으며 기차 옷을 입고 기차놀이를 할 수 있다. 근사한 소방관 옷을 입고 소방차에 올라 소방관의 역할을 배우며, 재현해 놓은

버스에 올라 예절을 배울 수 있다.

튼튼놀이터는 재미있게 놀면서 체력을 기르는 테마관이다. 시소를 즐기면서 공이 어떻게 움직이는지 관찰할 수 있도록 했고, 인공 암벽장을 만들어놓아 모험심을 기르게 했다. 안전한 매트가 설치되어 있어 넘어져도 걱정은 없다. 최첨단 IT 기술이 접목된 축구 경기 시뮬레이션은 골키퍼가 되어 모니터를 보면서 페널티킥 50개를 막는 것인데 게임을 하고 나면 땀이 송송 난다. 테마관마다 연령별로 심화활동지가 놓여 있어 부모는 아이와 어떻게 게임을 하는지, 아이와 어떻게 상호작용을 해야 하는지 즐기면서 가르치게 된다.

2층 인체의 신비관에서는 우리 몸이 어떤 구조를 가지고 있는지 직접 몸속으로 들어가 배운다. 아이들에게 이를 어떻게 닦을지 가르칠 필요가 없다. 거대한 막대 칫솔을 들고 대형 모니터에 나오는 대로 따라 하면 그만이다. 혓바닥 소파에 앉아보고 손가락 의자에 등을 기대본다. 자전거 페달을 밟으면 옆의 뼈 인형도 함께 움직여 뼈와 관절의 역할을 배우게 된다. 뱃속이 열려 있어 언제든 장기를 꺼내볼 수 있다. 바로 옆 테마관은 '한강과 물'이라는 주제를 가지고 있다. 물로 그림 그리기, 펌프질을 해서 공 움직이기, 바람을 일으켜 배가 가도록 하는 게임, 파도 일으키기 등 신나는 물놀이판에서 마음껏 놀면서 물의 소중함과 과학

적 원리를 배운다. 건축작업장에서는 나무를 붙이고 끼워 넣으면서 건물의 원리를 배운다.

3층에서는 동화 속 이야기를 실물로 볼 수 있다. 흥부와 놀부 동화에서 금은보화가 쏟아지는 장면, 콩쥐팥쥐 등 동화 속 이야기가 눈앞에 펼쳐진다. 선녀와 나무꾼에서 선녀가 되어 천상의 다리를 건너본다. 가장 신기한 것은 도깨비 망토다. 망토를 걸친 부분은 모니터 화면에 나오지 않아 예전에 읽었던 만화 '도깨비감투'가 생각난다. 미니씨어터는 관객을 앞에 두고 직접 연극을 공연하는 극장으로, 언제든 연극의 주인공이 될 수도 있다. 커튼을 넘기면 무대 배경이 바뀌는데 분장실은 물론 매표소까지 갖추고 있어 연극 공연의 전 과정을 살펴볼 수 있다. 야외 정원에는 조명 나무가 조성되어 있어 반짝이며, 바깥에는 깔끔한 카페테리아가 있어 스파게티와 피자 등을 먹을 수 있다.

Travel Info

친절한 여행팁 박물관 이용안내 오전 10시부터 오후 7시까지 현장판매를 하지만 워낙 인기 있어 홈페이지(www.gcmuseum.or.kr)에서 미리 예약하고 가는 것이 좋다. 단체관람객은 반드시 사전예약을 해야 하며 부모가 홈페이지에서 미리 공부하고 가면 효율적인 체험을 할 수 있다. 주말은 밤 10시까지 문을 여니 늦은 시간에 가면 여유롭게 둘러볼 수 있다. 바로 옆에 경기도박물관(무료)과 백남준아트센터(4000원)이 있어 함께 투어하기에 좋다. 경기도박물관은 야외전시장이 잘 조성되어 돗자리를 가져와 도시락을 까먹어도 좋다. 입장료는 3세 이상 4000원(경기도민 50% 할인), 주차장은 무료. 경기도어린이박물관 주차장이 만차가 되었으면 백남준아트센터 주차장을 이용하면 된다(무료).

가는 길 경부고속도로 수원IC → 신갈오거리 → 우회전(한국민속촌 방향) → 경기도어린이박물관

맛집 피노키오(파스타·피자, 031-274-5467, 경기도어린이박물관 내), 곰솔마루(생버섯 샤브샤브, 031-282-2967, 기흥구 신갈동 388-287), 나주집(안창살, 031-282-7877, 구갈동 374-10)

잠자리 용인자연휴양림(031-336-0040, 처인구 모현면 초부리 산 12-1), 리모모텔(031-281-0059, 신갈IC), 호텔리버(031-283-3601, 신갈), 호텔주얼리(031-283-5650, 신갈)

주변 볼거리 경기도박물관, 백남준아트센터, 한국민속촌, 경기도국악당, 수원화성, 와우정사, 용인농촌 테마파크

서울 근교의 비밀 숲
서울대공원 산림욕장

Travel Guide

추천시기 5~6월, 10~11월 **여행성격** 가족, 친구, 단체 **추천교통편** 자가용, 지하철
추천일정 당일 서울대공원 – 현대미술관 – 국립과천과학관 – 과천경마장

주소 경기도 과천시 막계동 159–1
전화 02–500–7338 **웹사이트** grandpark.seoul.go.kr

2인비용 교통비 5000원, 식비 2만원, 여비 2만원

단풍과 낙엽의 계절이 돌아왔다. 지리산, 내장산으로 단풍유람에 나서려니 거리가 멀고 비용이 만만치 않아 엄두가 나지 않는다. 서울 근교의 북한산은 단풍은 곱지만 인파에 시달리다 보면 혈압이 오른다. 딱딱한 돌산인 관악산은 경사가 급해 오르기 부담스럽기는 마찬가지. 조용하면서도 걷기 좋고 저질 체력에 맞는 단풍길은 없을까? 지하철패스 한 번만 끊으면 갈 수 있는 곳, 서울대공원 삼림욕장을 추천한다. 청계산 북서쪽 기슭에 자리해 사람에 치일 필요가 없고 경사가 완만해 걷기에도 부담 없으며 3시간 동안 황홀한 숲길을 걷고 나면 박하사탕을 입에 문 것처럼 가슴이 화해진다.

청계산의 천연림 속에 조성된 삼림욕장은 엄마의 품처럼 따뜻한 동물원 둘레길 코스다. 오르막과 내리막이 어우러진 오솔길은 8km, 5개 구간과 11개 테마로 구성되어 있다. 짧게는 50분, 길게는 2시간 30분 정도 자신의 체력에 맞는 코스로 산림욕을 즐길 수 있다. 시작은 동물원

정문을 지나 왼쪽 산림전시관 뒤편과 호주관 뒤편 두 곳에 입구가 놓여 있다. 어느 곳부터 시작해도 동물원 정문을 향하고 있다. 숲길은 동물원을 가운데 두고 청계산의 4부 능선을 휘감아 도는데 아카시아숲, 밤나무숲, 소나무숲 등 수종별로 5개 구간으로 나뉘며 자연과 함께하는 숲, 얼음골 숲, 생각하는 숲, 쉬어가는 숲 등 11개의 주제를 품고 있다. 거기다 남미관 샛길, 저수지 샛길, 맹수사 샛길이 나 있어 자신의 체력에 따라 코스를 짤 수 있다. 숲속의 공기를 직접 피부와 접촉해야 삼림욕 효과가 있으니 아무래도 통기가 좋고 땀 흡수가 잘되는 옷을 입는 것이 좋다. 삼림욕은 초여름부터 늦가을이 가장 좋으며, 오전 10시부터 12시 사이에 나무에서 피톤치드가 가장 많이 나온다.

산림전시관 뒤쪽 생태로에 들어서면 온통 소나무다. 아이가 태어나면 금줄에 소나무 가지를 걸어놓는데 이는 송진에 병균을 물리치는 살균력이 있기 때문이란다. 예쁜 오솔길을 따라가면 밤나무 숲이 반긴다. 밤나무는 화려하지는 않지만 다른 나무들을 돋보이게 하는 미덕을 갖

Travel Story 😊

동물원 순환길 ∘∘∘ 8km의 삼림욕장이 부담스럽다면 동물원을 감싸고 있는 순환길을 걸어보라. 널찍한 아스팔트길은 차가 다니지 않아 사랑하는 연인과 가을을 만끽하기에 최고다. 동물원 정문에 들어서자마자 왼쪽에 연못이 있는데 계단을 따라 올라가면 순환길 시작점이 나온다. 5km 순환길 내내 형형색색의 단풍이 유혹하며 늦가을이면 발목이 푹푹 빠질 정도로 낙엽이 풍성하다. 입구부터 맹수사까지는 잎이 작은 애기단풍이어서 유난히 고운 빛을 낸다. 조절저수지 광장에는 시인 서정주의 시비가 있어 잠시 다리를 풀며 시를 음미해도 좋다. 조절저수지부터 남미관까지 켜켜이 쌓인 낙엽이 볼만한데 레드카펫을 거니는 것처럼 촉감이 좋다. 시원스레 내뻗은 길, 'S'자 모양의 길, 오메가(Ω) 모양의 길까지 변화무쌍한 길이 이어져 지루할 틈이 전혀 없다. '서울시 아름다운 단풍길'로 선정되었는데, 11월 말까지 낙엽을 치우지 않아 운치를 더한다. 순환길 끝자락은 영화 〈미술관 옆 동물원〉 촬영장소인 금붕어광장이다. 희귀동물들이 사는 남미관 옆에 자리하고 있으며 한여름에 연꽃이 가득하고 정자와 탁자가 있어 단체여행객이 쉬기에 좋다. 다람쥐광장에는 노천명의 시비가 서 있으며 동물 모양의 놀이기구와 조약돌냇가가 있어 아이들이 좋아하는 장소다.

추고 있는데, 낙엽이 두꺼워 바닥은 융단을 깔아놓은 것처럼 푹신하다. 곳곳에 산막과 벤치가 놓여 있어 김밥과 과일을 꺼내 먹기 좋다. '독서하는 숲'에서는 자연의 숨소리를 들으며 책 한 권 꺼내 읽는 것도 괜찮다. 벤치 앞에 구상, 김현승 등 유명 시인의 시가 걸려 있어 주옥같은 시를 음미해도 좋다. 저수지 샛길부터 약수터까지는 황토 흙길로, 맨발로 걸으면 부드러운 감촉이 전해온다. 8km 길의 딱 반인 '쉬어가는 숲'에서는 걸어왔던 길을 한번 되돌아보며 자신의 인생을 반추해보면 어떨까. 약수 한 사발로 목을 축이고 걷다 보면 사색의 공간인 '생각하는 숲'이 나온다. 최대한 편안한 자세로 숲을 마주하면 마음이 고요해진다. 청계산의 맑은 물이 지나가는 얼음골은 한여름에 서늘한 기운이 감도는데 겨울엔 아늑한 분위기다. '자연과 함께하는 숲'은 아카시아 나무가 무성한데 식물 이름과 특성이 적힌 표지판을 달고 있어 아이들 생태공부에 도움이 된다. 마지막 테마는 '선녀못이 있는 숲'이 장식한다. 대공원이 조성되기 이전에 마을이 있었는데 이 동네 아낙들이 낮에는 빨래를, 밤에는 사람들의 눈을 피해 목욕을 했던 연못이다. 못골산막에서 잠시 다리품을 팔며 쉬었다가 삼림욕로를 따라 내려가면 삼림욕장 끝이 나온다.

Travel Info

친절한 여행팁 **국립현대미술관** 서울대공원과 현대미술관 이용객은 서울대공원 주차장(1일 4000원)에 주차할 수 있으며 현대미술관(1일 1만원)에 주차하면 도보 3분이면 동물원까지 갈 수 있다. 미술관 안내센터에서 도장을 받으면 2000원을 할인받을 수 있다. 국립현대미술관 2층에 자리한 '라운지d'에서는 볶음밥, 피자, 파스타, 샌드위치 등 다양한 음식과 차를 맛볼 수 있다. 은은한 갈색톤의 조명과 넉넉한 실내 분위기가 미술관과 어울리며 야외 테라스가 있어 단풍을 즐기며 식사를 할 수 있다. 라운지 식당에 자리가 없으면 1층 구내식당에서 저렴하게 백반(3500원)을 먹을 수 있다.

가는 길 지하철 4호선 대공원역에서 5번 출구. 코끼리 열차나 곤돌라를 타면 동물원까지 올라갈 수 있다.

맛집 라운지d(파스타·피자, 02-504-3931, 현대미술관 내), 경마장오리집(유황오리, 02-502-7500, 경마장 근처), 천궁수라상(한성식, 02-503-7737, 과천시 문원동)

잠자리 그레이스호텔(02-504-6700, 별양동), 카프리모텔(031-422-2034, 안양시 관양동), 모텔캘리포니아(031-422-3553, 관양동)

주변 볼거리 서울대공원, 국립현대미술관, 국립과천과학관, 과천경마장, 안양예술공원

신앙의 힘이 뭐길래
수리산성지

Travel Guide

추천시기 사계절 **여행성격** 가족, 단체 **추천교통편** 전철, 자가용
추천일정 당일 수리산성지 - 수리산삼림욕장 - 돌석도예박물관 - 안양예술공원

주소 경기도 안양시 만안구 안양 9동 1151
전화 031-449-2842 **웹사이트** www.surisan.kr
2인비용 교통비 5000원, 식비 2만원, 여비 2만원

병목골 깊숙한 곳에 자리 잡은 수리산성지는 박해를 피해 신자들이 피난 와 살았던 교우촌이자 최경환 성인의 유해를 모신 천주교 성지다. 김대건 신부에 이어 우리나라에서 두 번째로 신부가 된 최양업 신부의 아버지이기도 한 최경환 성인은 아내 이성례와 함께 수리산 아래 담배촌에 정착해 교우촌을 이루며 천주 신앙을 전파했다. 1839년 기해박해가 일어나 수많은 천주교 신자들이 처형당하자 최경환은 한양을 오가며 순교자들의 유해를 거두어 안장하는 일을 했다. 불안해하는 신자들을 위로하고 격려하며 돌보는 일을 하던 중 서울에서 내려온 포졸들에 의해 압송당하고 만다. 엄청난 고문과 '배교하라'는 회유 속에서도 최경환은 끝까지 신앙을 고수하며 모진 형벌을 받다가 35세의 나이로 장렬히 순교한다. 1984년, 한국 천주교 200주년을 기념해 방한했던 교황 요한 바오로 2세에 의해 최경환은 성인(聖人)의 반열에 오르게 된다.

순례자성당 앞에는 최경환 성인의 반신상이 서 있으며, 맞은편 이성례 마리아 집은 현재 식당과 피정의 집으로 사용되고 있다. 성당으로 사용되는 최경환 생가가 볼만한데, 하늘에서 내려다보면 초가가 십자가 모양을 하고 있으며 벽면은 황토를 발라 토속적이고 아늑하다. 생가 안 성당은 한꺼번에 300명의 신자가 미사를 드릴 수 있으며 2층 다락방에 앉으면 제단을 훤히 내려다볼 수 있다. 제단 한가운데는 최경환 성인의 유해(팔뼈)가 모셔져 있다. 벽면은 토굴처럼 바위가 돌출되어 있으며 촉감 좋은 마루에 앉아 조용히 기도할 수 있도록 꾸며졌다. 최경환 성인 묘역 가는 길은 돌계단으로 왼쪽에 십자가의 길이 조성되어 있어 순례코스로 그만이다. 가장 위쪽에는 최경환 성인의 묘소와 기념비가 서 있다. 성모동굴은 최경환 성인의 직계 후손들이 마련한 곳으로, 샘물이 있으니 약수 한 잔 마시고 가자. 솔숲으로 둘러싸인 야외 미사 터는 500명이 한꺼번에 미사 드릴 수 있는 공간이다.

병목골은 골짜기의 생김새가 병목처럼 잘록하게 좁아서 이름 붙였는데 병목안 삼거리에서 수리산 계곡을 따라 성지까지 가는 길이 호젓하다. 더 깊숙이 들어가면 수리산삼림욕장이 나온다. 숲에 푹 안겨 머리를 식혀도 좋다.

가는 길 지하철 1호선 안양역 1번 출구 → 안양지하상가 → 13번 출구 → 안양4동 우체국 앞 병목안, 창박골행 10번, 11-3번, 15-2번 시내버스 승차

맛집 정오해물탕(해물탕, 031-449-9334, 안양 남부시장), 진성민물장어(031-444-0592, 안양대교), 옛집(쌈밥, 031-442-4886)

잠자리 호텔소그노(031-444-6600, 인양 6동), 삼원프라자관광호텔(031-448-6671, 안양 1동), 쉴모텔(031-448-6084, 안양 6동)

주변 볼거리 안양수리산성지, 수리산삼림욕장, 돌석도예박물관, 안양예술공원, 관악산

Travel Info

최경환 프란체스코 성인과 부인 이성례 마리아 ••• 청양이 고향인 최경환은 신학생 아들을 두었다는 이유로 온갖 고초를 당한다. 관아에 고발하겠다는 협박을 피해 서울 벙거지골, 강원도 춘천, 부평, 경기도 수리산 등 신앙을 누릴 수 있는 곳이면 어디든 숨어들었다. 그러나 1839년 기해박해 때 수리산 담배골에서 포졸들에게 붙잡히고 만다. 각 집마다 한 명씩 차출되어 끌려갔지만 최경환은 아들을 마카오 신학교로 보냈다는 이유만으로 아내와 젖먹이 아이들까지 모두 7명이 옥에 갇힌다. 최경환은 온갖 고문과 배교의 유혹에도 굽히지 않고 고문을 받다가 결국 35세의 나이로 죽고 만다. 그의 아내이자 최양업 신부의 어머니인 이성례 마리아 역시 감옥 안에서도 5명의 아이들과 함께 공포와 굶주림을 이기며 신앙을 지켰다. 그러나 고문 때문에 젖꼭지는 말라 비틀어졌고 썩어빠진 고름이 멈추지 않았다. 결국 세 살 난 젖먹이 스테파노는 끊긴 젖을 빨다가 굶어 죽는다. 자신의 눈앞에서 죽어간 아들의 모습을 본 어머니의 심정이 어땠을까? 정신을 잃고 결국 실성하고 만다. 다시 정신을 차린 그녀는 결국 목숨처럼 여겼던 신앙을 버리고 배교를 선언한다. 네 아이들도 자신처럼 죽게 될 현실을 돌이켜보니 앞날이 캄캄했던 것이다. 감옥에서 풀려났지만 주님과 남편과의 약속까지 어겼으니 얼마나 죄책감이 컸겠는가? 자신의 배교를 후회하던 중 아들 최양업이 신학공부를 한다는 사실이 들통 나 다시 감옥으로 끌려가게 되었다. 그녀는 네 아이들에게 헤어지면서 신신당부를 한다. "절대로 성모님과 천주님을 잊지 말아라. 서로 화목하게 지내며 떨어지지 말고 맏형이 올 때까지 용인 큰아버지에게 가서 살아라." 하지만 그 부모의 그 아들이랄까. 아이들은 용인으로 가지 않고 옥사 근처에 맴돌았다. 떨어지지 말라는 어머님의 당부대로 손을 노끈으로 칭칭 동여매고 구걸을 하며 어머니 옥바라지를 한 것이다. 사형집행일이 다가오자 어머니는 둘째 아들 야고보를 불렀다. "이제 내가 죽게 되었으니 너희는 절대로 어미의 죽는 모습을 보지 말고 용인으로 가라." 그리고는 아들 야고보의 손을 잡고 하염없이 눈물을 떨구었다. 용인으로 가야 할 아들 야고보는 그 길로 휘광이를 찾아가 그동안 동냥해서 모은 돈과 쌀을 바치며 부탁한다. "우리 엄마 이제 죽게 되었으니, 죽을 때 아프지 않도록 목을 한번에 잘라주세요." 휘광이도 아이의 말에 감동하여 눈물을 흘리면서 밤새 새파랗게 칼을 갈았다고 한다. 다음날 네 자식들은 어머니의 마지막 유언(용인으로 가라)을 듣지 않고 어머니의 마지막 모습을 보고자 용산의 당고개 형장에 몰래 숨어든다. 약속대로 휘광이는 단칼에 어머니 목을 베었다. 거룩한 어머니의 죽음을 바라본 아이들은 벌떡 일어나 무명저고리를 벗어 하늘로 던지고 손뼉을 치면서 하늘 향해 외쳤다. "우리 엄니 목이 단칼에 떨어졌다! 이제 우리 엄마는 천당에 가셨다!" 그 광경을 보고 눈물을 흘리지 않는 사람이 없었다고 한다. 그 날 당고개에서 너무나 많은 사람들이 순교했기에 시구문 밖에 시체가 넘쳐흘러 아이들은 어머니의 시신을 찾지 못했다고 한다. 수리산 성지에 최경환의 묘만 있고 아내의 묘가 없는 이유가 바로 여기에 있다.

만리장성 부럽지 않은 우리의 세계문화유산
수원화성

Travel Guide

추천시기 4~10월 **여행성격** 가족, 연인, 단체 **추천교통편** 자가용, 단체버스
추천일정 1일 수원화성 – 용주사 – 융건릉 – 물향기수목원
2일 경기도박물관 – 경기도어린이박물관 – 한국민속촌 – 호암미술관

주소 경기도 수원시 팔달구 남창동 68-5 **전화** 031-228-4410 **웹사이트** hs.suwon.ne.kr
2인비용 교통비 5만원, 식비 8만원, 숙박비 5만원, 여비 3만원

중국에 만리장성이 있다면 한국에는 화성이 있다. 만리장성에 비해 규모는 턱없이 작지만 첨단과학을 도입해 짧은 시간에 견고하게 성곽을 완성한 점을 높이 살 만하다. 백성들의 노고를 최소화했을뿐더러 예술미와 성곽의 짜임새까지 완벽해 1997년 12월 유네스코가 지정하는 세계문화유산에 등록되었다.

세계 최초의 계획신도시인 화성은 성의 둘레가 5.7km에 불과하지만 아기자기한 건축물로 가득 차 있어 성 한 바퀴 도는 게 전혀 지루하지 않다. 외적을 방어한 성곽의 역할뿐 아니라 사도세자의 능이 수원 남쪽으로 이장되면서 읍성과 민가까지 통째로 옮겨 신도시를 조성했다. 남인의 영수이자 개혁정치가인 채제공이 공사의 총지휘를 맡았고, 다산 정약용이 축성의 전 과정을 계획·감독했는데 다산의 발명품인 활차와 거중기를 통해 10년이 걸리는 공사를 무려 2년 6개월 만에 끝냈으니 당대 최고의 기술이 집약된 건축물로 보면 된다.

보물 제403호인 화서문은 화성의 서문이다. 홍예문 위 단층문루에 오르면 반월형 옹성이 한쪽으로 터져 있음을 보게 된다. 중앙에 마루를 깔아 더위를 식히기에 그만이다. 서북각루는 성곽 주변을 감시하거나 휴식을 취할 수 있는 누각이다. 화성에는 4개의 각루가 있는데 예술미에다 실용성까지 갖추고 있다.

2층 누각의 서장대는 팔달산 정상에 위치해 수원화성의 총지휘본부 역할을 한다. 높은 곳에 자리해 성안 동정을 살필 수 있다. 그 뒤로는 쇠뇌(여러 화살이 한꺼번에 나가는 무기)를 발사할 수 있는 '서노대'가 자리하고 있다. 정조대왕의 친필로 알려진 서장대의 현판에는 부국강병의 힘이 서려 있다. 서장대는 독특한 외양을 하고 있는데, 1층은 정방형 평면이며 화강석 주초에 둥근 기둥 12개를 세웠다. 2층에 올라가면 사방 100리가 훤히 보인다. 정조가 능 참배를 위해 화성에 들르면 이곳에서 군사를 직접 지휘했다고 한다. '효원의 종'이 있어 일반인도 타종할 수 있도록 했다.

조금 더 걸으면 서포루가 나타난다. 포루는 성의 치성 위 누각으로, 성내 이동하는 아군의 동향을 적이 알지 못하도록 설치한 군사시설이다. 성 밖으로 7m나 돌출되었고, 누각엔 판문이 있으며 전안을 설치해 적을 공격할 수 있도록 했다. 판벽엔 총구를 가진 도깨비문양이 그려져 있는데 표정이 무척이나 앙증맞다. 그 아래 남문인 팔달문(보물 제402호)은 곡선이 우아한 홍예문과 성을 감싸고 있는 옹성으로 이루어졌는데 숭례문보다 규모가 크다. 적의 화공 시 물을 이용해 불을 끌 수 있도록 '오성지'라는 시설을 갖추고 있다. 야경이 화려해 밤에 찾아도 좋다. 유일하게 성곽이 끊겨 다시 성벽에 올라가려면 건어물과 야채 노점상이 있는 '지동시장'을 거쳐야 하는데 장터 분위기가 시끌벅적하다.

동남각루를 지나면 통신시설인 봉돈이 나온다. 5개의 연기통이 성곽 밖으로 5m나 돌출되어 있으며 총구가 뚫려 있어 봉돈을 방어하고 있는데 잘 쌓은 벽돌이 볼만하다. 낮에는 연기를, 밤에는 불길을 밝혀 인근에 위급함을 알렸다고 한다. 화서문과 흡사한 창룡문을 지나면 '연무대'라고 불리는 동장대가 나타난다. 논산훈련소인 '연무대'는 이 지명을 따왔을 것이다. 화성 동쪽을 지키는 군사들의 훈련장으로, 지휘본부가 따로 마련되어 있다. 활터에서는 일반인들도 국궁체험을 하며 심신을 단련할 수 있도록 했다.

한국의 건축미와 정자문화를 맘껏 자랑하는 방화수류정은 화홍문 동쪽 높은 곳에 세워져 있는데 용연지에 인공섬을 조성해 건너편에서 보면 한 폭의 산수화를 연상케 한다. 방화수류정 바로 아래 화홍문은 7칸 홍예다리를 갖추고 있는데 우리나라 홍예다리 가운데 가장 길고 아름답다는 평을 받는다. 좌우에 돌로 만든 해태가 서 있다. 7개의 홍예 사이로 수원천이 성내를 관통하고 있다. 장안문은 수원성의 북문이자 정문으로, 홍예문의 높이가 거의 4m에 육박하며 누각은 2층의 팔작지붕으로 위풍당당하다.

Travel Info

친절한 여행팁 **수원화성 여행정보** 3월부터 12월까지 토요일 오후 2시 행궁에서는 토요상설공연, 일요일 오후 2시에는 장용영수여의식, 매일 오전 11시에는 무예 24기 공연이 펼쳐진다. 이밖에 대장금체험, 도자기체험, 엽전체험 등 다양한 체험거리가 있다(문의: 수원화성문화재단 031-238-5740, www.shcf.or.kr).

가는 길 경부고속도로 수원IC → 동수원사거리(직진) → 중동사거리(우회전) → 팔달문 → 화성행궁

맛집 본수원갈비(갈비, 031-211-8434, 팔달구 우만동 51-20), 유치회관(선지해장국, 031-234-6275, 팔달구 인계동 1132-4), 두꺼비집(부대찌개, 031-202-4267, 매산초등교 앞)

잠자리 뉴필모텔(031-223-3765, 팔달구 인계동 1115-14), 제이비호텔(031-295-0041, 권선구 구운동 921), 리오모텔(031-281-0059, 기흥구 신갈동 64-13)

주변 볼거리 용주사, 융건릉, 물향기수목원, 경기도어린이박물관, 한국민속촌

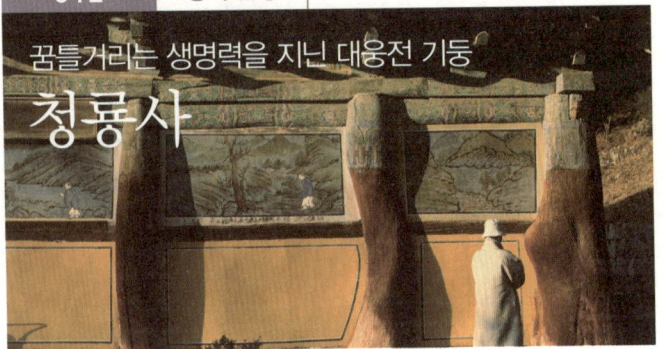

꿈틀거리는 생명력을 지닌 대웅전 기둥

청룡사

Travel Guide

추천시기 4~10월	**여행성격** 가족, 연인, 단체	**추천교통편** 자가용, 단체버스

추천일정 1일 안성팜랜드 — 안성맞춤박물관 — 태평무공연 — 남사당패공연

2일 청룡사 — 배티성지 — 석남사 — 칠장사 — 서일농원

주소 경기도 안성시 서운면 청용리 28번지　**전화** 031-672-9103　**웹사이트** www.buddhahouse.com

2인비용 교통비 6만원, **식비** 8만원, **숙박비** 5만원, **여비** 3만원

솔직하면서도 생동감 넘치는 절집을 꼽으라면 안성의 청룡사를 추천하고 싶다. 청룡사의 아이콘은 대웅전의 휜 기둥으로, 건물이 무너질 수 있음에도 목수는 과감히 휜 나무기둥을 사용해 사찰 밖 자연 풍경을 고스란히 경내로 끌어들였다. 거칠고 대범한 것이 마치 노동으로 단련된 민중의 굵은 손마디를 보는 듯하다. 실은 곧은 나무 살 돈이 없어 휜 기둥을 세웠는데 오히려 더욱 건물이 견고해졌다. 부드러움이 단단함을 이기고, 곡선이 직선보다 강함을 전한다. 현판 글씨가 큼직한 대웅전은 정면 3칸, 측면 4칸으로 측면의 칸 수가 더 많다. 아무래도 휜 기둥이 걱정돼 촘촘히 세운 모양이다. 기둥은 자연초석을 받쳤으며 내부 천정은 바둑판식이 아닌 서까래가 훤히 드러난 연등천정이고 대들보도 휜 나무를 사용해 자연미가 철철 넘친다.

고려 말 나옹화상이 청룡사를 중창하면서 한 마리 푸르른 용(靑龍)이 상서로운 구름(瑞雲)을 타고 하늘에 오르내리는 것을 보고는 '서운산 청룡사라고 불렀다고 한다. 사찰 입구에는 거대한 느티나무가 사천왕문을 대신하고 있어 무서운 사천왕상을 보지 않아도 된다. 계단을 오르면 문은 스크린이 되어 대웅전의 자태를 서서히 보여준다. 문지방을 넘으면 너른 마당이 펼쳐진다.

청룡사는 남사당패의 근거지다. 전국을 떠돌던 남사당패는 겨울을 나기 위해 청룡사에 모여들어 절의 허드렛일을 거들며 고단한 삶의 쉼표를 찍었다. 봄이 되면 다시 청룡사에서 나눠준 신표를 들고 안성장터를 비롯해 전국 각지를 돌아다니며 공연을 펼쳐 서민의 애환을 달래주었다. 경제적으로 여유가 없었던 남사당패는 가진 것이라고는 구르는 재주밖에 없어 대웅전 문을 활짝 열어놓고 온 힘을 바쳐 돌고, 뒹굴고, 외줄을 타면서 몸보시를 했던 것이다. 이렇게 낮은 자들의 위안처 역할을 해왔기에 오늘날 청룡사는 고단한 삶을 품어 주는 절집이 되었다. 툇마루에 궁둥이를 붙이고 여자 꼭두쇠 바우덕이의 애절한 노래를 상상해도 좋고, 황석영 소설 『장길산』의 인물을 그려봐도 좋다.

마을 초입에 자리 잡은 부도밭을 지나 안쪽으로 조금 들어가면 바우덕이 사당이 나온다. 사당 옆에는 바우덕이를 기리는 동상이 서 있다. 청룡호수에서는 수상스키와 모터보트, 오리보트 등 다양한 수상스포츠를 즐길 수 있다. 호수 아래쪽에는 남사당패로 활동하며 전설처럼 살다 간 바우덕이의 묘가 외롭게 서 있다. 청룡사 주변 일대는 우리나라 최대의 포도산지로, 9월 초에는 안성의 거봉포도를 맛볼 수 있다.

서운산 남쪽 기슭에는 청룡사가, 그 너머 동북쪽에는 석남사(031-676-1444)가 자리하고 있다. 걸어서 고개 하나 넘으면 석남사에 닿지만 절묘한 위치에 자리 잡고 있어 차로 움직이면 충남 천안, 충북 진천, 경기 안성 등 3개 도의 경계선을 넘나들어야 한다. 배티고개 정상에는 넉넉한 안성평야가 펼쳐져 '안성(安城)'이라는 지명처럼 보기만 해도 마음이 편해진다. 큰길에서 계곡 따라 한참을 들어가면 석남사를 만날 수 있다. 접근하기 쉽지 않아서일까, 조용한 산사의 맛을 고스란히 느낄 수 있다. 조용하고 깨끗해 여인네의 정갈한 심성을 담고 있다. 대웅전 올라가는 계단은 대학 캠퍼스에 올라가는 것처럼 넓고 시원스럽다. 대웅전의 처마는 학이 춤을 추는 것처럼 날렵하다. 특히 보물 제823호인 영산전은 석가모니 불상과 10대 제자들을 모신 건물로, 조선 초기 건축양식을 볼 수 있는 중요한 자료다. 한여름에도 서늘할 정도로 숲이 깊고 계곡이 좋다. 수량도 풍부하고 돗자리를 깔 장소가 많아 한여름이면 피서객으로 북적거린다.

도심 속에 피어나는 연꽃특별시

관곡지와 갯골생태공원

Travel Guide

추천시기 7~8월, 10~12월 **여행성격** 가족, 연인, 자전거 **추천교통편** 자가용, 지하철, 버스
추천일정 1일 시흥 – 물왕저수지 – 연꽃테마파크 – 강희맹신도비 – 갯골생태공원 – 월곶포
구 2일 창조자연사박물관 – 방산동청자백자도요지 – 오이도 낙조 – 소래포구

주소 경기도 시흥시 장곡동 **전화** 031-310-3951 **웹사이트** 시흥시청 tour.siheung.go.kr
2인비용 교통비 2만원, 식비 8만원, 숙박비 5만원, 여비 3만원

시흥 여행은 관곡지부터 시작하는 것이 좋다. 연꽃이 오전에 활짝 피었
다가 오후가 되면 꽃잎을 오므리기 때문이다. 7월 중순부터 9월 초까지
릴레이 선수마냥 다양한 종류의 연꽃이 피고 진다. 100만 평이 넘는 연
꽃단지는 안동 권씨의 조그만 연못으로부터 시작되었다. 조선 전기 명
신이자 농학자로 이름 높은 강희맹 선생이 명나라를 다녀오면서 남경
의 전당지에서 연꽃 씨앗을 가져와 이곳에 심어 오늘날 시흥을 연꽃특
별시로 만들어냈다. 관곡지는 강희맹의 사위인 권만형 집의 연못이며,
대대로 연을 가꾸도록 연지기까지 배치했는데 그들에게 노역, 부역, 세
금을 제외시키고 오로지 못만 관리하도록 했다. 그런 노력과 정성 때문
일까, 관곡지의 연꽃은 유난히 예쁘다. 못은 가로 23m, 세로 18.5m로,
가운데 섬 위의 소나무는 강희맹의 고고한 삶을 보는 듯하다.
관곡지 뒤편은 11.2ha의 거대한 연꽃단지가 형성되어 있다. 백련, 홍
련, 가시연, 어리연, 왜개연 등 연뿐만 아니라 다양한 수생식물을 관찰

할 수 있다. 연잎은 40cm로 아침이슬을 머금을 때가 가장 아름답다. 연을 이용한 연밥, 연국수, 연두부, 연도토리묵 등 다양한 연 요리에 입이 즐거워진다. 소화를 시키려면 관곡지 건너편 대우아파트 단지 뒤쪽 강희맹 선생 묘와 신도비를 산책 삼아 걸어볼 만하다.

시흥갯골생태공원은 놓치지 말아야 할 명소다. 갯골은 '갯고랑'의 준말로, 바닷물이 들고나는 갯벌의 꼬불꼬불한 골짜기를 의미한다. 염전과 농토를 비집고 흘러가는 곡선이 일품이며 공룡의 피부처럼 울퉁불퉁하다. 갯골 옆은 다양한 염생식물과 희귀 동식물이 더불어 살아오고 있다. 원래 이곳은 소래염전으로, 국내 소금 생산량의 30%를 차지할 정도로 생산량이 대단했다. 그러나 80년대 중국산 저가 소금이 밀려오자 채산성 악화로 1996년 대부분 폐염이 되었다. 염전은 사라졌고 수차를 돌렸던 사람들도 고향을 등져 시화공단으로 새 삶을 찾아 떠나버렸다. 10년이 지나자 버림받았던 땅에는 염생식물이 자라고 망둥어와 게가 살기 시작했다. 먹잇감이 많다 보니 철새와 포유류까지 찾아와 오늘날 생태의 보고로 변모했다.

갯골산책로의 가장 큰 매력은 갈숲생태문화탐방로다. 수십만 평의 펄 위는 갈대로 빼곡하다. 밀가루처럼 고운 펄은 바짝 마르면 양탄자를 밟는 것처럼 부드럽다. 그 위에 7가지 색깔을 가진 칠면초, 뼈마디처럼 생긴 퉁퉁마디, 벼잎처럼 생긴 모새달 등 육지에서는 보기 어려운 희귀 염생식물이 그 빛깔을 뽐낸다. 앞만 보고 걷는 것이 아니라 곳곳에 테마숲을 만들어 놓아 생태공부를 하면서 걸을 수 있어 아이들과 함께하면 좋을 듯싶다. 해질 무렵이면 갯골 깊숙한 곳까지 붉은 노을이 물들어 데이트하기에 최상이다. 타일이 굴러다니는 폐염전을 거닐며 인생을 관조해도 좋고 세월의 풍파를 이겨낸 소금창고에서 희망을 찾아도 그만이다. 곳곳에 나무벤치와 쉼터, 팔각정자까지 놓여 있어 쉼터로 삼고 도시락을 까먹으면 된다.

'내만갯골'은 내륙으로 깊숙이 들어온 갯골로서, 세계에서도 보기 드문 사행성(뱀이 기어가는 형태) 갯골이다. 조수간만의 차가 클수록 갯골이 발달하는데 개울물처럼 유속이 세다. 밀물과 썰물의 반복은 염생식물이 살아갈 최적의 조건을 만들어낸다. 질퍽한 펄이 있는 곳에는 나무데크가 깔려 있어 신발에 진흙을 묻히지 않아도 염생생물을 자세히 관찰할 수 있다. 빨간 다리를 가진 농게도 지천이다. 앞모양은 사다리꼴을 하고 있으며 다리는 숟가락 모양을 하고 있기 때문에 먹이를 긁어먹기 알맞다. 수컷의 집게다리가 매우 커 암컷을 유혹하거나 적을 위협하는 데 사용한다. 조류관찰대에서 뚫린 구멍을 통해 먹이를 쪼고 있는 왜가리를 볼 수 있다.

Travel Info

친절한 여행팁 **갯골생태공원 알차게 관람하기** 그늘이 없기 때문에 되도록 모자와 양산을 준비하는 것이 좋고 한여름 날이 덥기 때문에 수분을 충분히 섭취해야 한다. 옛 염전 일부를 복원해 천일염 생산과정을 배울 수 있으며 무료로 천일염을 준다. 3~11월까지 단체로 체험 가능. 관곡지 연꽃테마파크의 연꽃은 오전에만 꽃이 피기 때문에 오전 일정을 잡는 것이 좋고 오후에 갯골을 가는 것이 좋다. 갯골생태공원 – 연꽃테마파크 – 물왕저수지까지 편도 7.5km 농로길로, 호조벌의 곡창지대를 가로지르는 자전거전용도로다. 갯골을 가까이 감상하고 다양한 곳을 둘러보기에 좋다.

가는 길 서해안고속도로 → 목감IC → 42번 국도 → 시흥시청 → 시흥갯골생태공원
맛집 토담집(우렁회무침, 031-480-9918, 물왕저수지), 장보고수산(활어회, 032-719-1317, 소래포구), 정통밥집(연요리, 031-405-5470), 굼터(메로구이, 031-318-0085, 월곶)
잠자리 W모텔(031-318-2941, 월곶), 나비아호텔(031-318-5306), 시흥관광호텔(031-433-0001)
주변 볼거리 오이도낙조, 물왕저수지, 월곶포구, 시화방조제, 옥구정

강바람 맞으며 달리는 국내 최고의 자전거길

남한강 자전거길

Travel Guide

추천시기 4~10월 **여행성격** 가족, 연인 **추천교통편** 지하철, 버스

추천일정 당일 팔당역 – 정약용 묘 – 실학박물관 – 북한강철교 – 양평문화원 – 양평역

주소 경기도 남양주시 와부읍 팔당리

전화 갑사 031-773-5101 **웹사이트** 양평군청 tour.yp21.net

2인비용 교통비 1만원, 식비 2만원, 여비 2만원

최근에 개통된 남한강 자전거길은 남한강을 따라 내달리는 자전거전용
도로다. 유유히 흘러가는 남한강, 북한강철교, 호반길 등 기대 이상의
멋진 경관이 펼쳐져 페달을 밟노라면 가슴이 짜릿하다. 시원한 강바람
이 얼굴을 때리기도 하고, 한때 기차가 다녔던 터널은 조명을 밝혀 4차
원 세계로 빨려 들어가는 기분이 든다. 1960년대 풍경을 담고 있는 능
내역, 정약용 선생의 발자취를 볼 수 있는 다산 유적지, 남한강과 북한
강이 물을 섞는 두물머리 등 볼거리가 가득하다.

자전거를 가져가지 않아도 걱정 없다. 양수역, 양평문화원에서 신형 자
전거를 3시간이나 무료로 빌려준다. 양수역부터 팔당댐까지 둘러보고
밥까지 먹어도 여유가 있다. 팔당역이나 능내역에서 자전거를 빌리려
면 따로 돈을 내야 한다. 1시간 30분에 5000원, 1만원이면 3시간 동안
자전거를 탈 수 있다. 그러나 팔당역에서 양평까지 종주를 계획했다면
자신의 자전거를 중앙선 기차에 싣고 가야 한다.

팔당역에서 양평문화원까지 총 29km다. 자전거로 쉬엄쉬엄 달리면 3시간이면 족하다. 팔당역에서 양수역까지가 가장 경치가 좋다. 한강과 팔당댐, 호반 경치가 그림같이 펼쳐져 도보로 걷는 이도 많으니 조신해야 한다. 만약 자신의 자전거를 전철에 싣고 간다면 팔당부터 시작해 양평역에서 끝내는 것이 좋고 역순으로 해도 무관하다. 중간인 국수역을 기준으로 팔당역까지는 자전거가 많고 도보여행자까지 섞여 있다. 국수역에서 양평역까지는 번잡하지 않아 한적한 라이딩을 즐길 수 있는 장점이 있다. 자전거를 타다가 갑자기 체력이 떨어지면 중간 역에서 기차에 타면 된다.

팔당역에 내려 한강을 따라가면 예봉산 입구가 나온다. 고가도로 아래 다산 문화의 거리부터 남한강 자전거 종주길이 시작된다. 이곳은 부산까지 가는 국토종주코스의 시발점이기도 하다. 팔당대교까지는 1.5km. 처음엔 무리하지 않고 쉬엄쉬엄 타는 것이 좋다. 팔당댐까지 도로의 난간이 성곽 모양을 하고 있어 고즈넉함을 더한다. 팔당댐은 큼직한 아치를 머리에 이고 있다. 한때 기차가 다녔던 터널은 센서가 달려 있어 사람이 들어가면 자동으로 불이 켜진다. 시멘트를 타설해 동굴 분위기가 나며 조명까지 화려해 미지의 세계 속으로 빨려 들어가는 기분이 든다. 조금 지나면 그림 같은 팔당호반 풍경을 감상하며 페달을 밟게 된다. 능내역 광장 쉼터는 일부러라도 쉬었다 가는 것이 좋다. 구두통, 대합실 등 60년대 기차역 분위기를 고스란히 옮겨 놓았다. 다산영농조합에서 운영하는 자전거정비소가 있어 바람을 넣고 가도 되고 자전거를 저렴하게 빌릴 수도 있다(1인용 3000원, 2인용 5000원, 1일 1만원). 시간 여유가 있다면 잠시 고개 너머 다산 유적지를 일정에 넣는 것도 괜찮다. 다산의 묘와 생가 그리고 최근에 개관한 실학박물관을 둘러보게 된다.

다시 호반을 따라 달려가면 한강 자전거길의 아이콘격인 북한강 철교를 만난다. 철교 바닥이 아크릴로 되어 있어 발밑으로 한강을 내려다볼 수 있다. 예전 초소가 자리했던 곳에 전망대를 조성해 놓았다. 2층에 오르면 철교는 물론 운길산과 예봉산이 정면으로 들어온다. 특히 16:9 화면 같은 창문과 둘이 앉을 수 있는 나무 의자가 있어 사랑 고백하기에 그만이다. 철교 초입 '남한강 자전거길'이라는 머릿돌은 사진 찍는 포인트이니 놓치지 말자. 철로 옆은 양수리환경생태공원이 조성되어 있어 억새길을 거닐며 학창시절 추억을 되새기기에 그만이다.

자전거길 중간에 자전거를 세우고 쉬었다 갈 수 있도록 쉼터가 여럿 있다. 쉼터마다 폐철로를 깔아 놓은 것이 이채롭다. 각 마을 부녀회에서 간이매점을 조성해 어묵, 잔치국수, 빈대떡 등 저렴한 먹을거리를 내놓고 있다. 국수역부터 양평역까지는 한적한데다 주로 산을 뚫어 터널이 이어지고 오르내림이 반복되어 자전거 타는 맛이 더 좋다. 양평 근처는 남한강변을 달리도록 길을 만들어 놓았다. 옥천면옥에 들러 냉면 한 그릇 뚝딱 해치워도 좋고 양평문화원에 있는 미술관에 들러 근사한 미술작품에 취해도 좋다. 이곳에서 자전거를 빌릴 수도 있다.

Travel Info

친절한 여행팁 **수도권 자전거여행은 전철로** 만약 자동차에 자전거를 싣고 갔다면 팔당역에 주차할 수 있는데 하루 5000원 주차비를 낼 뿐 아니라 그나마 주말에는 빈자리를 찾기 쉽지 않다. 그렇다면 국수역, 아신역, 오빈역 등 한적한 역사에 무료 주차하고 거꾸로 내려오면 된다. 주차공간도 넓은데다가 주차비가 없다. 특히 오빈역은 전철 교량 아래 주차장이 있어 주차공간이 넉넉한 편이다. 양평문화원에도 제법 너른 주차장이 있지만 양평역까지는 1km 정도 떨어져 있으니 그 점은 감안해야 한다. 출퇴근 시간인 오전 7~10시, 오후 5~8시를 빼면 중앙선 전철은 언제든 자전거를 휴대할 수 있다.

가는 길 전철 중앙선 팔당역, 양평역 하차

맛집 기와집순두부(순두부, 031-576-9009, 조안면사무소), 양평신내해장국(선지해장국, 031-773-8001, 양평군 개군면 공세리), 옥천면옥(냉면, 031-772-5187, 양평군 옥천면), 두물머리연칼국수(연칼국수, 031-774-2938, 국수역 근처)

잠자리 양평산음자연휴양림(031-774-8133, 단월면 산음리), 양평리조트관광호텔(031-774-8800, 양평읍 오빈리), 꿈의궁전(031-775-1531, 양평읍 오빈리)

주변 볼거리 두물머리, 다산 생가, 수종사, 소나기마을, 중미산자연휴양림

015 　경기 양평

천장에서 소나기가 내려요
소나기마을

Travel Guide

추천시기 4~10월	**여행성격** 가족, 연인, 단체　**추천교통편** 자가용, 전철

추천일정 1일 팔당대교(6번 국도) – 세미원 – 농다치고개 – 중미산자연휴양림 – 생태체험 – 숲속의 집
숙박 2일 중미산 등산 또는 중미산천문대 – 소나기마을 – 다산유적지 – 6번 국도 – 서울

주소 경기도 양평군 서종면 수능리 산 74번지　**전화** 031-773-2299　**웹사이트** www.소나기마을.kr
2인비용 교통비 3만원, 식비 8만원, 숙박비 5만원, 여비 3만원

중미산자연휴양림에서 서종 쪽으로 내려오면 한국 단편문학의 백미인 황순원의 소설 「소나기」를 테마로 한 소나기마을을 만나게 된다. 소설 소나기에서 '어른들의 말이, 내일 소녀가 양평읍으로 이사 간다'라는 문장 한 줄 덕에 양평에 문학공원이 들어섰다고 하니 그 사연이 소설만큼이나 재미있다.

특이한 것은 기존의 문학관 형식에 그치는 것이 아니라 소설의 의미를 되새기며 체험할 수 있도록 꾸며진 테마파크라는 점이다. 수숫단 모양을 형상화한 원뿔 지붕의 황순원 문학관은 천정이 투명한 유리로 되어 있어 햇빛이 들어오면 은색 벽이 아름다운 빛을 낸다. 전시실에는 육필원고, 졸업앨범, 안경, 시계 등 생전의 집필실을 고스란히 옮겨 놓아 선생의 문학세계와 인생을 생생하게 볼 수 있다. 제2전시실은 〈작품 속으로〉란 테마를 가지고 황순원 선생의 대표작인 「독짓는 늙은이」「학」「카인의 후예」 등 주요 장면을 영상물, 모형, 음성, 애니메이션 등을 통해 입체적으로 즐길 수 있도록 했다. 교과서에서 만난 작품을 눈으로, 귀로, 손바닥으로 새롭게 느낄 수 있어 소설의 재미에 푹 빠져들게 했다. 문학카페에 들어서면 '내가 쓰는 소나기', E-Book, 소설 내용을 퀴즈로 풀어보는 '낱말 맞히기' 등 오감으로 소설을 만난다. 통유리 사이로 시원스런 풍광을 감상하며 황순원 소설에 푹 빠져보는 재미도 그만이다. 아이들의 인기를 독차지하고 있는 영상실은 소나기 배경이 된 시골학교 교실 분위기를 고스란히 옮겨 놓았다. 화면에 소나기가 내리면 교실 천장에서 번개가 비치고 물방울이 떨어진다. 이런 4D 특수 효과는 애니메이션 '소나기'의 재미와 긴장감을 더해준다.

문학관 앞 능선을 따라가면 황순원의 작품을 자연 속에서 접할 수 있다. 소설 속 배경을 재현해 놓아 스스로 주인공이 되어 소설 속 이야기대로 따라 하면 된다. 고개 너머는 소설 「소나기」에 나옴 직한 개울이 흐르고 징검다리까지 놓여 있어 연인들의 사랑고백 장소로 그만이다. 최고의 프로그램은 2시간에 한 번씩 쏟아지는 인공 강우다. 노즐을 통한 인공 소나기 시설을 설치해 누구나 소설 속 상황으로 들어갈 수 있다. 혹시 맘에 드는 여인이 있다면 함께 수숫단 속으로 몸을 피해보면 어떨까. 아이나 어른이나 팝콘 같은 웃음을 터뜨리며 즐거워한다. 화단에는 소년과 소녀가 땄던 도라지꽃과 마타리꽃도 피어 있어 소설 속 감흥을

Travel Story

산모를 위한 중미산자연휴양림 ··· 양평 중미산자연휴양림의 가장 큰 매력은 전국 유일의 산모를 위한 숲길이라는 점이다. 스피커에서는 태아와 산모에게 좋은 클래식 음악이 연신 흘러나오고 나무에 매달린 예쁜 시는 산모의 감성을 자극한다. '엄마가 되는 것을 자랑스럽게 생각하라.' '태아는 완벽한 인격체다.' 등 자연과 생활 속에서의 태교법을 배울 수 있으며 나무 의자에 앉아 마음을 가다듬으며 태아와 호흡하도록 했다. 산모가 태아와 함께 운동할 수 있게 너른 평상도 만들어 놓았다. 향기 그윽한 꽃밭이 조성되어 있으며 태아와 함께 태교 숲길 체험을 마치고 휴양림 방명록에 이름과 주소를 남기면 평생 태교회원으로 등록되어 휴양림이 주관한 산림문화행사에 초대받는다.

제대로 살릴 수 있다.

오두막에 앉아 문학토론을 즐겨도 좋고 소설 인물들의 소나기처럼 짧고 순수한 사랑을 생각하다가 낮잠을 즐기며 한가로움을 누려도 좋다. 단체 예약 시 황순원에 관련된 문학강연을 들을 수 있다. 문학관 오른쪽은 황순원 선생의 묘가 있어 선생의 문학정신을 그리며 참배할 수 있도록 했다.

Travel Info

친절한 여행팁 양평여행 중미산을 가운데 두고 시계반대방향으로 코스를 잡는 것이 좋다. 아침 일찍 양수리 두물머리에 들러 물안개가 피어오르는 장면을 감상하고 다시 남한강을 거슬러 드라이브길을 달리다가 옥천에서 좌회전을 해야 하는데 이곳에 냉면집이 몰려 있다. 한여름 물냉면 한 그릇이면 갈증이 싹 달아난다. 중미산 자연휴양림의 도보산책코스도 좋지만 해발 834m 중미산 정상까지 등반을 권한다. 남한강과 북한강을 한눈에 볼 수 있는 전망대에 서면 가슴이 짜릿해진다. 소나기마을에 가기 전 황순원의 소설 「소나기」를 미리 읽고 가면 도움이 된다. 중앙선 양수역에서 하차하여 문호리행 버스를 타고 종점 하차. 양수역에서 15분 소요.

가는 길 북부간선도로 → 구리 → 덕소 → 팔당 → 양수리 → 서종문화체육공원 → 문호리 → 소나기마을

맛집 두물머리 순두부(유기농 쌈밥, 031-774-6022, 양수리), 샘터(백반, 031-771-4695), 양수리 해장국(선지해장국, 031-774-0171 양수리), 남촌집(청국장, 031-771-6647, 문호리)

잠자리 중미산자연휴양림(031-771-7166, 옥천면 신복리), 유명산자연휴양림(031-589-5487), 다이애나궁(031-774-9522, 상성면 병산리), 양평한화리조트(031-772-3811, 옥천면 신복리 141-5)

주변 볼거리 양평재래시장, 갤러리서종, 바탕골예술관, 중원계곡, 들꽃수목원, 석창원

마술상자에 갇힌 용을 만나다
고달사지부도

Travel Guide

추천시기 4~6월, 1~2월	**여행성격** 가족, 연인, 답사	**추천교통편** 자가용, 단체버스

추천일정 1일 거돈사지 – 법천사지 – 흥법사터 – 고달사지

2일 신륵사 – 목아박물관 – 세종대왕릉 – 해강도자기미술관

주소 경기도 여주군 북내면 상교리 411–1

전화 여주군청 031–884–2114　　**웹사이트** 여주군청 www.yj21.net

2인비용 교통비 5만원, 식비 8만원, 숙박비 5만원, 여비 3만원

고달사 입구는 드라마 〈전원일기〉에나 나올 것 같은 호젓한 농촌 분위기다. 마을 입구엔 커다란 보호수가 서 있고 농가들이 사이좋게 머리를 맞대고 있다. 아늑한 혜목산이 절집을 품고 있어 더욱 포근하게 다가온다. 매번 느끼지만 전국 어디를 가든 절터는 참 좋은 곳에 위치해 있다. 특히 겨울에 폐사지를 걷는 맛이 그만인데, 드넓은 절터에 수백 년 묵은 고목이 마른 가지를 떨어뜨리고 깨진 기왓장이 발목을 건드릴 때 폐허의 슬픔이 밀려오기 때문이다. 죽어 있는 것들 중에 살아 있는 자신을 발견하며 더욱 의미 있게 살아야겠다는 생각을 하게 한다.

'고달사(高達寺)'를 도의 경지에 도달한다고 해서 '고달(高達)'로 아는 사람이 많다. 실은 '고달'이란 이름의 석공이 석물을 만들었기에 '고달사'란 이름을 얻었다고 한다. 고달은 가족이 굶어 죽는 줄도 모르고 불사에 혼을 바쳤고 스스로 머리를 깎고 스님이 되어 훗날 유명한 고승이 된다. 고려 때는 사방 30리가 사찰의 땅이었다고 한다. 폐사지에서 500m쯤 떨어진 곳에 위치한 '신털이봉'은 신도들 신발에 묻은 흙을 털어낸 것이 이렇게 봉우리를 이루게 된 것이라는데, 그만큼 인파로 북적거렸던 사찰이다.

먼저 답사객을 흥분시키는 작품은 보물 제8호인 불대좌다. 우리나라에서 가장 크고 가장 잘생긴 대좌로, 원형이나 팔각형이 아닌 사각형이 특징이다. 높이만 1.5m에 달한다. 부처님은 그 넓은 자리에 앉아 여주의 들녘을 보았을 것이다. 특히 하대석의 연꽃이 기가 막히는데 조각의 입체감이 뚜렷하다. 하대석에 새겨진 연꽃이 넘치는 자비라면 상대석 연꽃은 부처님의 영광을 말해주는 불꽃이다. 지그시 눈을 감고 석물에 손을 대면 천 년 전 고려 석공의 망치소리가 들리는 듯하다.

원종대사부도비와 이수(보물 제6호) 역시 우리나라에서 가장 큰 '귀부와 이수'다. 용의 머리는 금방이라도 튀어나올 것 같은 인상으로, 콧구멍이 깊숙하게 패여 콧김이 나올 것 같다. 얼핏 보면 무서운 얼굴이지만 자세히 보면 하얀 이빨을 내민 파안의 얼굴이 무척이나 해학적이다. 거북의 등껍질은 견고하며 예쁜 문양을 새겨 넣었다. 발톱은 마징가제트에 나오는 로봇처럼 지면에 붙인 채로 꿈쩍도 하지 않는다. 이수는 구름과 용이 꿈틀거리면서 당장에라도 튀어나올 것 같다. 눈여겨보면 도깨비상도 볼 수 있다. 전혀 무섭지 않고 친근한 고려인의 얼굴이다. 나는 이수의 측면이 가장 좋다. 꿈틀거리는 용의 비늘이 살아 움직일 것 같다. 놀라운 것은 이 거대한 귀부와 이수가 한 개의 돌로 이루어졌다는 것이다. 석수의 망치질이 어긋나면 작품을 그르치는 화강암을 이렇게 완벽하게 조각할 수 있다니, 그저 신기할 따름이다.

고달사지부도(국보 제4호)를 만나려면 언덕을 올라야 한다. 높이 3.4m로, 우리나라에서 가장 규모가 크다. 지대석, 기단부, 탑신부, 지붕돌 모두가 팔각형으로, 통일신라 양식을 이어받은 고려 초기 작품이다. 가장 화려하게 조각된 부분은 중대석이다. 하얀 이빨을 드러내고 있는 거북을 중심으로 4마리의 용이 구름을 뚫고 하늘을 날고 있다. 돌의 양

감도 풍부해 금방이라도 돌을 깨고 튀어나올 것 같아 '마술상자에 갇힌 용'처럼 보인다. 왠지 마술이 풀리면 '펑'하고 터지면서 하늘로 승천할 것 같다. 그 위에 새겨진 연꽃은 천 년 전 작품이라는 것이 믿기지 않을 정도로 정교하다. 탑신부에는 자물통이 달린 문짝과 창살문, 사천왕이 번갈아 조각되어 있다. 스님의 사리와 경전이 들어 있으니 자물통으로 잠근다는 의미를 지녔으리라. 사천왕상은 그걸 지키는 수호신이다. 지붕돌은 큼직해서 전체적인 비례가 맞지 않는 듯한 데 날렵하게 솟아오른 귀꽃이 그 어색함을 덜어준다.

지붕돌 밑에 숨겨진 '비천상'은 숨은 보석이다. 구례 연곡사 동부도 지붕돌 밑에서 만난 구름문양을 보고 무릎을 탁 쳤는데 역시 명품엔 숨은 비밀이 있는 모양이다. 악기를 두드리며 하늘을 나는 모습은 이곳이 천상의 세계임을 말해주고 있다. 원종대사부도(보물 제7호) 역시 뛰어난 작품이지만 고달사지부도의 명성 때문인지 상대적으로 시선을 덜 받는다.

Travel Info

가는 길 경부고속도로 → 영동고속도로 → 중부내륙고속도로 → 서여주IC → 영릉 교차로 → 고달사지

맛집 강계봉진막국수(막국수, 031-882-8300, 천서리 맛국수촌), 걸구쟁이식당 (사찰음식, 031-885-9875, 목아불박물관 내), 영덕여주쌀밥(쌀밥정식, 031-884-8777, 여주읍 점봉리)

잠자리 굿스테이드라마호텔(031-885-1171, 여주읍 상리 62-2), 남강호텔(031-886-0132, 여주읍 천송리 565-6), 썬모텔(031-885-1818, 여주읍 연양리)

주변 볼거리 거돈사지, 법천사지, 흥법사터, 신륵사, 목아박물관, 세종대왕릉

잃어버린 30년 노래가 흐르는

파주 DMZ 투어

Travel Guide		
추천시기 사계절 **여행성격** 가족, 연인, 단체 **추천교통편** 자가용, 기차, 단체버스		
추천일정 1일 오두산통일전망대 – 황희 선생 유적지 – 임진각 – 평화누리 – 도라전		
망대 2일 화석정 – 자운서원 – 임진강황포돛배 – 허준 묘 – 적성면 한우촌		
주소 경기도 파주시 문산읍 마정리 1325-1		
전화 031-953-4744 **웹사이트** 파주문화관광 tour.pajuro.net		
2인비용 3만원, 식비 8원, 숙박비 5만원, 여비 3만원		

'비가 오나 눈이 오나 바람이 부나 그리웠던 삼십 년 세월.' 설운도의 〈잃어버린 30년〉이 담아냈던 전쟁의 상처도 30년을 넘고 반백을 훌쩍 넘겨버렸다. 이젠 전쟁세대도 별로 남아 있지 않다. 그나마 남아 있는 실향민은 이 노래비 앞에 서길 주저한다. 노랫말을 곱씹다 보면 가슴 속에 맺힌 한이 봇물처럼 쏟아지기 때문이다. 추석과 설이 되면 '망배단'에는 북녘을 향해 제사 지내는 실향민으로 북적거린다. 돌로 만든 병풍에는 백두산 천지, 개마고원, 금강산, 압록강, 을밀대, 구월산 등 북한의 명소가 새겨져 있다.

자유의 나리는 내국인은 물론 외국관광객으로 인산인해를 이룬다. 휴전 후 첫 포로교환이 있었던 다리로서, 국군포로 1만 2773명이 이 다리를 건너 자유의 품에 안겼다. 사선을 전전했던 포로들은 이 다리를 건너면서 무슨 생각을 했을까? 목조 다리를 건너면 날카로운 철조망이 가로

막는다. 철조망엔 북한을 원망하는 글귀보다 통일의 염원을 담은 리본과 티셔츠가 있어 다행이다. '북한 대통령 아저씨, 이제 싸우지 마세요. 우리 친하게 지내요. 세화유치원 유혜린.' 이 다리는 대학생 국토순례의 출발지이자 도착지이기도 하다. 다리 난간에 서면 우리나라에서 가장 큰 한반도 모양의 '통일연못'을 볼 수 있다.

그 옆엔 비무장지대인 장단역에서 폭격을 맞아 파괴된 증기기관차가 전시되어 있다. 군수물자를 운반하기 위해 개성에서 평양으로 가던 중 중공군의 개입으로 황해도 평산군 한포역에서 후진해 장단역에 도착했을 때 폭격을 맞았다고 한다. 1020여 개의 총탄자국과 휘어진 바퀴는 당시 참혹했던 상황을 말해주고 있다. 기관차를 자세히 볼 수 있도록 전망대를 만들어 놓았다. 한쪽에는 증기기관차 위에서 자랐던 뽕나무가 심어져 있다.

'평화의 돌' 앞에 서면 지구 상에 전쟁이 얼마나 자주 발생했는지 알게 된다. 세계 64개국 86곳 전쟁터에서 직접 가져온 돌을 모아 조형물을 만들어 놓았는데 포에니전쟁의 현장인 나폴리 돌, 십자군전쟁의 키프러스 돌, 아편전쟁의 홍콩 돌 등 전쟁의 상처를 안고 있는 돌을 볼 수 있다. 이밖에 대형 잔디언덕과 수상야외공연장을 갖춘 평화누리공원은 꼭 들려야 하는 명소다.

DMZ관광셔틀버스를 이용하면 통일대교를 건너 제3땅굴과 도라전망대까지 볼 수 있다. 통일대교는 1998년 정주영이 소 떼 1001마리를 이끌고 건넜던 다리다. 소 한 마리를 왜 더했을까? 소 한 마리를 연결고리로 삼아 더 많은 교류를 희망했기 때문이란다. 실제 그 한 마리 덕에 500마리가 더 올라갔고 오늘날 개성공단의 계기가 되었다. 제3땅굴 주차장에 하차하면 영상관부터 시작하게 된다. 비무장지대의 수려한 자연과 분단의 현실을 그린 영상물을 감상할 수 있으며 북한 관련 전시물도 볼 수 있다.

제3땅굴로 가기 위해서는 셔틀엘리베이터를 이용하거나 걸어서 내려가야 한다. 습기가 많아서인지 이슬이 맺혀 있어 스산한 분위기가 전해진다. 총 길이 1635m, 이곳에서 서울까지는 고작 52km밖에 되지 않는다. 1978년 6월 10일 땅굴이 발견되었으며 폭 2m, 높이 2m로, 굴을 유심히 보면 남한에서 뚫은 시추공을 볼 수 있다. 파이프를 박고 위에서 물을 쏟아 부었는데 물이 채워지지 않고 쭉 빠져버려 땅굴임을 알아차린 것이다. 노래 '잃어버린 30년'이 무명가수 설운도를 일약 스타를 만들었다면 제3땅굴은 전두환 소장을 탄탄대로로 달리게 해주었다. 땅굴에 김치를 숙성시켰다가 북한사람들에게 통일김치를 맛보게 하면 어떨가 싶다. 도라전망대는 북한의 생활을 바라볼 수 있는 남측의 최북단 전망대로서 개성의 송악산뿐 아니라 김일성 동상, 기정동, 개성시 변두리, 개성공단까지 볼 수 있다. 도라산역의 지붕은 남과 북이 손을 잡는 것을 형상화했다. 외벽에는 '도라산역 남북출입사무소'라고 쓰여 있는데 남과 북은 한 나라이기에 '출입국사무소'라고 쓰지 않았다고 한다. 국제선 플랫폼이 있는 것이 특이한데 이는 남쪽의 마지막 역이 아니라 북쪽으로 가는 첫 번째 역으로 보면 된다. 도라산역을 출발한 기차는 평양-신의주를 거쳐 국경을 넘어 하얼빈-러시아 이르쿠츠크-모스크바 등을 거쳐 유럽까지 내달리게 된다. 이것이 연결되면 과거 고구려의 루트인 초원로가 재현된다.

Travel Info

가는 길 강변북로 → 자유로 → 임진각, 기차는 서울역에서 임진각까지 매시 1차례 운행

맛집 파주장단콩두부(두부정식, 031-943-3008), 반구정나루터집(장어구이, 031-952-3472), 어부집(참게요리, 031-952-4059), 통일촌직판장식당(두부요리, 031-954-1001)

잠자리 유일레저타운(031 948-6161, 광탄면 마장리), 칼튼호텔(031-942-3955, 탄현면 성동리), 팰리스오브드림호텔(031-949-5120, 핑단면 연장리 42-4)

주변 볼거리 오두산통일전망대, 경기도영어마을, 헤이리예술마을, 황희 선생 유적지, 화석정, 자운서원, 황포돛배

75

대한민국 숲의 자존심
국립수목원

Travel Guide

추천시기 4~6월, 10~11월　**여행성격** 가족, 연인, 단체　**추천교통편** 자가용, 단체버스	
추천일정 당일 국립수목원 – 광릉 – 봉선사 – 아프리카문화원	
주소 경기도 포천시 소흘읍 광릉수목원로 415	
전화 031-540-2000　**웹사이트** www.kna.go.kr	
2인비용 교통비 3만원, 식비 2만원, 여비 1만원	

서울서 1시간 거리인 광릉국립수목원은 세계에 내놓을 만한 멋진 숲이
다. 특히 1년 중에 가을이 가장 아름다운데, 10월 중순 나뭇잎이 빨갛게
물들기 시작해 11월 초순 오솔길에 낙엽이 깔릴 때까지 20여 일간은 수
도권 최고의 황홀경을 보여준다.

매표소를 지나면 가을 내음 물씬 묻어나는 낙엽길이 손짓한다. 연인들
에게 이곳은 천국과 다름없다. 바스락거리는 낙엽을 밟으며 연인끼리
어깨에 손을 얹고 산들산들 거닐면 바로 내가 멜로영화 속 주인공이 된
다.

아름드리 전나무가 늘어선 침엽수원은 나무데크로 만들어졌는데 쭉쭉
내뻗은 침엽수림 사이에 구불구불한 자연산책로가 500m나 이어져 있
다. 숲에 관한 재미있는 이야기가 적힌 안내판을 기웃거려도 좋고, 촉
감 좋은 나무 벤치에 궁둥이를 붙이고 근사한 시집 한 권 꺼내 읽어도
시간이 훌쩍 지나간다.

자연생태로를 벗어나넌 물안개가 몽글몽글 피어오르는 육림호가 반긴다. 호수에는 파란 하늘, 산과 나무의 반영이 담겨 있어 '가을 종합선물 세트'라고 불러도 좋을 듯싶다. 호숫가를 거닐다 보면 중간쯤에 자연암반에서 약수가 졸졸 흘러나오는데 두꺼운 이끼가 더해 물맛이 끝내준다. 호숫가에 자리 잡은 팔각형 통나무집은 국산 낙엽송 원목으로 만들어져 소나무 향내가 난다. 특히 테라스에 앉아 호수를 바라보는 맛이 그만인데 한때 박정희 대통령 별장으로 사용했다고 한다.

기온이 떨어지면 온실인 난대식물원으로 들어가면 바람을 피할 수 있다. 피라미드 모양의 난대식물원에는 동백나무, 팔손이나무, 가시나무류, 난초 등 남국의 식물이 있다. 산림박물관은 우리나라 자생식물의 아름다운 사계를 영상과 전시물로 보여준다. 이곳의 모든 소재와 기술은 우리나라 자체적으로 개발한 것이라고 한다. 박물관 마당에는 수석이 전시되어 있고 마당 둘레의 기다란 나무 의자가 눈길을 끈다. 원래 광릉숲 앞에 놓여 있던 200년 된 가로수였는데 강풍으로 쓰러져 15인승 의자로 다시 태어났다. 산림박물관 뒤편 외국수목원에 들어서면 이국적인 분위기를 만끽할 수 있다. 독일 가분비나무, 서양의 측백나무, 만주의 자작나무 사이로 예쁜 산책로가 놓여 있다. 수생식물원을 지나 습지원, 화목원까지 이어지는 산책길은 잔재미가 있다. 시각장애인을 위

Travel Story

백두산 호랑이 2세의 꿈 ··· 1994년 김영삼 대통령이 중국 방문 시 장쩌민 국가주석으로부터 백두산 호랑이 한 쌍(천지, 백두)을 기증받았다. 그러나 10년 동안 국내외 동물 사육 전문가가 온갖 방법으로 수태를 위해 노력했지만 결국 실패했다. 2005년 11월 APEC정상회담 시 중국 후진타오 주석은 노무현 대통령에게 백두산 호랑이 한 쌍(압록, 두만)을 추가 기증해 다시 한 번 2세를 보는가 했더니 압록이 신장염으로 돌연사하고 만다. 안타깝게도 1994년 기증받은 암컷 천지마저 19살 노화로 폐사했고 수컷 백누는 2011년 11월, 21살 나이로 폐사했다. 사람의 나이로 치면 80세가 넘는다. 현재 국립수목원에는 수컷 두만 한 마리만 사육되고 있다.

해 감촉과 향기만으로 식물을 판별할 수 있는 맹인식물원은 감동을 주기에 충분하다.

수목원 길 건너편은 세조의 능인 광릉이 자리 잡고 있다. 이곳에 능이 조성되면서 500여 년 동안 풀 한 포기도 건드릴 수 없도록 법으로 금지한 것이 오늘날 세계에 자랑할 만한 광릉숲을 가지게 되었다. 쿠데타로 정권을 잡은 세조는 살아생전 늘 근심 속에 살았다. 그래서 죽어서는 조용하고 편안한 곳에 묻히길 원했을 것이다. 이유가 어떻든 우리는 세조 덕분에 세계에 내놓아도 손색이 없을 만큼 아름다운 숲을 가지게 되었으니 그저 고마울 따름이다. 주차장에서 정자각까지 이어지는 아름드리 고목이 볼만하며 능까지 올라가 조선 초기 유려한 석물들을 감상하는 재미도 놓칠 수 없다.

국권을 수호하기 위한 고려인의 피눈물
고려산 진달래

Travel Guide

추천시기 4월 중순 **여행성격** 가족, 연인 **추천교통편** 자가용, 버스

추천일정 1일 강화 고인돌 – 백련사 – 고려산 – 평화전망대 – 화문석문화관 – 고려궁지 – 용흥궁 – 연미정 2일 강화역사관 – 광성보 – 덕진진 – 동막해변 – 마니산

주소 인천시 강화군 하점면 부근리

전화 강화군청 032-930-3623 **웹사이트** 강화군청 tour.ganghwa.incheon.kr

2인비용 교통비 5만원, 식비 8만원, 숙박비 5만원, 여비 3만원

"강화도 하늘에서 핑크빛 물감이 뚝 떨어졌어요."
4월 말쯤 강화 최고의 낙조 포인트인 고려산(436m)에 오르면 수도권에서 가장 많은 진달래를 볼 수 있다. 능선과 비탈은 온통 붉은 주단을 깔아놓은 것 같다. 원래 산 이름은 오련산인데 고려 때 강화도로 도읍을 옮기면서 고려산으로 명칭이 바뀌었다. 선홍빛의 진달래는 국권을 수호하기 위한 고려인의 피눈물처럼 보여 애잔한 마음이 함께 한다.
정상에서 조금 내려오면 고구려 때 조성된 오련지가 나온다. 고려산에는 크고 작은 5개의 연못이 있는데, 그곳은 하늘에 제를 지내는 장소로 이용되었다고 한다. 장수왕 때 인도승 천축조사가 고려산에서 가람터를 찾던 중 정상 연못에 피어 있는 5가지 색깔의 연꽃을 따 불심으로 날려 꽃이 떨어진 장소마다 절을 지었다고 한다. 그렇게 꽃잎이 닿는 곳에 백련사, 청련사, 적련사, 황련사, 흑련사 절집이 들어섰는데 현재 남아 있는 것은 세 곳 사찰과 암자 1곳뿐이다. 약수 한 잔으로 목을 축인 뒤 마음을 추스르고 보물 제994호인 철아미타불좌상을 친견하면 된다. 백련사는 한때 팔만대장경을 봉안해 국난을 극복했다는 기록이 남아 있는 호국사찰이다.

고려산 정상에 서면 석모도, 교동도, 볼음도 등 강화 인근의 섬뿐 아니라 멀리 장봉도와 영종도까지 조망된다. 반대로 시선을 돌리면 김포와 일산뿐 아니라 북한의 연백평야, 송악산, 예성강, 개성 땅이 눈에 들어온다. 고려산에는 북한을 가장 멋진 각도에서 내려다볼 수 있는 전망포인트가 즐비한데, 북한의 황폐한 들녘을 보면 목이 메인다. 해질 무렵 산을 올랐다면 강화팔경 중 하나인 낙조봉에 올라 섬 사이로 떨어지는 일몰을 감상하면 좋을 듯하다.

전 세계에 고인돌이 5만여 기가 있는데 그 중 3만 기가 우리나라에 있으니 한국은 '고인돌 공화국'이라고 해도 과언이 아니다. 남한의 수많은 고인돌 중에서 강화 부근리 고인돌이 가장 큼직하고 힘이 서려 있으며 유네스코가 지정한 세계문화유산이다. 돌의 무게만 50톤에 달하며, 덮개돌을 얹기 위해 적어도 장정 500명이 동원되었으리라 추측된다. 당시 장정 한 사람이 거느린 가족을 5명씩만 잡아도 이 무덤의 주인은 어림잡아 2500명 이상을 거느린 족장이었을 것으로 추정해볼 수 있다. 덮개돌을 받치고 있는 굄돌은 70도 각도로 기울어진 채 수천 년을 살아오고 있다. 반만년 외침에도 굴하지 않고 굳건히 버텨온 한국인의 저력을 보는 듯하다.

고려궁지와 강화성은 강화도에 남아 있는 고려유적지다. 몽고군이 송도를 침범하자 강화로 천도하면서 송도를 모방해 궁궐과 사직을 지었다. 그러나 몽고군의 침략을 받자 궁궐은 불타 폐허가 되었고 조선 인조 때 그 궁궐터에 왕의 피난처인 행궁과 유수부를 건립했다. 조선시대 관아 건물로 오늘날 군청의 기능을 담당하고 있지만, 지방관이 아닌 중앙관료인 도지사급이 파견되어 이곳이 군사적 요충지임을 말해주고 있다. '명위헌(明威軒)' 현판은 영조 때 명필인 백하 윤순의 친필로, 글씨가 살아 꿈틀거린다.

성공회 성당 입구에는 김상용 충절비가 서 있는데 병자호란이 일어나자 종묘를 모시고 강화도로 피난 왔다가 청군이 이곳을 함락하자 남문루 위에 화약을 쌓아 놓고 불을 붙여 자결했다. 충절비 옆으로 좁은 골목을 따라 언덕을 오르면 성공회강화성당이 나온다. 태극무늬에 솟을대문이 서 있고 근사한 팔작지붕 건물이 우람하게 서 있다. '성공회강화성당(聖公會江華聖堂)'이라는 현판과 지붕 위 십자가가 없었다면 영락없는 사찰 건물이다. 십자가가 새겨진 범종도 특이하다. 인근에 철종이 어린 시절을 보냈던 용흥궁도 들러볼 만하다.

왼쪽부터 하늘에 제를 지낸 장소인 오련지, 강화도 행정관아인 강화유수부, 중층 한옥건물인 성공회강화성당

Travel Info

친절한 여행팁 고려산 진달래축제 고인돌광장에서 백련사를 거쳐 진달래 군락까지 3.7km, 도보로 1시간 30분이 소요된다. 주말에는 차가 몰리기 때문에 인근 임시주차장에 주차하고 도보로 이동해야 한다. 매년 4월 20일경부터 5월 초순까지 고인돌광장과 고려산 일대에서 진달래 축제가 열린다. 남쪽 고비고개나 청련사에서 진달래 군락지까지는 2.4km, 1시간이면 오를 수 있다.

가는 길 올림픽대로 → 김포한강로 고속화도로(48번 국도) → 강화대교 → 강화읍 → 강화지석묘

맛집 우리옥(백반, 032-934-2427, 강화 중앙시장), 대선정횟집(시래기밥·메밀칼싹둑, 032-937-1907, 초지대교 근처), 고향바지락칼국수(해물칼국수, 032-933-9163, 외포리)

잠자리 노을내리는아름다운집(032-933-9677, 삼산면 매음리 650-59), 섬마을펜션(032-937-3764, 동검도), 블루모텔(032-937-5303, 초지대교)

주변 볼거리 고려궁지, 성공회성당, 용흥궁, 연미정, 강화역사관, 광성보, 덕진진, 동막해변

고목나무 바위를 아십니까?
옹진 대청도

Travel Guide

추천시기 4~10월 **여행성격** 가족, 연인, 단체 **추천교통편** 쾌속선, 전철

추천일정 1일 대청도 선진포항 – 모래사막 – 농여해수욕장 – 동백자생지 – 지두리
해수욕장 – 서풍받이 2일 소청도 답동항 – 소청등대 – 분바위

주소 인천시 옹진군 대청리 **전화** 032-899-3620 **웹사이트** www.ongjin.go.kr

2인비용 교통비 20만원, 식비 8만원, 여비 3만원

세상에 이렇게 예쁜 섬이 숨어 있을 줄은 꿈에도 생각지 못했다. 바람
이 날려 보낸 모래가루가 거대한 산을 만들어 사하라사막을 연상케 하
고 나무가 비틀어져 기암괴석으로 변한 고목바위가 신기함을 더한다.
동백을 볼 수 있는 최북단자생지, 금강송군락, 기암절벽 등 볼거리가
가득한 대청도다.

멀리서 보면 검푸른 빛을 띠고 있어 '대청(大靑)'이란 이름을 가지고 있
는 대청도는 인천에서 북서쪽 202km, 북한 옹진반도에서 남서쪽으로
약 40km 거리에 있어 백령도·소청도와 더불어 서해 끝자락을 지키고
있는 수호섬이다. 북한을 향해 일렬로 서 있는 세 섬의 분위기는 너무
나 달랐다. 백령도가 평지 섬인데 반해 대청도는 70%가 산으로 이루어
진 산지 섬이다. 백령도에 군인, 외지인이 많다면 대청도에는 수백 년
동안 대를 잇고 살아온 현지인들이 대다수를 차지해 인간 내음이 물씬
난다. 백령도는 바다의 DMZ여서 해변에 접근하기 어렵지만 대청도는

바닷가 갯바위에서 자유롭게 낚시를 즐길 수 있다. 소청도는 강원도 오지마을을 연상케 할 정도로 조용한 섬이다.

산이 많다 보니 척박한 땅을 일궈야 하기에 섬사람들은 고달팠다. 거기다 바닷모래가 섬 안쪽까지 날리다 보니 예로부터 땅을 일구고 살이가기가 어려웠다. 대신 바다가 있었다. 일제강점기에는 고래잡이가 성행했고, 1950~1960년대는 조기, 까나리가 주 어종이었으며, 1970~1980년대는 홍어잡이로 전성기를 누린 적도 있었다. 1990년대 이후부터 우럭, 놀래미 등 활어가 주력어종이 되어 인천까지 트럭째 싣고 간다.

섬에서 가장 특이한 볼거리는 옥죽동 모래사막이다. 북서풍에 의해 중국에서 모래 알갱이가 날아와 거대한 모래언덕을 이루고 있는데 가로 2km, 세로 1km에 달한다. 거기다 바람에 따라 모래 표면이 수도 없이 변하기 때문에 '한국의 사하라사막'으로 통한다. 방향만 잘 맞추면 이국적인 사진 한 장쯤은 건질 수 있다. 모래산 아래는 야생 해당화밭으로 검푸른 바다와 잘 어우러진다. 인근 농여해변은 길이 1.5km로 초승달처럼 휘어 있으며 모래가 밀가루처럼 곱다. 서해라는 것이 믿어지지 않을 정도로 물이 맑은데, 힘차게 걸어도 발자국이 남지 않을 만큼 모래가 곱고 단단하다. 거기다 순비기, 칠면초 등 염생식물 군락이 잘 자라 아이들 생태교육 장소로 그만이다. 대청도 최고의 볼거리는 고목나무바위다. 나무의 껍질을 연상케 하는 주름이 'S'자 모양을 하고 있다. 마치 용이 하늘로 승천하는 장면을 상상하게 하는데 거센 바람과 파도가 만들어낸 천연 조각품이다. 농여해변은 썰물이 되면 옆 미아동해변과 연결되는데 바다에 풀등이 펼쳐져 신나게 뛰어놀 수 있다.

생태학적으로 대청도는 동백의 최북단자생지로 학술적 가치가 높다. 한반도에서 이곳을 기점으로 위쪽으로는 동백을 볼 수 없다고 보면 된다. 4월 중순이면 만개한 동백을 볼 수 있으며 천연기념물 제66호로 지정되었다. 동백군락지에서 고개 하나 넘으면 우리나라 10대 해변에 손꼽히는 지두리해변이 나온다. 지두리는 직각(ㄴ) 형태의 문 경첩의 대청도 사투리로, 동서로 가로지른 산줄기가 여름철 계절풍을 막아주어 호수처럼 잔잔한 수면이 자랑이다. 길이 1km, 폭 300m로 수심이 완만해 아이들이 놀기에 적합하다. 해변 양쪽은 무지개 모양의 습곡지대가 형성되어 사진 찍기 좋다. 지두리에서 고개 하나 넘으면 사탄동해변이 나온다. 바람에 실린 모래가 만든 해변이어서 고운 모래가 장점이다. 백사장 뒤로 수백 그루의 적송이 자라고 있다. 다시 고개를 오르면 정자각이 나온다. 사탄동해변이 한눈에 내려다보이며 붉게 물든 노을 풍경이 펼쳐진다. 한여름에도 추위를 느낄 정도로 시원해 막걸리 한 잔 기울이면 딱이다. 선진포항 넘어가기 전 마지막 볼거리가 서풍받이다. 서쪽 바람을 마주하는 지형으로 깎아지는 기암절벽이 볼만한데, 갯바위낚시터로 유명해 강태공이 즐겨 찾는 명소다.

1박 2일 일정이면 대청도에서 하룻밤을 머물다가 소청도를 들르는 것도 괜찮다. 1908년에 불을 밝힌 소청도등대는 소청도 서단 83m 산 정상에 19m 높이의 등탑을 설치해 서해 끝을 밝히고 있다. 등대에서 내려다본 청정바다와 기암괴석을 보는 재미가 그만인데, 등대 박물관이 있어 아이들 교육장소로 그만이다. 소청도 동단의 분바위는 대리석이 띠 모양을 하고 있어 마치 달빛이 하얗게 띠를 두른 듯해 '월띠'라고 부른다. 캄브리아기의 스트로마톨라이트 지형으로, 세계적으로 호주 샤베크해안과 우리나라 소청도에만 발견된다.

Travel Info

가는 길 인천연안여객선터미널 → 대청도 선진포항(4시간 소요) 1일 3회 운항

맛집 바다식당(생선회, 032-836-2476), 선진식당(생선회, 032-836-2075), 대청식당(한식, 032-836-2124), 정원가든(냉면, 032-836-2443), 섬식당(한식, 032-836-2121)

잠자리 엘림민박(032-836-5997), 솔향기민박(032-836-2477), 초록별민박(032-836-2122), 대청민박(010-3685-1640)

주변 볼거리 백령도, 사곶해수욕장, 심청각, 두무진, 소청도분바위, 소청등대

021 인천 중구

닭강정, 공갈빵, 삼치, 짜장면
인천개항장 별미여행

Travel Guide

추천시기 사계절 **여행성격** 가족, 연인, 단체 **추천교통편** 자가용, 전철
추천일정 당일 동인천역 – 답동성당 – 신포시장 – 일본재은행 – 청일조계지 – 제물포구락부 – 차이나타운

주소 인천시 중구 신포동 3
전화 신포닭강정 032-762-5800 **웹사이트** 인천중구청 icjg.go.kr/tour
2인비용 교통비 1만원, 식비 3만원, 여비 2만원

신포닭강정

우리나라 최초의 상설시장인 신포시장 입구에 들어서면 줄이 길게 이어선 풍경을 목격하게 된다. 바로 신포닭강정을 사려는 식도락가의 줄이다. 30여 분을 꼬박 서서 기다리다 보면 수많은 번민이 찾아온다. '내가 꼭 이렇게 줄을 서서 치킨을 사먹어야 하나?' 결론적으로 말하면 신포닭강정은 기다릴만한 가치가 있다. 닭 소비가 워낙 많아서 매일 신선한 닭을 사용한 것이 맛의 비결이며, 무쇠솥에 튀겨 유난히 바삭바삭하다. 물엿과 생약재를 넣은 소스를 잘 묻히고 잘게 부순 땅콩을 듬뿍 뿌리면 닭강정이 완성된다. 처음에는 고추 때문에 입안이 얼얼하지만 뒤끝은 단맛이 난다. 양파와 가시오가피는 닭 특유의 냄새를 없애는 첨가물이다. 양도 푸짐해 대(大)자를 주문하면 장정 서너 명이 실컷 먹을 수 있다. 워낙 유명세를 타서 그런지 경상도, 전라도 등 먼 곳에서도 신포 닭강정 맛을 보려고 일부러 찾아올 정도로 인기 있으며 외국인의 입맛에도 맞아 주말에는 곱슬머리의

외국인이 줄을 서는 모습을 흔히 볼 수 있다. 1930년대 신포시장을 '닭전' 이라 부를 정도로 닭이 많았는데 그때 이 음식이 탄생했을 것이다.

공갈빵

신포시장의 산동만두 앞은 주말이면 공갈빵이라고 불리는 중국식 호떡을 맛보려고 줄을 서는 사람들이 많다. 닭강정에 이어 또다시 줄을 서려니 은근히 부아가 치밀지만 '인내는 길고 공갈빵은 달다'라는 우스갯소리를 떠올리며 기꺼이 기다렸다. 1인용 화덕에 앉아 땀을 뻘뻘 흘리며 빵을 구워내는 모습이 도자기를 구워내는 명인을 닮았다. 얇은 반죽이 아이 머리통만큼 부풀어오르면 밀가루 반죽을 떼어 구멍을 메운다. 일단 엄청난 빵의 크기에 놀라는데, 거북의 등딱지만큼이나 딱딱한 껍질 그리고 그 안쪽에 스며든 흑설탕 맛이 절묘하다. 바삭바삭하면서도 고소한 맛이 일품이다. 기름기가 전혀 없어 담백한 맛이 그만이며 화덕에서 바로 꺼내야 제맛이 난다. 정통 중국식 찐빵과 만두도 먹을 만하다. 이밖에 신포시장에는 체리주스 가루를 넣어 만든 빨간 찐빵, 전국에 체인망을 가지고 있는 신포우리만두 본점, 33년 전통의 신포순대, 빨간 등대 조형물이 서 있는 신포횟집촌 그리고 러시아, 중국, 필리핀 관광객을 상대로 한 가게까지 있어 인천의 전통 맛은 물론 이국적인 풍물까지 볼 수 있다.

동인천 삼치거리

전주에 삼천동 막걸리촌이 있다면 인천에는 삼치거리가 있다. 노릇노릇 구워지는 삼치 냄새는 술꾼이라면 지나치기 힘든 유혹이다. 여기다 시큼털털한 인천막걸리와 궁합이 맞아 인천사람들은 목포의 홍탁과 견줄 만한 '삼탁'이라 부른다. 50년 전 주머니 사정이 넉넉지 못한 뱃사공과 대학생들에게 막걸리에 어울리는 저렴한 안주를 찾다가 삼치가 등장하게 되었다. 지금이야 고급 생선이지만 1970년대는 어시장에서 쉽게 구할 수 있는 저렴한 생선이었다. 젓가락으로 하얀 살점을 뜯어 특유의 소스에 찍어 먹는데 집집마다 소스 맛이 다르다. 간장에 양파와 고추를 듬뿍 넣어 만든 소스로 삼치를 찍어 먹으면 입맛이 깔끔하고 입 안에 비린내가 나지 않는다. 동인천역 앞에 10여 곳이 성업 중이다.

짜장면의 원조 공화춘

중국음식 하면 가장 먼저 떠오르는 것이 짜장면이다. 아무리 요리를 잘 해도 짜장면 맛이 형편없으면 그 중국음식점은 오래가지 못한다. 정 통 짜장면을 제대로 맛보겠다면 인천 차이나타운을 찾으라. 패루에서 100m쯤 올라가면 붉은색 건물 공화춘이 나온다. 붉은색 분위기도 좋지 만 그 거대함에 놀라지 않을 수 없다. 쫄깃한 면발과 깊은 장맛이 타의 추종을 불허한다. 1883년 인천항이 개항하면서 중구 북성동, 선린동, 항동 일대는 1만여 명에 달하는 중국인의 경제중심지로 성장했다. 중국 사람들이 늘어나자 자연스레 청요리집도 생겨 번창하였고 1905년 문을 연 공화춘에서 우리나라 최초 짜장면이 만들어졌다. 밀려드는 일감 때 문에 여유 있게 식사할 수 없었던 부두 노동자들이 값싸고 쉽게 먹을 수 있도록 춘장을 볶아 면에 비벼 한 끼를 때우는 음식이 바로 짜장면이었 다. 1970년대에 외국인의 재산권 행사에 제한을 두자 화교들이 외국으 로 떠나버렸고, 이곳은 쇠락의 길에 접어들었다. 1984년 공화춘도 문을 닫았다. 그러나 1990년 중반 중국과 해상 실크로드가 열리면서 차이나 타운은 옛 영화를 되찾았다. 2층짜리 옛 공화춘 건물(등록문화재 제246 호)은 짜장면을 테마로 한 짜장면박물관으로 꾸며졌다. 개항기, 일제강 점기, 1970년 경제발전기까지 짜장면을 통한 사회·문화상을 유물과 모형을 통해 더듬어볼 수 있다.

Travel Info

가는 길 국철 1호선 동인천역 하차. 신포지하 상가를 건너 답동성당 맞은편이 신포 시장

잠자리 아모르모텔(032-504-4906, 부평동), 꿈나라모텔(032-834-0006, 옥련 동), 호텔샵(032-834-8346, 옥련동), 박스도로시(032-330-9981, 부평동), 고추잠 자리(032-421-0381, 부평동)

주변 볼거리 자유공원, 차이나타운, 청일조계지, 월미공원, 월미도, 송도유원지

Part 3
강원도

북한강 물 위를 거니는
화천 산소길

추천시기 사계절   **여행성격** 가족, 연인, 단체   **추천교통편** 자가용, 단체버스, 시티투어

추천일정 1일 화천대교 – 자전거하이킹 – 물윗길 – 꺼먹다리 – 딴산유원지 – 화천민속박물관

2일 파로호안보전시관 – 파로호유람선 – 평화의 댐 – 베트남 참전용사 만남의 장

주소 강원도 화천군 하남면 춘화로 3337

전화 화천관광안내 033-440-2836   **웹사이트** 화천군청 ihc.go.kr/tour

2인비용 교통비 6만원, 식비 8만원, 숙박비 5만원, 여비 3만원

화천만큼 물이 넘쳐나는 땅이 있을까 오죽했으면 지명도 '빛날 화(華), 내 천(川)'이다. 산소(O₂)길은 북한강변을 끼고 있는 자전거길로 총 길이가 42.2km에 달한다. 자전거전용도로지만 화천읍을 기준으로 4.5km는 도보 코스로도 손색이 없다. 자전거를 가져가지 않아도 붕어섬 입구 관광안내소에서 자전거와 헬멧을 공짜로 빌릴 수 있다. 붕어섬안내센터 – 대이리레저도로 – 꺼먹다리 – 딴산유원지 – 화천댐 – 화천발전소 – 화천대교 – 화천민속박물관 – 폰툰다리 – 붕어섬안내센터까지 천천히 페달을 밟아도 2~3시간이면 족하다. 평지인데다 북한강에 비친 풍경이 수려해 지루할 틈이 하나도 없다.

10분쯤 달리다 보면 미륵바위가 손짓한다. 강변에 못생긴 바위 5개가 강을 바라보고 있다. 장모라는 선비가 극진히 기도하여 장원급제했다는 설 덕에 입시철이면 학부모들의 기도처로 바뀐다. 상류로 조금 가면 반원형의 구름다리인 폰툰다리가 반기다. 배가 지나다닐 수 있도록 가운데는 반원형이다. 다리를 건너면 하이라이트격인 강상길이 시작된다. 사람들의 발길이 거의 닿지 않아 수달이 살 정노로 청정지역이다. 물에 비친 반영에 취해 통통거리며 걷다 보면 도심의 스트레스가 한방에 날아간다. '폰툰'이란 말은 강상도로로, 밑이 평평한 작은 배를 연결해 그 위에 널빤지를 놓아 물 위에 띄운 다리다. 북한강에 물안개가 깔린다면 아마 구름 위를 걷는 기분이 들 것이다. 1km의 강상길이 끝나면 하늘 한 점 보이지 않는 숲속으로 빨려 들어간다. 비포장길이어서 걷기에 부담 없다. 숲길을 벗어나면 다시 하늘이 열린다. 묵묵히 흘러가는 북한강을 감상하기도 하고 텃밭에도 눈길을 주다 보면 어느덧 화천민속박물관에 닿는다. 나룻배 형상의 박물관은 청동기시대부터 오늘날까지 화천의 민속사를 담고 있다. 삼 껍질 이엉으로 만든 저릅집을 비롯해 북한강가에서 발견된 백자와 청자 파편이 전시되어 있다. 마당에서 투호, 북, 장고 등 민속놀이를 즐길 수 있으며 왕, 왕비, 장군 등 다양한 옷을 입어볼 수 있다. 거기서 다시 폰툰다리를 건너면 처음 자전거를 빌린 관광안내소가 나온다.

미륵바위에서 북한강을 거슬러 조금 더 가면 구만교가 나온다. 일제강점기 일본인이 다리를 설계했고, 38선이 갈라지면서 북한 땅이 되어 소련 기술로 기초공사를 했으며, 휴전선이 그어진 후 남측에서 다리를 완성했으니, 세 나라의 힘을 빌려 만든 의미 있는 다리다. 꺼먹다리는 1945년 세워진 다리로, 높이 4.8m, 길이 204m이며 철골과 콘크리트로 축조된 국내 최고의 교량이다. 콘크리트 교량에 형강을 세우고 그 위에 콜타르를 먹인 목재를 대각선으로 설치했는데 이는 목재 부식을 막을 수 있는 공법이란다. 단순하면서도 안정감 있는 공법으로 현대 교량사에 귀한 자료이기도 하다. 검은색 콜타르를 묻힌 목재를 상판으로 사용하였기에 '꺼먹다리'라는 이름을 가지게 되는데 영화 〈산골 소년의 사랑이야기〉 〈전우〉의 촬영지로 알려져 있다. 강을 따라 조금 더 거슬러 올라가면 딴산이 손짓한다. 산이라기보다는 물 위에 뜬 섬처럼 보인다. 정상 전망대에 서면 지그재그로 흐르는 남한강을 조망할 수 있다. 그 아래에 인공폭포가 있어 시원스런 물을 떨어트리고 있다. 한여름 물놀이 장소로 좋다.

지금 화천수력발전소는 퇴역한 병사처럼 세월의 때를 잔뜩 머금고 있지만 6·25 전쟁 시 이 발전소를 차지하기 위해 엄청난 대가를 치러야만 했다. 지금은 고작 화천시와 춘천시의 일부 전력 수요를 담당하지만 당시에는 전국 25%의 전력을 맡고 있어 기필코 차지해야 할 군사·경제 요충지였다. 이승만 대통령은 연백평야를 포기하는 한이 있더라도 화천수력발전소만은 꼭 확보하라는 명령을 하달하는데 그 때문에 휴전을 앞두고 파로호 일대는 양측의 공방이 가장 치열한 전쟁터였다. 파로호는 '오랑캐(중공군)를 무찌른 호수'라는 뜻으로 이승만 대통령이 직접 이름을 붙여주었다. 지금은 너무나 조용하고 평화로워 오히려 이상할 정도다.

Travel Info

친절한 여행팁 화천시티투어 매주 토요일 9시 40분 시외버스터미널에서 출발하는 화천시티투어(tour.ihc.go.kr, 033-440-2543)를 이용하면 화천 관광해설사가 동행한다. 화천민속박물관, 붕어섬 자전거, 파로호안보전시관, 물빛누리카페리호, 평화의 댐, 꺼꾸리다리, 산천어공방을 둘러보게 된다. 성인 1만 5000원, 소인은 1만원이며 어린이 참여 시 지역문화체험 봉사활동 10시간을 인정해준다.

가는 길 서울춘천간고속도로 → 강촌IC → 46번 국도 → 춘천 → 403번 지방도 → 화천

맛집 화천어죽탕(어죽탕·감자전, 033-442-5544), 천일막국수(막국수·제육, 033-442-4949), 산장횟집(송어매운탕, 033-442-5611)

잠자리 갤러리하우스(033-441-7999), 덕성파크(033-442-2204), 파인밸리(033-441-1962)

주변 볼거리 파로호, 딴산, 평화의댐, 광덕산, 비수구미, 베트남 참전용사 만남의 장

전철패스 한 번이면 춘천여행 끝

춘천시티투어

Travel Guide

추천시기 10~12월 　**여행성격** 가족, 연인, 단체 　**추천교통편** 자가용, 단체버스

추천일정 1일 춘천역 - 김유정문학촌 - 춘천국립박물관 - 막국수체험박물관 - 애니메

이션박물관 2일 구곡폭포 - 등선폭포 - 신숭겸 묘역 - 소양강댐 - 청평사

주소 강원 춘천시 근화동 190 　**전화** 춘천시티투어 033-257-5533 　**웹사이트** www.haniltour.co.kr

2인비용 교통비 6만원, 식비 8만원, 숙박비 5만원, 여비 3만원

경춘선 청춘열차가 개통되어 춘천까지 1시간 이내에 닿을 수 있게 되
면서 춘천은 강원도 도시라기보다는 서울특별시 춘천구가 될 정도로
가까워졌다. 그러나 막상 춘천역에 내리면 연계교통편이 미흡해 어디
를 가야 할지 막막하다. 인근 소양댐이나 명동 닭갈비촌에서 배를 채우
는 것이 전부다. 부챗살처럼 펼쳐진 춘천의 관광명소를 효율적으로 보
겠다면 춘천시티투어버스에 올라타는 것이 효율적이다.

버스비 5000원(고등학생까지는 3000원)만 내면 10시부터 오후 5시까
지 해설사가 동승해 춘천의 명소들을 상세히 소개해준다. 입장료와 체
험료가 할인되기 때문에 할인금액만으로 버스비를 대체하고도 남는
다. 매일 코스가 다른데 월·화요일은 월드온천과 옥동굴체험 코스가
있어 어르신들이 좋아한다. 그밖에 막국수 체험, 소양강댐, 애니메이
션박물관, 풍물시장 등 흥미진진한 볼거리와 체험거리가 가득해 가족
여행코스로 손색 없다.

시티투어의 첫 번째 코스는 역에서 15분쯤 떨어진 김유정문학촌이다. 만무방의 노름터 동굴, 산골나그네의 물레방앗간 터, 소설 속 등장인물이 술을 마셨던 주막터가 고스란히 남아 있다.

금병의숙 앞 김유정이 기념으로 심은 느티나무를 지나 실레마을을 거닐다보면 점순이, 덕돌이, 덕만이, 뭉태 등 소설 속 인물들이 튀어나올 것만 같다. 기념전시관에는 그의 생애와 김유정의 연인들, 특히 박록주와의 사랑 이야기를 들을 수 있으며 국내에 출간된 김유정 관련 책을 만날 수 있다. 마당에는 두루마기가 잘 어울리는 청년 김유정의 동상이 서 있고 'ㅁ' 자 모양의 생가가 복원되어 있다.

감자처럼 친숙한 강원도의 얼굴을 만나고 싶다면 국립춘천박물관을 찾아가자. 시티투어버스가 아니더라도 남춘천역에 내려 버스 한 번 타면 강원도 유물을 만날 수 있다. 한국건축가협회상을 수상할 정도로 외관이 수려해 쉼터로도 좋다. 선사유적, 철기문화, 불교문화까지 체계적으로 전시되어 있다. 강원을 빛낸 인물인 신사임당과 그녀의 그림으로 추정되는 꽃과 나비 그림과 미수 허목의 친필서찰도 볼 수 있다.

마이클 잭슨을 닮은 석조비로자나불은 인도의 헤나 문신처럼 세밀한 옷주름이 물결처럼 흘러내리고 있다. 둥글넓적한 얼굴, 세밀한 조각의 연꽃대좌, 공양상까지 새겨 넣었다. 박물관에서 유일한 국보인 한송사지석조보살좌상은 머리에 긴 보관을 쓰고 아기처럼 볼이 통통하며 지긋이 눈감은 모습이 마음을 편하게 해준다. 창령사지나한상은 딱딱한 돌을 정으로 쪼아 생동감 있게 표현한 명작이다. 국립박물관임에도 탤런트 배용준 전시관이 따로 있는 것이 이채롭다. 주변에 숲도 울창해 산책코스로 그만이다.

입맛이 없을 때 매콤달콤한 막국수 한 그릇이면 잃었던 미각을 되찾을 수 있다. 막국수체험박물관은 메밀과 막국수에 관한 정보들을 한데 모아 전시하고 있으며 막국수를 직접 만들어 먹는 체험을 할 수 있는 공간이다. 거대한 막국수 틀로 꾸며진 박물관 내부로 들어가면 메밀의 성장 과정, 효능, 유래와 분포, 농기구와 막국수 관련 유물이 전시되어 있다. 2층은 70명이 막국수를 만들어 먹을 수 있는 체험장으로 꾸며졌다. 메밀가루를 나눠주면 물로 찰지게 반죽을 하고 틀에 넣어 시룻내를 이용해 누른다.

즉석에서 면발이 내려오면 바로 솥에 넣고 끓는 물에 삶는다. 가끔 찬물을 끼얹는데, 이렇게 해야 면발이 쫄깃해진다. 면을 꺼내 찬물로 헹구고 갖은 야채와 양념이 잘 배도록 버무리면 춘천 막국수가 탄생한다. 일 인당 공기 하나 분량의 막국수를 시식할 수 있다.

Travel Info

친절한 여행팁 경춘선 전철과 시티투어 이용방법 최고 시속 180km의 준고속열차인 ITX-청춘은 주중 44회, 주말과 휴일 54회 운행되고 있다. 운행 시간은 용산~춘천이 74분, 청량리~춘천 64분이 소요되며 전철과 달리 일부 역에서만 정차한다. 국내 최초로 도입된 2층 객실은 전망이 좋아 매진될 정도로 인기가 있다. 저렴하게 가려면 평일 상봉역에서 오전 08:03, 08:17에 경춘선 전철을 타고 9시 20~40분쯤 춘천역에 도착해 관광안내소에서 가서 안내 지도를 받고 시티투어버스에 오르면 된다. 시티투어 대행사인 한일여행사(033-257-5533, www.haniltour.co.kr)에서 인터넷이나 전화로 예약을 받는다.

가는 길 지하철 7호선, 중앙선 상봉역에서 05:10부터 매시간 2~3회 출발, ITX-청춘은 용산역, 청량리역에서 주중 44회, 주말 54회 운행

맛집 유림닭갈비집(닭갈비, 033-251-5489, 온의동), 남부막국수(막국수, 033-254-7859, 남부시장), 명물닭갈비(닭갈비, 033-257-2961, 명동)

잠자리 집다리골자연휴양림(033 243-1442, 사북면 지암리), 춘천용화산자연휴양림(033-243-9261, 사북면 고성리), 그랜드모텔(033-243-5022, 옥천동), 리츠호텔(033-241-0797, 근화동)

주변 볼거리 강촌유원지, 구곡폭포, 등선폭포, 신숭겸묘역, 소양강댐, 청평사

시티투어
탑 승 객

95

한탄강 화산지형 협곡 따라 거닐다
한여울길

Travel Guide

추천시기 4~6월 12~1월　**여행성격** 가족, 연인, 단체　**추천교통편** 자가용, 버스

추천일정 1일 한여울길(승일교-고석정-태봉대교-직탕폭포) - 용화저수지 - 삼부연폭포

　　　　　2일 철의삼각전적지(노동당사-백마고지-월정리역-철원평화전망대-제2땅굴-토교저수지)

주소 강원도 철원군 갈말읍 내대리

전화 철의삼각전적지 033-450-5558　**웹사이트** 철원군청 tour.cwg.go.kr

2인비용 교통비 7만원, 숙박 5만원, 식비 8만원, 여비 3만원

북한 평강 황성산에서 발원한 한탄강은 철원평야를 적시고 포천, 연천 등 경기 북부를 거쳐 임진강과 합류한다. 용암이 흘러간 길답게 동굴, 주상절리 등 흥미진진한 지형이 이어진다. 이렇게 한탄강 협곡의 기암 괴석을 보며 걷는 길이 바로 한여울길이다.

시작은 승일교부터다. 반백년 소임을 다한 승일교는 현재 사람과 자전 거만 건널 수 있고 바로 옆에 놓여 있는 한탄대교는 차량이 다닌다. 승 일교는 김일성(金日成)과 이승만(李承晩)의 이름을 땄다고 하는데 확실 하지 않다. 그러나 남과 북이 서로 사이좋게 다리를 조성했음을 말해주 듯 양쪽 교각의 모양이 서로 다르다. 1945년 해방이 되자 38선이 그어 졌고 철원은 북한 땅이었다. 1948년 주민들의 노력동원으로 다리 공사 를 시작했으나 전쟁 때문에 반만 놓은 채 공사가 중단되어 흉물로 전락 했고 1952년 남한 공병대가 다리를 완성했다고 한다. 현대사의 풍상을 겪으면서 오늘날까지 허물어지지 않고 살아온 다리가 기특하기만 하다. 다리를 건너면 산책로가 이어진다. 자전거가 있다면 차량에 싣고 오면 강바람을 맞으며 신나게 자전거를 탈 수 있다. 10분쯤 걸으면 신라 진평왕이 사랑을 나눴던 고석정이 나온다. 신라 진평왕, 고려 충숙왕, 조선 태종, 세종이 즐겨 찾았다고 한다. 20m 높이의 거대한 기암이 강 한복판에 서 있다. '외로운 돌'이라는 어감 때문일까, 아니면 바위에 뿌리 내리고 있는 소나무의 고고함 때문일까, 바위에서 상서로운 분위기가 전해온다. 의적 임꺽정이 강 건너에 석성을 쌓고 함경도에서 조정에 상납되는 공물을 탈취해 서민들에게 골고루 나누어 주었다는 전설을 지닌 계곡이기도 하다. 거대한 기암괴석에는 임꺽정이 은신했다는 작은 동굴이 보인다. 입구는 작지만 구멍으로 들어가면 10명의 장정들이 둘러앉을 정도로 너른 공간이다. 관군에게 쫓긴 임꺽정은 '꺽지'라는 물고기로 변신해 강물 속으로 은신했다고 한다. 억압과 수탈의 역사 속에서 임꺽정은 희망이었고, 그가 죽고 나자 희망을 잃은 민중들은 강을 보면서 한탄하며 울었을 것이다. 그 탄식의 소리는 오늘날까지 이어지고 있다. 휴전선이 반도 허리를 두 동강 내고 서로 총부리를 겨누며 대치하고 있기 때문이다. 통일되는 날 '한탄강' 명칭이 '한겨레강'으로 바뀌었으면 하고 바래본다.

다시 고석정을 빠져나오면 협곡을 따라 한여울길이 이어진다. 한탄강 협곡은 육지에서 볼 수 있는 유일한 현무암 분출지다. 27만 년 전 평강 오리산 화산폭발로 만들어진 한탄강은 강원도 평강, 철원, 연천 등 총 136km를 흘러간다. 하류로 내려가면 순담계곡으로 이어져 피서철이면 신나게 래프팅을 즐길 수 있다. 철원은 남한에서 가장 추운 곳으로 알려져 있다. 한탄강이 꽝꽝 얼었다면 가까이서 현무암 지형을 감상하며 걷는 얼음트레킹을 해도 좋을 듯싶다.

마당바위부터 태봉교까지 1.7km 배우 엄태웅길이 조성되어 있는데 철원 출신도 아닌데 지나친 미화가 아닐까 싶다. 차라리 철원 출신 소설가 이태준길을 만들었다면 한탄강의 연륜만큼이나 깊이가 있었을 것이다. 길은 사계절 걷기 좋다. 원 없이 눈을 볼 수 있는 한겨울도 좋지만 봄에는 꽃길, 가을에는 황금들녘으로 변신한다. 송대소 협곡을 지나 마당바위를 지나며 한반도 지형을 그려내고 있다. 하얀 화강암과 까만 현무암에 연필을 세워놓은 듯한 수직바위까지 이채롭다. 부챗살을 펼친 바위도 보인다. 빨간 태봉대교 난간 한가운데에 번지점프대가 서 있다. 다리 난간에 설치된 유일한 번지점프대로, 아래를 보면 까마득하다. 그 뒤쪽에 직탕폭포가 물을 쏟아내고 있다. 높이 3m, 폭 80m로 한국에서 가장 폭이 넓다. '한국의 나이아가라폭포'라는 별칭 때문에 이곳을 찾았다면 실망하겠지만 가까이 다가가면 의외로 볼거리가 많다. 제주도에서나 볼 수 있는 현무암 덩어리가 나뒹굴고 있으며 급격한 협곡을 감상하다 보면 아이들 지질공부에 도움이 된다. 전쟁을 치르고 돌아온 궁예가 구멍이 숭숭 뚫린 돌을 보고 '내 운명이 다했구나'라고 한탄해 강 이름이 '한탄강'이 되었다는 얘기도 있다. 현재 한여울길 1코스의 끝은 오덕7리 소공원까지다. 더 나아가면 도피안사와 금강산길과 연결된다.

Travel Info

친절한 여행팁 한여울길 차량을 가져왔다면 승일공원에 주차(무료)하고 걷는 것이 좋다. 넉넉잡고 왕복 3시간이면 족하다. 승일공원−승일교(0.3km)−고석정(1.3km)−송대소(3.8km)−태봉대교(4.7km)−직탕폭포(5.2km)−오덕7리(6.9km). 철원 버스터미널에서 승일공원까지 시내버스가 운행된다.

가는 길 경부고속도로 서울 → 구리 → 47번 국도 퇴계원, 일동 → 43번 국도 포천 운천 → 신철원

맛집 철원막국수(막국수, 033−452−2589, 버스터미널 근처), 철길가든(만물매운탕, 033−456−0523, 대위리), 고석정회관(한식, 033−455−8787, 고석정), 큰손막국수(도토리막국수, 033−458−4242, 와수리)

잠자리 복주산자연휴양림(033−458−9426, 근남면 잠곡리), 그린모텔(033−455−1138, 동송읍 장흥리), 한탄리버스파호텔(033−455−1234, 고석정), 두루미펜션(033−452−9194, 양지리)

주변 볼거리 노동당사, 백마고지, 월정리역, 제2땅굴, 토교저수지, 삼부연폭포

나만의 상상력으로 건물을 세우자

남한강 폐사지

Travel Guide

추천시기 12~2월 **여행성격** 가족, 연인, 단체 **추천교통편** 자가용, 단체버스

추천일정 1일 청룡사지 - 거돈사지 - 법천사지 - 흥법사터 - 고달사지

2일 신륵사 - 목아박물관 - 세종대왕릉 - 해강도자기미술관

주소 강원도 원주시 부론면 정산리 **전화** 원주시청 033-737-2832

웹사이트 원주시청 tourism.wonju.go.kr

2인비용 교통비 5만원, 식비 8만원, 숙박비 5만원, 여비 3만원

겨울엔 폐사지를 거닐라. 잡초가 무성한 여름보다 황량한 겨울에 걸어
야 제맛이 난다. 화려했던 시절이 있었건만 황량한 폐허로 전락한 것을
보고 세상에 영원은 없다는 것을 깨닫게 된다. 발부리에 걸리는 돌은
탑의 부재나 건물의 초석으로 쓰였을 것이다. 그 속에서 나만의 돌을
찾아보자.

한강의 젖줄을 따라 거슬러 올라가다가 부론면 팟말을 스치고 살짝 고
개를 넘으면 거돈사지가 나온다. 넉넉한 폐사지 터에서 유일하게 숨 쉬
고 있는 것이 바로 느티나무다. 천 년 동안이나 사찰의 흥망성쇠를 지
켜본 유일한 목격자다. 대찰의 면모를 갖추었을 때는 가지를 힘차게 뻗
었겠지만 절이 한순간에 무너졌을 때는 그 앙상한 가지마저 무겁게 느
껴졌을 것이다. 차곡차곡 쌓은 돌이 높다란 석축을 만들어내는데 그 가
운데에 계단이 놓여 있다. 살며시 올라서면 넓은 절터가 펼쳐진다. 넉

넉한 절터를 보니 가슴이 후련해진다. 절터 가운데 금당이 자리 잡고 있고 금당 중앙엔 부처님이 앉았을 불좌대가 놓여 있다. 어떤 건물이 이 빈 공간을 차지하고 있었을까? 맞배지붕을 올려보기도 하고 2층 건물도 세워본다. 이런 상상력이야말로 폐사지 답사의 재미다. 금당 앞엔 전형적인 신라 삼층석탑(보물 제750호)이 서 있다. 화려한 문양 하나 없는 밋밋한 탑이건만 왠지 탑 앞에 서면 주눅이 든다. 폐허 속에서 오랜 세월을 버텨온 생명력 때문이 아닐까. 절터 오른쪽에 자리한 원공국사부도비(보물 제78호)는 귀부와 비신 그리고 이수까지 모두 갖추고 있다. 대리석으로 만든 비신은 고승의 생애와 행적 그리고 공덕을 찬양한 글이 빼곡하게 적혀 있다. 고려시대 비문 중에서 가장 뛰어난 글씨로 단 한 자의 결자도 없이 완벽하게 남아 있다. 꼭대기 이수에는 꿈틀거리는 용이 여의주를 다투는 모습이 조각되어 있고, 거북은 이빨을 훤히 드러내며 히죽히죽 웃고 있다. 거북등에 새겨진 귀갑문 역시 예술이다. 이중의 육각형 안쪽은 닫혀 있지만, 바깥은 다른 육각형과 이어져 있다. 내부에 연꽃과 '卍' 자가 번갈아 새겨져 있다.

법천사지를 찾은 이유는 순전히 지광국사부도비(국보 제59호)를 만나기 위함이다. 처음 부도비를 접하는 순간 온몸에 전율이 흘렀다. '세상에나! 하늘이 만든 조각물이야!' 비를 받치고 있는 거북상을 유심히 뜯어보았다. 강인한 얼굴에 목을 쭉 빼고 튼튼한 치아를 드러내며 배시시 웃고 있었다. 밍크코트를 입은 귀부인마냥 목 부위 가죽이 살짝 말아 올려졌다. 거북의 발밑에는 구름 문양이 새겨져 있다. 하늘을 날아다니는 거북인 셈이다. 거북의 등껍질은 바둑판 문양처럼 사각이다. 가운데에는 '王' 자가 새겨져 있다. 지광국사가 왕과 동등한 위치에 있음을 보여주는 문양이다. 비신의 측면에는 타오르는 여의주를 희롱하는 용의 모습이 양각되어 있으며 비신 상단부 전액 좌우에는 봉황이 새겨져 있고 둘레에는 당초문과 비천상, 산, 나무, 해와 달이 빈틈없이 묘사되어 있다. 눈여겨보면 드라마 〈주몽〉에 나오는 삼족오와 토끼까지 볼 수 있다. 종이나 천에 그린 것처럼 정교하여 고려인들이 돌을 떡 주무르듯 했다는 말을 증명하고도 남는다. 이수도 눈여겨봐야 한다. 보통 용이 여의주를 희롱하는 조각을 새겨 넣는데, 왕관 같은 모자를 얹어 놓은 것이 이채롭다. 연꽃과 구름 문양, 귀꽃까지 빽빽하게 조각해 놓고 꼭대기에 보주까지 올려놓았다.

지광국사부도비 주변에는 절터에서 옮겨온 광배, 탑의 부재 등 여러 석물들을 한곳에 모아두었다. 온전한 것들은 하나도 없지만 남아 있는 석물들은 하나같이 명품이다. 그중 제과점에서 갓 구워낸 빵처럼 부푼 꽃모양의 석물이 눈에 띈다. 이파리 문양이 거의 실물과 다름없어 자꾸만 손이 간다. 양쪽 테두리에 새겨진 꽃문양도 정교하다. 나뒹구는 석물도 이렇게 아름다운데 온전한 법천사의 모습은 얼마나 화려했을까? 얼음장처럼 차가운 땅바닥에 철퍼덕 주저앉아 하염없이 돌을 어루만져본다.

'아! 법천사 돌무더기여.'

Travel Info

친절한 여행팁 **폐사지의 집합처, 남한강** 남한강 충주와 여주 사이에 폐사지가 몰려 있다. 중부내륙고속도로 북충주IC에서 빠져나와 원주 쪽으로 가다가 예전의 가흥창 터였던 목계교를 건너면 남한강을 따라가는 강변도로가 나온다. 소태면을 지나면 청룡사지가 나오는데 국보인 보각국사부도와 석등을 감상할 수 있다. 다시 199번 강변도로를 따라 여주 방향으로 내려가면 거돈사지가 나오고 고개 하나 넘으면 법천사지가 나온다. 원주에서 흘러오는 섬강과 남한강이 만나는 장소가 바로 흥원창이고, 국도를 타고 여주 쪽으로 가면 목아불교박물관과 신륵사가 반긴다. 북내면은 여주 최대의 폐사지인 고달사지가 펼쳐진다. 남한강변 산책과 폐사지 답사를 동시에 즐길 수 있는 황금 코스다.

가는 길 서울 → 영동고속도로 → 문막IC → 49번 지방도 → 부론면 → 법천사지 → 거돈사지

맛집 남한강민물매운탕(메기매운탕, 033-731-6663, 부론면), 흥업묵집(메밀묵, 033-762-4210, 흥업면 공용주차장 앞), 걸구쟁이식당(도토리수제비, 031-885-9875, 목아박물관 내)

삼사리 치익신자연휴양림(033 762-8288, 판부면 금대리), 백운산자연휴양림(033-766-1063, 판부면 서곡리), M모텔(033-745-2013, 문막읍 동화리) 치악산호텔(033-731-7931, 치악산)

주변 볼거리 고달사지, 신륵사, 비두리 귀부, 치악산, 세종대왕릉

소설 '메밀꽃 필 무렵'의 배경지
봉평 꽃기행

Travel Guide

추천시기 7~9월　**여행성격** 가족, 연인　**추천교통편** 자가용, 단체버스

추천일정 1일 팔석정 – 가산공원 – 이효석문학관 – 평창무이예술관 – 허브나라

2일 금당계곡 래프팅 – 방아다리 약수 – 월정사

주소 강원도 평창군 봉평면 창동리

전화 이효석문학관 033-330-2700　**웹사이트** 이효석문학관 www.hyoseok.org

2인비용 교통비 8만원, 식비 8만원, 숙박비 5만원, 여비 3만원

산허리는 온통 메밀밭이어서 피기 시작한 꽃이 소금을 뿌린 듯이 흐붓한 달빛에 숨이 막힐 지경이다.' 이효석의 소설 「메밀꽃 필 무렵」에 나오는 구절이다. 그 흐드러진 장면이 눈앞에 펼쳐지니 활자로 보았던 소설의 감흥은 보름달만큼이나 커졌다. '흐붓한 달빛에 숨이 막힐 지경'이라는 기막힌 표현을 쓰지 못하더라도 이 풍경을 접한다면 누구나 오감을 열고 흠뻑 취할 준비가 되어 있다. 허생원과 성씨 처녀가 사랑을 나누었던 물레방아가 여전히 돌아가고, 장돌뱅이의 터전인 봉평 장터가 인파로 북적거리며, 대화로 넘어가는 고갯길이 부드러운 곡선을 그려내 마치 내가 소설 속 등장인물이 된 기분이다. 강원도 사람들이 쌀 대신 먹었던 메밀은 성질이 급한 작물이다. 여름에 파종하면 2주 만에 꽃눈이 트기 시작해 석 달이 되기 전에 수확한다. 조급한 내 성격을 닮아서 그런지 까칠한 메밀국수 면발이 입에 착착 감긴다. 꽃은 개화하자마

자 금방 지기 때문에 개화시기를 잘 맞춰야 한다. 8월 말부터 조금씩 피어나기 시작한 메밀꽃이 9월 문턱에 들어서면 절정을 이룬다. 축제 스음엔 꽃향기에 이끌려 전국에서 관광객이 구름처럼 몰려든다. '열흘을 위해 일 년을 준비한다'는 말을 실감하게 된다. 인파에 치이지 않고 한적하게 꽃밭을 거닐고 싶다면 오전 10시 전에 찾는 게 좋고, 소설 속 그림처럼 한밤중 달빛에 물든 메밀밭을 만난다면 색다른 감흥이 들 것이다. 운 좋으면 '짐승 같은 달의 숨소리가 손에 잡힐 듯' 들린다. 콩알만한 작은 꽃이 집단을 이뤄 거대한 팝콘 바다를 일궈내, 육지 속 소금밭을 거니는 맛 때문에 사람들은 마음속 고향 찾듯 봉평으로 몰려든다.

흥정천의 섶다리를 건너면 '메밀꽃 필 무렵 문학비'가 손짓한다. 뒤에는 허생원과 성씨 처녀가 정을 나누었던 물레방아가 '삐거덕' 소리를 내며 돌아가고 있다. 물레방아 때문일까, 소설이 나온 이후 수백 편의 에로영화에 물레방앗간이 은밀한 사랑의 장소로 등장하곤 했다. 뒤편 계단을 따라 오르면 이효석문학관을 만난다. 이효석의 생애와 작품세계, 유품을 볼 수 있도록 오밀조밀 꾸며 놓았으며 메밀에 대한 상식이나 궁금증을 풀어준다. 문학정원, 메밀꽃길, 오솔길도 운치 있어 산들산들 거닐다가 편안한 벤치에 앉아 명상을 해도 좋고, 발아래 펼쳐진 메밀꽃밭을 아우르며 소설 속 장면을 상상하면 절로 미소가 번진다. 1.5km 떨어진 이효석 생가까지 하얀 메밀밭을 유영하듯 거닐어보라. 가산 이효석은 강원도의 토속적인 자연을 멋들어지게 표현했지만, 그의 삶은 그다지 순탄하지 않았다. 부인과 자식을 잃고 만주를 유랑하다가 이른 나이에 결핵에 걸려 죽고 만다. 따사로운 볕을 쬐며 툇마루에 엉덩이를 붙이고 가산의 유년시절을 상상해본다. 다시 행장을 꾸리고 읍내로 발걸음을 옮겨본다. 섶다리를 건너 봉평읍내로 들어가면 이효석 흉상이 서 있는 가산공원을 만나게 된다. 허생원과 동이 같은 장돌뱅이들의 지친 마음을 풀어주었던 주막 '충주집'이 복원되어 있어 걸쭉한 탁배기 한 산이 생각난다. 이왕이면 장날(2, 7일)에 맞춰 봉평을 찾으면 동이나 허생원처럼 현대판 장돌뱅이 체험을 할 수 있다. 메밀국수, 메밀전병, 묵사

발, 올챙이국수, 장터국밥 등 소설만큼이나 토속적인 음식을 맛보게 된
다. 얼굴을 선홍색으로 물들게 하는 메밀꽃술을 잊지 마라.

'효석문학숲길'은 물레방아~무이예술관~이효석문학관을 잇는 8.7km
구간으로, 문화와 자연을 함께 즐길 수 있는 생태문학숲이다. 도보로 3
시간가량 소요되고 이효석문학관, 생가, 효석문학숲 등을 둘러보며 문
학의 세계에 빠져드는 길이다. '허생원과 동이길'은 소설 속 주인공이
봉평장과 대화장 그리고 평창장을 이동했던 길로서, 빼어난 절경을 자
랑하는 금당계곡과 서예가인 양사언이 수려한 풍광에 이끌려 8일간 신
선처럼 노닐다가 정자를 세웠다는 팔석정, 율곡 이이 선생의 잉태설화
가 내려오는 판관대 등의 명소를 지나게 된다. 토속적 글맛이 배인 메
밀밭과 달리 흥정계곡 속내에 자리한 '허브나라'는 이국적인 분위기가
물씬 묻어난다. 마치 알프스 산자락에 서 있는 건물처럼 꽃과 나무가 가
득하다. 풀 내음, 꽃 내음이 풀풀 묻어나는 100여 종의 허브 향에 취하다
보면 반나절이 훌쩍 지나간다. 요리정원, 약용정원, 향기정원, 명상정
원, 세익스피어정원, 성서정원 등 다양한 주제로 꽃을 감상하다 보면 그
즐거움은 배가 된다. 레스토랑에서는 농장에서 재배한 허브샐러드를 맛
볼 수 있고 경치를 감상하며 허브함박정식도 먹을 수 있다. 테라스에 앉
아 정원을 내려다보며 허브아이스크림과 허브차를 즐겨도 좋다. 전나무
아래 별빛무대와 터키갤러리 '한터울'도 놓치기 아까운 볼거리다.

Travel Info

친절한 여행팁 태기산 고개 봉평은 영동고속도로 장평나들목에서 나가면 빠르지만
둔내IC에서 빠져나와 6번 국도를 거슬러 올라가면 태기산 고개가 나온다. 태기산 아
래에서 바라본 운해가 산수화처럼 펼쳐져 일부러 둔내 쪽으로 방향을 틀어도 좋다.

가는 길 경부고속도로 → 영동고속도로 → 장평IC → 이효석문학관

맛집 현대막국수(막국수, 033-335-0314, 봉평), 고향막국수(막국수, 033-336-1211, 봉평),
메밀꽃필무렵(메밀묵, 033-336-1478, 봉평), 운두령횟집(송어, 033-332-1943, 운두령)

잠자리 청태산자연휴양림(033-343-9707, 횡성군 둔내면 삽교리), 휘닉스파크호텔
(033-330-6611, 봉평면 면온리), 허브나라(033-336-2902, 봉평면 흥정리)

주변 볼거리 팔석정, 이효석문학관, 가산공원, 평창무이예술관, 허브나라, 금당계곡

수줍은 새악시의 얼굴
월정사 전나무숲길

Travel Guide

추천시기 10~12월 **여행성격** 가족, 연인, 단체 **추천교통편** 자가용, 버스

추천일정 1일 방아다리약수 – 월정사 – 상원사 – 한국자생식물원

2일 양떼목장 – 선자령 – 신재생에너지전시관 – 삼양대관령목장

주소 강원도 평창군 진부면 동산리 63 **전화** 033-339-6800 **웹사이트** www.woljeongsa.org

2인비용 교통비 8만원, 식비 8만원, 숙박비 5만원, 여비 3만원

설악산이 화려한 미스코리아 미인이라면 오대산은 기품 어린 반가의 여인이다. 설악산이 생기발랄한 젊음을 품고 있다면 오대산은 연륜에서 묻어나오는 고고함을 지니고 있다.

일주문 현판은 '월정대가람(月精大伽籃)'이란 글씨를 달고 있다. 모든 중생이 자유롭게 드나들도록 문을 달지 않는다고 하는데, 그 넉넉한 의미를 되새기며 경내에 들어섰다. 저 멀리 맞배지붕을 머리에 인 성황당이 손짓한다. 불교 가람에 토속신앙처를 거리낌 없이 받아들인 마음 씀씀이가 그저 고마울 따름이다.

축선이 꺾이면 월정사 최고 명물인 전나무숲길이 뻗어 있다. 수백 년 된 아름드리 전나무가 군인처럼 도열해 있는데, 그중 아홉 그루는 우리나라 전나무의 시원일 정도로 오랜 수령을 자랑한다. 하늘로 치솟은 나뭇가지마다 한 아름씩 눈을 안은 모습은 설국에 온 듯한 착각에 빠지게 한다. "뽀드득" 눈 밟는 소리와 함께 무릎까지 쌓인 눈을 헤치며 속내로 들어간다. 하늘에서 눈덩이가 뚝 떨어져 머리를 친다. 내 게으름에 대한 죽비 같다. 1km나 이어진 순백의 숲길은 세파의 때를 털어내기에 그만이다. 골바람에 탄허스님의 깃발체 현판 글씨가 흔들리는 것 같고 범종각의 동종도 웅장한 소리를 낼 태세다. 반달 같은 산 아래에는 보광전이 포근하게 들어서 있다. 월정사의 역사는 신라 진덕여왕까지 거슬러 올라간다. 당나라에서 수도를 마친 자장율사가 오대산 비로봉 아래에 부처의 정골사리를 봉안하고 적멸보궁을 창건하였다. 2년 뒤 동대만월산 아래에 월정사를 세웠다. 천년의 세월을 잘 버티다가 6·25 전쟁에 그 화려했던 건물이 잿더미가 되고 만다. 오로지 월정사팔각구층석탑(국보 제48호)만이 목숨을 부지했다. 탑은 다층식으로 고구려 북방양식을 이어받았으며 하늘로 치솟은 날렵한 자태가 볼만하다. 바람이 불자 청아한 풍경소리가 오대산에 울려 퍼진다.

월정사에서 상원사 가는 길 오른쪽에 부도밭이 숨어 있다. 돌무더기를 헤치며 고승들의 인생무상을 더듬어보는 것에 의미를 두고 싶다. 부도 중에 몸체와 머릿돌이 없어지고 오로지 귀부만 남은 부도비가 하나 있

Travel Story

온몸을 던져 상원사를 지킨 한암스님 ···
상원사는 한암스님이 마지막 27년을 보낸 사찰로, 한암스님은 "천고에 자취를 감추는 학이 될지언정 삼춘(三春)의 말 잘하는 앵무새의 재주는 배우지 않겠다"라는 말을 남기고 오대산으로 들어가 두문불출 수행에 전념한 선승이다. 1·4후퇴를 맞아 국군은 상원사가 인민군 근거지가 될까봐 태워 없애려 했다. 이때 법복을 갈아입은 한암스님이 법당에 결가부좌를 하고 "나야 죽으면 다비에 불붙여질 몸이니 내 걱정을 말고 어서 불을 지르시오"라고 포효했고 국군은 그 기개에 놀라 문짝 여러 개를 떼어 마당에 불을 놓고 지르도록 했다. 상원사 하늘에 연기가 올라 멀리서 보면 불이 난 것처럼 보인 것이다. 덕분에 상원사동종(국보 제36호), 문수동자상(국보 제221호), 상원사중창권선문(국보 제292호) 등을 전쟁의 참화에서 구할 수 있었다. 3개월 뒤 한암스님은 앉아서 열반했다.

106

는데 고개를 뒤로 젖힌 모습이 영락없는 사람 얼굴이다.

월정사에서 상원사 가는 길은 하늘이 내려준 길이다. 우리나라에서 몇 손가락 안에 꼽히는 천연수림이 뻗어 있는데 가지에 눈까지 얹혀 있다면 그야말로 산수화다. 비포장길이어서 빨리 내달릴 수도 없다. 여유롭게 산천을 음미하며 느림의 미학을 배워봄 직한 길이다. 상원사 입구 관대걸이는 세조임금이 목욕할 때 의관을 걸었던 곳이다. 세조는 이 계곡에서 문수동자를 만났고 자신을 그토록 괴롭혔던 피부병을 고쳤다. 상원사 마당은 백두대간을 볼 수 있는 전망 포인트다. 넘실거리는 산줄기를 바라보며 한 해를 설계하면 좋을 장소다. 법당에서는 어린아이의 맑은 얼굴을 지닌 상원사문수동자상(국보 제221호)을 친견할 수 있다. 양쪽으로 말아 올린 머리 모양과 화려한 목걸이 장식에 감탄사가 절로 나온다. 상원사동종(국보 제36호)은 에밀레종보다 45년이나 빠르며 현존하는 동종 중에서 가장 오래된 종이다. 천년의 세월을 넘나들며 한결같은 자태를 유지하고 있는 모습에 감탄이 나온다. 비천상은 급강하했다가 다시 비상하는 찰나를 그리고 있다. 하늘거리는 구름과 옷자락이야말로 대대로 이어온 한국인의 곡선미가 아닐까 싶다. 30여 분 정도 발품을 팔면 적멸보궁까지 갈 수 있다.

Travel Info

친절한 여행팁 **오대산 옛길** 천년의 숲길을 걸어 월정사 부도밭을 지나면 상원사까지 오대산 옛길이 이어진다. 20리(8km) 거리를 걷는 데 3시간이면 족하다. 단풍숲길, 화전민길 등 숲속 길이 흥미진진하다. 총 6개의 징검다리가 있어 개울의 물소리를 들으며 만행하게 된다. 길은 부엽토로 다져 있어 촉감이 좋고 걷기에 부담이 없다. 중간에 섶다리도 건너게 된다.

가는 길 경부고속도로 → 영동고속도로 → 진부IC → 월정사

맛집 유천막국수(막국수·수육, 033-332-6423, 대관령면 747-2), 오대산가마솥식당(산채백반, 033-332-6888, 월정사 입구), 황태회관(황태요리, 033-335-5795, 횡계), 부일식당(산채된장백반, 033-335-7232, 진부IC 근처)

잠자리 캔싱턴플로라호텔(033-330-5000, 진부면 간평리), 자연속으로(033-334-0770, 용평면 속사리), 자작나무펜션(033-335-3691, 수하리)

주변 볼거리 방아다리약수, 한국자생식물원, 양떼목장, 선자령, 삼양대관령목장

겨울 산행의 진수
선자령 눈꽃산행

Travel Guide

추천시기 4월~6월, 12~2월	여행성격 가족, 연인	추천교통편 자가용, 버스

추천일정 1일 구대관령휴게소 - 국사성황당암 - 선자령 - 양떼목장 - 신재생에너지전시관

2일 삼양대관령목장 - 월정사 - 상원사 - 한국자생식물원

주소 강원도 평창군 대관령면 횡계리

전화 평창군청 033-330-2399　　웹사이트 평창군청 www.yes-pc.net

2인비용 교통비 10만원, 식비 8만원, 숙박비 5만원, 여비 3만원

겨울 평창은 동계올림픽 유치도시답게 설국(雪國) 그 자체이다. 폭설이 내리면 가장 먼저 매스컴에 등장하는 곳이 대관령 일대인데 그중 가장 황홀한 눈꽃을 볼 수 있는 곳이 선자령이다.

강릉시와 평창군의 경계를 이루는 선자령(1157m)은 백두대간의 주능선에 야트막이 솟은 봉우리로, 남쪽으로 발왕산, 서쪽으로 계방산, 서북쪽으로 오대산, 북쪽으로 황병산이 장쾌하게 이어진다. 날씨만 좋다면 아늑한 강릉시내와 검푸른 동해바다를 볼 수 있으며 병풍 같은 산줄기를 품에 안을 수 있다. 눈 많기로 소문난 대관령 인근에 자리 잡고 있어 겨울철 화려한 눈꽃터널을 감상할 수 있으며, 경사가 완만해 겨울 트레킹 코스로 정평이 나 있다. 그러나 등산로가 미끄럽고 양쪽으로 칼바람이 몰아치기 때문에 아이젠과 방한복은 필수다. 산행은 구 대관령휴게소부터 시작하는데 해발고도가 832m여서 정상까지 300여m밖에 표고치가 ㅣ지 않아 얌체 산행을 즐길 수 있다. 그러나 정상까지 왕복 11km 나 되기 때문에 체력안배와 안전에 신경 써야 한다.

대관령에서 선자령 가는 길은 두 코스다. 능선길은 사방이 확 트여 조 망이 탁월하고, 계곡길은 숲이 우거져 눈꽃이 기가 막히다. 능선길로 올라갔다가 계곡길로 하산하면 두 길을 고루 거치게 된다.

눈꽃을 입은 전나무 숲길을 지나면 제법 높은 계단길이 나온다. 그 너 머로 양떼목장이 자리해 군이 입장료를 내지 않아도 먼발치서 목가적 인 풍경을 감상할 수 있다. 목장의 철책선을 따라가면 선자령 등산로 를 만난다. 오른쪽 샛길로 빠지면 국사성황당이 나온다. 성황당은 범 일국사를, 산신각은 김유신 장군을 각각 모시고 있다. 2005년 유네스 코에 의해 '인류 구전 및 무형유산 걸작'에 선정된 강릉단오제는 국사성 황당에서 대관령 신을 불러들이면서 그 화려한 개막을 알린다. 이곳에 서 서낭신을 모셔 강릉시내 강릉정씨 여성낭신과 함께 제사를 드리는 의식이 단오제의 주 테마다. 어쩌면 신들의 합방의식을 통해 자손의 번 창을 기원했는지도 모른다. 백두대간 등뼈에 자리한 대관령에서 북쪽 으로 맥을 따라 올라가면 환웅이 곰을 만나 단군을 낳은 백두산에 닿게 된다. 단오 풍습은 한민족의 정신적 근간인 단군신화의 변형이 아닐까. 음력 4월 보름이 되면 대관령 옛길은 성황신을 모시러 가는 행차로 긴 행렬을 이룬다. 나팔과 태평소, 북, 장고를 든 창우패들이 분위기를 만 들고, 호장, 무당패들이 그 뒤를 따르며, 마을사람들이 제물을 진 채 대 관령을 향해 걸어 올라간다.

발목까지 빠지는 눈길을 거닐며 능선을 오르내리다 보면 철탑이 솟아 있는 새봉에 이른다. 대관령 옛길과 강릉 그리고 동해바다가 펼쳐진다. 눈꽃과 초원을 지나면 선자령 정상에 닿는다. 구릉지에 '백두대간 선자 령'이란 입석이 서 있고 뒤쪽으로 풍력발전기가 웅장한 소리를 내며 팬 을 돌리고 있다. 매봉, 황병산, 새봉, 대관령 등으로 이어지는 백두대 간의 산줄기가 끝내준다. 동쪽으로 강릉과 동해바다까지 조망이 탁월 해 아이들이 호연지기를 기르기에 더없이 좋은 산행지다. 하산은 대관령삼양목장으로 해도 좋고 동부능선을 따라가다 초막교로 내려와도 좋다.

연인과 데이트를 하겠다면 순백으로 물든 양떼목장을 산책하는 것이 좋다. 부채꼴로 이어진 1.2km의 산책로는 40분이면 걷기에 충분하다. 설원 한가운데 서 있는 오두막은 '화성으로 간 사나이'의 세트장으로, 사진 촬영 포인트이기도 하다. 예쁜 피아노까지 갖다 놓아 색다른 분위기가 전해진다. 겨울철이면 오두막 옆 경사면은 천연 눈썰매장으로 바뀐다. 아이나 어른이나 비료 포대 하나만 있으면 신나게 눈썰매를 즐길 수 있다. 한겨울에는 양을 방목하지 않아 양에게 건초를 주는 체험은 축사에서만 가능하다. 양들을 쓰다듬으면 손끝으로 부드러운 솜이불을 만지는 느낌이 전해온다. 신재생에너지전시관은 풍력발전의 역사와 원리, 우리나라 에너지 현황과 재생에너지에 대해 알기 쉽게 전시된 곳이다. 자전거 페달을 이용한 전기 만들기, 태양전지 벌레, 물자동차, 바람악기, 바람농구 등 미래에너지를 활용한 체험공간이 조성되어 있어 아이들의 시선을 사로잡는다. 구 영동고속도로 하행선 대관령휴게소에 있다.

Travel Info

가는 길 경부고속도로 → 영동고속도로 → 횡계IC → 구 대관령휴게소

맛집 납작식당(오삼불고기, 033-335-5477, 횡계), 노다지(오삼불고기, 033-335-4448, 횡계), 황태회관(황태요리, 033-335-5795, 횡계), 유천식당(막국수, 033-332-6423, 월정사 초입)

잠자리 대관령산방(033-335-5581, 횡계), 캘리포니아모텔(033-332-8481, 진부), 평창현대빌리지(033-334-7775, 봉평)

주변 볼거리 용평리조트, 발왕산, 대관령 옛길, 오대산, 월정사, 상원사

선자령
해발 1,157㎞

029　　강원 정선

발아래 구름을 두고 걷는
정선 하늘길

Travel Guide

추천시기 5~10월　**여행성격** 가족, 연인, 단체　**추천교통편** 자가용, 기차, 셔틀버스

추천일정 1일 고한역 ─ 셔틀버스 ─ 하늘길(하이원호텔─백운산─마운틴탑─강원랜드) ─ 사북석탄
유물보존관 2일 소금강 ─ 화암약수 ─ 화암동굴 ─ 정선오일장 ─ 아우라지 ─ 레일바이크

주소 강원도 정선군 고한읍 고한 7길 399

전화 강원랜드 1588-7789　**웹사이트** 강원랜드 kangwonland.high1.com

2인비용 교통비 8만원, 식비 10만원, 숙박비 5만원, 여비 3만원

발아래 구름을 깔고 하늘을 걷는 길이 꿈이 아닌 현실에 있다. 정선 하늘길은 카지노가 있는 강원랜드에서 골프장이 있는 하이원호텔까지 백운산 옆구리를 가로지르는 총 10.2km의 트레킹 길로, 3시간 정도면 천상의 길을 맛볼 수 있다. 원래 강원랜드 폭포주차장에서 시작해 하이원호텔로 끝맺는 코스지만 오르막이 심해 거꾸로 코스를 잡는 것이 수월하다.

해발 1131m에 위치한 하이원호텔에서 20분 정도만 오르면 그 이후부터는 거의 평지나 내리막이어서 하이킹하듯 길에 몸을 내맡기면 된다. 석탄을 운반하는 임도이기에 차가 다닐 만큼 길이 널찍하다. 처녀치마길 ─ 낙엽송길 ─ 도롱이연못까지가 하늘길의 하이라이트이며, 도롱이연못 이후부터는 거의 나무가 없어 뙤약볕을 감수해야 한다. 걷는 것이 부담스럽다면 강원랜드 뒤쪽 마운틴콘도에서 곤돌라를 타고 20분쯤 올

111

라가면 마운틴탑에 닿는다. 이곳에서 능선을 따라 백운산(마천봉) 정상에 올랐다가 마천봉삼거리에서 하늘길 따라 하산해도 좋다.

강원랜드 주차장에 차를 대고 45인승 무료 셔틀버스에 올랐다. 호텔에 내려 셔틀버스 시간표 한 장 얻으면 시간을 알뜰하게 활용할 수 있다. 하이원호텔부터 하늘길 야생화탐방길이 시작된다. 5月부터 8月까지 꽃들이 릴레이 선수마냥 번갈아 피고 진다. 하늘길은 해발 1131m에서 시작하는데, 호텔에서 능선마루까지는 '처녀치마길'로 온통 초록숲이다. 산을 오른 지 20분, 마천봉 삼거리가 나오고 그 옆에 전망데크가 서 있다. 금대봉, 은대봉, 함백산, 만항재, 태백산 등 어깨가 맞닿은 백두대간의 절경이 거침없이 펼쳐진다. 낙엽송길은 그리 길지 않지만 나무가 쭉쭉 뻗어있어 눈이 시원스럽다. 조금 지나면 뜬금없이 산중 연못이 나타난다. 탄광에서 흘러나오는 폐수를 정화하는 곳이다. 1km마다 안내판이 놓여 있어 길을 잃을 걱정을 하지 않아도 된다. 하늘이 열리고 발아래는 구름이 둥둥 떠다닌다. 목이 말라 산딸기를 한 움큼 따 입에 털어 넣었더니 새콤한 향이 입안 가득 퍼진다.

아롱이연못은 무당개구리, 도마뱀을 볼 수 있는 생태연못이다. 도롱이연못은 지름 80m로 제법 큼직한데, 탄광의 지하 갱도가 꺼지면서 생긴 연못이다. 거울같이 맑은 수면엔 자작나무가 반영되어 마치 남미 아마

Travel Story

동원탄좌 사북석탄유물보존관 ••• 폭포 주차장에서 도로를 타고 내려오면 노래하는도로가 나온다. 도로와 바퀴의 마찰력을 이용한 원리인데, 동요 '산 위에서 부는 바람'이 들린다. 노래가 끝나는 곳에 동양 최대의 동원탄좌 사북사업소가 나온다. 근대화의 역군으로 그들 스스로 '땅속에 사는 전사'라는 말을 좋아했던 광부들의 애환이 담긴 곳이다. '먼지도 유물'이라는 모토로 회사와 광부로부터 유물 2만여 점을 기증받아 전시하고 있다. 대형세탁기, 세탁장, 샤워기, 갱도, 통근버스까지 광부의 생활상을 가까이서 엿볼 수 있다. 한때 드라마에도 등장했던 탈의실과 샤워실에는 탄광 사진과 시가 전시되어 있다. 탄차를 타고 갱도에 들어가는 체험도 가능하다(문의 033-592-4333, www.sabuk.org).

존의 음습한 늪을 연상케 한다. 1970년대 언론에 탄광붕괴 사건이 자주 오르내릴 때, 화절령 일대에 사는 광부의 아내들은 남편이 출근하고 나면 도롱이연못을 찾아 도롱뇽을 확인하고 남편이 무사함에 안심했다고 한다. 그러니까 도롱뇽을 남편의 아바타로 여긴 것이다.

도롱이연못 삼거리에서 마운틴탑까지는 800m. 울창한 숲을 가로지르기도 하고 산죽길을 헤매다 보면 정상에 닿게 된다. 이곳에서 마운틴콘도까지 곤돌라를 타고 내려가도 된다. 강원랜드가 마운틴탑 주변 스키 슬로프에 꽃을 엄청나게 심어 영화 〈사운드오브뮤직〉 분위기가 물씬 나는데, 꽃향기에 취해 주변을 어슬렁거려도 좋다.

곤돌라를 이용하지 않고 무작정 걷겠다면 화절령길로 하산하면 된다. 도롱이연못 삼거리부터는 길이 넓어진다. 좌회전해 12km쯤 내려가면 영월 상동이 나온다. 중학교 사회시간에 '상동=텅스텐' 달달 외운 현장이 고개 너머에 있다. 고개의 이름은 화절령(花絶嶺). '꽃 꺾는 고개'란 의미로, 길 양편으로 난 진달래와 철쭉을 꺾으며 넘나들던 고개다. 탄광이 들어서면서 '석탄을 운반하는 길'이라는 의미의 '운탄(運炭)길'로 이름이 바뀌었다. 길에는 아직도 석탄이 깔려 있다. 폐광된 지 수십 년의 세월이 흘렀어도 그 검정 때를 벗겨 내기가 쉽지 않은 모양이다. 석탄을 가득 실은 트럭이 다녔던 길답게 딱딱하며 그늘도 없어 걷기가 고역이다. 하산해 폭포와 수변공원을 거치면 강원랜드가 나온다. 이곳에서 무료셔틀버스에 오르면 하이원호텔까지 편안하게 데려다준다.

Travel Info

가는 길 중앙고속도로 → 제천 → 38번 국도 → 영월 → 석항 → 증산 → 사북 → 고한

맛집 곰골곤드레산나물밥집(곤드레밥, 033-591-6888, 남면 문곡리), 부길한식당 (033-591-8333, 민둥산역 앞), 탑오브더탑(돈가스, 033-590-7981, 마운틴탑 회전레스토랑)

잠자리 하이원호텔(1588-7789, 고한읍), 강원랜드호텔(033-590-7700, 사북읍), 하이랜드호텔(033-591-3500, 고한읍), 태백고원자연휴양림(033-582-7440, 태백시)

주변 볼거리 정암사, 화암약수, 화암동굴, 소금강, 몰운대, 분주령

아리랑 고개로 날 넘겨주소
아우라지

Travel Guide

추천시기 5~11월　**여행성격** 가족, 연인, 단체　**추천교통편** 자가용, 기차, 버스
추천일정 1일 진부IC ─ 숙암계곡 ─ 아우라지 ─ 오장폭포 ─ 정선레일바이크
　　　　　2일 오일장 ─ 아라리촌 ─ 화암약수 ─ 소금강 ─ 몰운대

주소 강원도 정선군 여량면 여량5리
전화 정선군청 033-560-2361　**웹사이트** 정선군청 www.ariaritour.com
2인비용 교통비 10만원, 식비 8만원, 숙박비 5만원, 여비 3만원

진부에서 정선 가는 길(59번 국도)을 달리다 보면 왠지 서글픈 생각이
든다. 가슴을 애잔하게 적시는 정선아리랑 가락을 길로 옮겨 놓았기 때
문이다. 끊길 것 같은 산줄기와 물줄기가 하염없이 이어지고, 그 사이
를 비집고 난 길 역시 아리랑 가락에 동참하고 있다. 아침이면 물안개
와 밥 짓는 연기까지 어우러져 맑은 수채화를 연상케 한다. 굽이치는
산줄기, 명주실 같은 계류에서 자연의 울림을 듣기도 하고 쓸쓸한 탄광
지역의 한의 노래가 귓가에 머물다 간다. 진부IC에서 빠져나와 정선까
지 오대천을 따라가는 59번 국도는 우리나라에서 손꼽히는 드라이브코
스다. 특히 10월 말에서 11월 초순에 이 길을 달리다 보면 자연이 만들
어낸 총천연색에 넋이 빠질 지경이다. 나전삼거리에 접어들면 한강의
상류인 조양천을 만난다. 여기서 좌회전하면 한강 상류를 거슬러 올라
가게 되는데 두 물줄기가 합쳐진 곳에 아우라지가 자리하고 있다. 구절

리 쪽에서 흘러온 송천은 남성처럼 여울이 세고 임계 쪽에서 흘러온 골지천은 여성처럼 부드러워 송천은 양수, 골지천은 음수라고 부른다. 양수가 많으면 대홍수가 나고 음수가 많으면 장마가 끊긴다는 전설이 전해오고 있다. 그러니까 두 물이 적절히 어우러져야 물난리를 겪지 않는다. 이렇게 '어우러진다'라는 말이 변해 '아우라지'가 되었다. 아무리 험한 성격을 가진 남자라도 부드러운 여성을 만나면 그 심성을 바꿀 수 있음을 강은 말해주고 있었다. 강은 아우라지부터 조양강이 되고, 어라연을 거쳐 영월 땅에 들어서면서 동강이 되어 서강과 합류하면서 남한강의 이름표를 바꿔 달고 단양, 충주, 여주의 평원을 적시며 양평 양수리에서 북한강과 만나 비로소 한강이 된다.

강을 사이에 두고 사랑하는 처녀와 총각이 있었다. 비가 많이 와 물이 불어나자 만나지 못하고 양쪽 강가에 서서 애타게 서로 바라보고 있었다. 물줄기에 사랑이 가로막힌 그 슬픈 모습을 바라본 뱃사공이 가사를 붙인 것이 '정선아리랑'이다. 오늘도 여송정 앞에는 아우라지 처녀상이 있어 애달픈 심정으로 강 건너를 바라보고 있다.

정선에는 황장목이 많은데, 궁궐이나 고관대작의 집 기둥으로 쓰일 정도로 나무의 질이 좋다. 아우라지는 남한강 1천 리 물길 따라 목재를 운반했던 뗏목의 시발점이기도 하다. 뗏목을 끌다가 급류에 떠내려간 사람, 나무에 밟혀 허리가 부러진 사람 등 수많은 사연이 정선아리랑에 담겨 있다. 목숨을 담보로 서울 용산까지 안전하게 목재를 운반하면 큰돈을 손에 쥘 수 있었는데 '뗏돈'이란 말이 여기서 나왔다. 즉 '뗏목을 팔아 큰돈을 벌었다'는 의미다. 오늘날 뗏돈을 버는 사람은 줄배를 움직이는 아우라지 뱃사공이다. 레일바이크와 정선 오일장 덕에 관광객이 몰리기 때문이다. 500원만 내면 유천에서 여량까지 배를 타고 건널 수 있다. 배를 건너는 동안 뱃사공은 투박한 강원도 사투리로 아우라지 전설을 들려준다. 운 좋으면 뱃사공이 불러주는 정선아리랑 노래도 들을 수 있다.

아우라지역의 본래 이름은 '여량역'이다. 레일바이크 종착역이 되면서 큼직한 건물이 들어서고 공원이 조성되었으며 아우라지역으로 이름까지 바뀌었다. 예전 간이역이었을 때가 더 운치가 있었는데 말이다. 구절리역에서 아우라지역까지의 길은 천국 가는 길이다. 뭉게구름, 파란 하늘, 빠알간 단풍, 굽이도는 기찻길이 한없이 이어진다. 철로 위를 달리는 레일바이크의 평균 속도는 15~20km, 평소 접하기 어려운 경치를 천천히 감상할 수 있다. 구절리역-아우라지역까지 편도 7.2km로 50분 정도 소요된다(문의 033-563-8787, www.railbike.co.kr). 구절리에서 안쪽으로 깊숙이 들어가면 오장폭포가 나온다. 오장산의 까마득한 낭떠러지를 타고 송천으로 떨어지는 폭포인데 길이 209m로 전국에서 가장 긴 인공폭포다. 석회질을 머금고 있어 초록 물빛을 띤다.

삼둔사가리 중 최고의 단풍여행지
방태산자연휴양림

Travel Guide

추천시기 5~11월　**여행성격** 가족, 연인　**추천교통편** 자가용, 시내버스

추천일정 1일 방태산자연휴양림 – 숲체험 – 방동약수 – 진동계곡 – 곰배령숲체험

2일 대승폭포 – 한계령 – 백담사 – 용대리

주소 강원도 인제군 기린면 방동리 산282-1　**전화** 033-463-8590　**웹사이트** www.huyang.go.kr

2인비용 교통비 8만원, 식비 8만원, 숙박비 6만원, 여비 3만원

조선시대 비결서인 정감록에서는 난리를 피할 수 있는 최고의 피난처 중 하나로 삼둔사가리를 꼽고 있다. 인제군 기린면과 홍천군 남면에 걸쳐 있는데 삼둔은 살둔, 월둔, 달둔을 말하고 사가리는 아침가리, 적가리, 연가리, 명지가리를 말한다. 둔은 산속에 숨어 있는 평평한 땅이고, 가리는 밭을 갈 수 있는 땅을 의미한다. 그만큼 이 지역이 오지 중의 오지임을 말해준다.

방태산 적가리골은 사가리 중에서 가장 아름답다는 평을 받는 곳이다. 방동교에서 휴양림 매표소까지 3km는 포장된 계곡길이 이어지고 매표소에서 다시 3km는 비포장길이다. 적가리골이야말로 자연이 만든 최고의 작품으로, 기가 막힌 단풍을 만나게 된다. 잎이 넓은 활엽수와 키를 잔뜩 높인 침엽수가 사이좋게 공존하면서 천혜의 원시림을 만들어내고 있다. 거기서 나오는 물이 어찌나 맑고 시원하던지 그냥 떠먹어도 좋을 듯싶다. 계곡을 따라 올라가면 그야말로 선녀가 나옴 직한 풍경이 펼쳐진다. 하늘 한 점 볼 수 없을 정도로 숲이 우거졌고 구슬 같은 폭포, 소와 담이 끊임없이 이어지고 있다. 열목어가 노닐고 소쩍새가 구슬프게 울어 젖히면 이곳이 천상인지 지상인지 구별되지 않는다. 이런 숲길을 거니는 자체만으로도 행복이 배어 나온다. 방태산에는 피나무, 박달나무, 소나무, 참나무 등 다양한 수종의 천연림과 낙엽송 인공림까지 조성되어 계절에 따라 녹음, 단풍, 설경 등 자연경관이 수려할 뿐만 아니라 열목어, 메기, 꺽지 등의 물고기와 멧돼지, 토끼, 꿩, 노루, 다람쥐 등 야생동물이 서식한다.

방태산 정상에는 대략 2톤 정도 되는 암석이 있다. 그곳에 정으로 쪼아 뚫은 구멍이 있는데 그 옛날 대홍수가 났을 때 배가 떠내려가지 않도록 이곳에 밧줄로 매달았다고 하여 지금도 '배 닿은 돌'이라고 부른다. 그걸 입증하듯 지금도 정상의 바위틈에서 조개껍데기가 출토된다고 하니 '노아의 방주'의 현장이 아닐까 상상해본다.

매표소를 지나 가장 먼저 만나는 것이 산림문화휴양관이다. 밤중에 창문을 열고 하늘을 쳐다보면 수많은 별들이 쏟아진다. 그러나 주말에 통나무집 예약하기는 하늘의 별 따기만큼이나 어렵다고 한다. 통나무집 앞에는 바비큐 파티를 할 수 있도록 탁자가 놓여 있으며 내부엔 싱크대, 식기, 화장실, 4인용 식탁, 인터폰, 이불장, 신발장까지 갖추고 있다. 하루 먹을 것만 준비하면 산꾼이 되는데 부족함이 없다. 휴양관 바로 앞에는 두 단의 거대한 바위가 있는데 마당처럼 넓고 평평하여 바당바위라고 부른다. 방태산에서 흘러내린 물은 이 바위를 적시며 내린천으로 향한다.

아침이 되어 숲 산책에 나섰다.

'떨어지면 폭포요. 모이면 소다.'

저 멀리서 귀가 찢어질 듯한 소리가 들려 찾아가 보았더니 숲 속에 2단의 폭포가 물을 내뿜고 있었다. 폭포가 어찌나 힘차던지 보기만 해도 움찔하다. 이곳의 최고 볼거리는 숲체험로다. '나무만 보고 숲은 보지 못한다'라는 말이 있다. 작은 것만 보고 큰 것을 보지 못한다는 말인데 나는 이 말에 동의할 수 없다. 나무가 모여 숲을 만들었으니 나무를 잘 봐야 숲을 잘 보는 것이 아닌가? 어떻게 하면 나무를 재미있게 볼 수 있을까? 나는 방태산 숲체험로에서 그걸 터득했다. 물이 많은 거제수나무, 귀신 쫓는 엄나무, 딱따구리 식당, 기침에는 이강고나무, 심술 많은 낙엽송 등 흥미진진한 나무 이야기가 가득하다. 특징적인 나무마다 번호표를 가지고 있어 그걸 따라가면 재미난 나무 이야기를 들을 수 있다. 숲체험로를 한 바퀴 돌고 나면 꿈나라에 다녀온 듯 머리가 맑아진다. 'S'자로 휘어진 산책로도 일품이고 계곡을 총천연색으로 물들이는 단풍나무도 아름답다. 이젠 숲과 작별을 고해야 하는데 고개가 자꾸만 뒤로 돌아간다. 몸은 떠났지만 아쉬움은 숲에 두고 온 모양이다. 향긋한 숲 내음이 그리운 사람은 지금 방태산으로 떠나라.

Travel Info

친절한 여행팁 방태산자연휴양림 숲체험 주말과 성수기(7, 8월)에는 오전 10시와 오후 2시에 1일 2회씩, 평일에도 휴양림에 미리 예약하면 숲 해설을 들을 수 있다. 숲을 거닐면서 재미난 나무 이야기와 전설을 들려주는데 나무 번호와 설명이 적힌 숲체험 안내서를 나눠준다. 여의치 않으면 혼자서도 안내서를 들고 산책이 가능하다. 코스 길이는 1.9km로 2시간 정도가 소요된다. 인근 방동약수는 탄산성분이 많아 설탕만 넣으면 영락없이 사이다. 철, 망간, 불소가 들어 있어 위장병에 특효가 있고 소화증진에 좋다고 한다.

가는 길 진동산채(산채요리, 033-463-8484, 갈터마을), 고향집(두부전골, 033-461-7391, 기린면), 진동막국수(막국수, 033-463-7342, 진동면)

맛집 유천막국수(막국수·수육, 033-332-6423, 대관령면 747-2), 오대산가마솥식당(산채백반, 033-332-6888, 월정사 입구), 황태회관(황태요리, 033-335-5795, 횡계), 부일식당(산채된장백반, 033-335-7232, 진부IC 근처)

잠자리 용대자연휴양림(033-462-5031, 용대리), 아침뜨락황토마을(033-462-2955, 방동리), 세쌍둥이네 풀꽃세상(033-463-2321, 진동리), 꽃님이네집(033-463-9508, 곰배령)

주변 볼거리 방동약수, 진동계곡, 내린천래프팅, 곰배령, 구룡령 옛길, 미천골자연휴양림

바리스타 고수들이 만들어낸 수제 커피
커피의 성지 강릉

Travel Guide

추천시기 사계절	**여행성격** 가족, 연인	**추천교통편** 자가용, 버스

추천일정 1일 북강릉IC – 주문진항 – 보헤미안 – 경포대 – 허난설헌 생가 – 안목해변

2일 정동진 – 등명낙가사 – 하슬라아트월드 – 테라로사 – 굴산사지 – 굴산사지부도

주소 강원도 강릉시 병산동 안목해수욕장

전화 강릉시청 033-640-4414   **웹사이트** 강릉시청 www.gntour.go.kr

2인비용 교통비 8만원, 식비 8만원, 숙박비 5만원, 여비 3만원

커피향이 그립다면 강릉을 찾으라. 바닷가에서 풍겨오는 커피향이 남다르다. 그 흔한 별다방, 콩다방은 찾을 수 없고, 대신 전문 바리스타의 정성이 담긴 커피를 마주하게 된다. 생두를 직접 수입해 정성을 다해 볶고 자신만의 노하우로 커피를 추출해낸다. 바리스타야말로 커피의 연금술사다. 검은 커피와 흰 우유의 비율에 따라 커피의 색과 맛이 달라진다. 처음에는 향에 취하고, 음미하다 보면 쓴맛이 나고, 조금 지나면 달콤함이 입안에 머문다. 아무래도 바리스타의 묘한 기운이 커피에 스며들지 않았나 싶다.

'1서 3박(서정달, 박원준, 박상홍, 박이추)'은 우리나라 커피 마니아가 떠받드는 바리스타 고수다. 그중 유일하게 현역으로 활동하는 분이 보헤미안의 박이추 선생이다. 일본에서 커피 전문가로 명성을 얻고 귀국해 1980년대 말 고려대 앞에서 커피전문점을 오픈해 커피 마니아들을 양산했다. 지금은 안암동점이 분점이고 강릉의 영진 땅 촌구석이 본점이다. 전설의 커피 맛을 보기 위해 마니아들은 미로 같은 골목을 헤매며 집시가 되어 보헤미안을 찾는다. 그는 에스프레소 머신을 사용하지 않고 핸드드립 커피만 고수한다. 찻사발에 담겨 나온 아이스커피는 여성들이 즐겨 마신다(보헤미안 033-662-5365, 강릉시 연곡면 영진리 181).

굴산사지와 가까운 테라로사는 박이추 선생의 제자인 김용덕 사장이 운영하는 카페이자 커피공장이다. 강릉에서 가장 큰 용량의 로스팅기를 보유하고 있으며 생두 자루가 곳곳에 널려 있어 실내에는 커피향이 진동한다. 실내 정원에는 5000여 개의 커피 묘목이 있어 살아 있는 커피원두를 가까이서 볼 수 있다. 바에 앉으면 바리스타가 추천한 세 가지 커피를 마시게 되는데 그 독특한 맛 때문일까, 전국의 커피 애호가들이 줄을 선다. 사장이 직접 설계한 목조건물은 멜로 영화 분위기가 느껴질 정도로 아기자기해서 연인들이 즐겨 찾는다(테라로사 033-648-2760, 강릉시 구정면 어단리 973-1).

짭조름한 바다 냄새와 커피향을 함께 음미하겠다면 안목해변 노천카페를 찾아라. 강릉이 커피의 성지가 된 가장 큰 이유는 해변을 따라 놓인 커피자판기 때문이다. 일명 '길다방'으로, 100원짜리 동전 몇 개만 있으면 바다가 훤히 보이는 해변 벤치에 앉아 호사를 누릴 수 있다. 해 뜰 무렵 청정한 바다 위로 올라오는 불덩이 같은 해를 감상하며 커피를 마시면 가슴이 활짝 열린다. 어스름한 초저녁 안목 바다는 판타지 세상처럼 몽환적으로 바뀐다. 갓 볶아 내린 커피 한 잔을 쥐고 백사장을 거닐다가 은은히 퍼지는 가로등 불빛 아래 벤치에 앉아 온기가 남아 있는 커피를 목에 넘기면 부대꼈던 일상의 고단함이 한순간에 사라진다.

테라로사를 찾았다면 근처 굴산사지를 꼭 가보자. 높이 5.4m, 돌기둥만 3층 높이의 건물로, 우리나라에서 가장 큰 당간지주다. 여기에 깃대마저 꽂혔다면 거의 10층 아파트 높이였을 것이다. 병풍 같은 백두대간 준령이 가로선을 그었다면 당간지주는 하늘을 향해 세로선을 긋고 있

었다. 여느 당간지주처럼 매끄러운 표면이 아니라 투박한 정 자국이 남
아 있는데 돌의 질감에서 인간미가 느껴진다. 석천의 우물물은 범일국
사의 탄생설화가 감겨 있다. 학산마을에 사는 처녀가 석천의 물을 바
가지로 뜨니 물속에 해가 떠 있었고 그 물을 마신 처녀는 14개월 만에
사내아이를 낳았다. 아비 없는 자식을 낳은 처녀는 마을에서 버림을
받자 아이를 몰래 뒷산 학바위에 버렸다. 며칠 뒤 자식을 버린 바위로
가보니 뜻밖에 학과 산짐승이 모여 아이에게 젖을 먹이고 있었다. 이
광경을 보고 엄마는 아이를 다시 데려와 키웠는데 그가 바로 범일국사
다. 훗날 구산선문 중 하나인 사굴산파의 본산 굴산사를 창건했고, 죽
어서 대관령 서낭신이 되었다. 김유신과 더불어 강릉단오제의 중심인
물이다.

Travel Info

가는 길 경부고속도로 → 영동고속도로 → 강릉IC → 안목해수욕장

맛집 동화가든(초당순두부, 033-652-9885, 초당동), 옛카나리아(대구머리찜,
033-641-9502, 성산면 구산리), 영진횟집(생선회, 033-662-7979, 영진항), 연(한
정식, 033-648-5307, 선교장 내)

잠자리 대관령자연휴양림(033-641-9990, 성산면 어흘리), 경포수모텔(033-644-
1239, 경포대해수욕장), 모텔힐(033-642-8985, 사천해수욕장), 코지하우스(033-
662-3220, 소금강)

주변 볼거리 안반덕, 주문진, 대관령 옛길, 소금강, 정동진, 썬크루즈리조트

한국편 차마고도
구룡령 옛길

Travel Guide

추천시기 4~10월 **여행성격** 가족, 연인, 단체 **추천교통편** 자가용, 단체버스

추천일정 1일 홍천 은행나무군락지 – 백두대간방문자센터 – 선림원지 – 미천골자연휴양림
2일 송천떡마을 – 낙산사 – 휴휴암 – 소돌바위 – 주문진어시장

주소 강원도 양양군 서면 갈천리
전화 양양문화관광 033-670-2723 **웹사이트** 양양군청 www.yangyang.go.kr
2인비용 교통비 8만원, 숙박 5만원, 식비 7만원, 여비 3만원

속초, 양양 사람에게 백두대간은 높고 긴 장벽이었다. 그렇기에 사람들은 백두대간 구간 중에서 가장 낮은 곳을 찾아 산을 넘어야만 했다. 미시령과 한계령은 높은 설악산 때문에 단숨에 넘기 어려웠고, 그나마 고개가 낮았던 진부령은 북쪽으로 치우쳐 있어 돌아갈 수밖에 없었다. 양양사람들이 가장 많이 이용한 고개가 바로 구룡령(1089m)이었다. 홍천군 내면 명개리와 양양군 서면 갈천리를 연결하는 구룡령은 옛길의 원형이 잘 보존되어 있어 죽령 옛길, 문경새재, 문경의 토끼비리와 더불어 명승길로 지정되었다.

백두대산에 가로막혀 결코 만날 수 없을 것 같은 관서와 관동 지방은 이 고개를 통해 각자의 물산을 나누었다. 바닷가 양양 사람들은 소금, 간수, 고등어, 명태를 등에 지고 험준한 고개를 넘었고, 홍천 명계리에 있는 농민들은 산비탈에서 수확한 콩, 팥, 녹두, 수수, 감자 등을 거두어 구룡령 주막에서 물건을 바꾸었으니 '한국판 차마고도'라고 불러도 손색이 없다.

옛 유생들은 술병을 옆구리에 차고 산을 올라 노송 아래서 시를 읊기도 하고, 아낙의 교태에 주막에 며칠씩 눌러앉았다. 그러다가 지치면 다시 행장을 꾸려 길을 나섰다. 이렇듯 옛길의 맛은 호젓함과 여유를 즐기는 데 있으니 시간에 쫓겨 걸으면 그 재미가 반감된다. 노송의 허리를 어루만지기도 하고 새소리, 물소리, 바람소리를 듣는 호사에 감사하며 굽잇길을 걷다 보면 휘파람이 절로 나고 흥에 겨워 어깨까지 들썩여진다. 낙엽으로 다져진 부엽토 길은 카펫 위를 거니는 것처럼 촉감이 좋다. 단풍철 인근 설악산과 오대산이 행락객 때문에 몸살을 앓는 반면에 구룡령 옛길은 단풍도 좋지만 찾는 이가 적어 호젓한 트레킹을 즐길 수 있다.

구룡령 옛길의 시작점은 양양의 갈천산촌체험학교다. 괴나리 봇짐장수들은 마을 주막에서 배를 채우고 갈천약수에서 목을 축이고 나서 길을 나섰을 것이다. 고갯마루(1089m)까지 2.7km, 2시간이면 충분하다. 개울을 건너면 옛길이 시작된다. 대숲소리를 들으며 지그재그 길을 걷노라면 산죽이 반기고, 비바람에 쓰러진 고목 아래를 오리걸음으로 지나는 재미도 쏠쏠하다. 어림잡아 200년은 족히 넘었을 소나무들이 옛길과 함께한다. 두 나무가 서로 감싸 안은 사랑나무는 연인들이 특히 좋아한다. 구룡령에서 가장 큰 금강소나무는 높이 25m, 허리둘레만 2.7m로, 보기만 해도 그 위용에 압도당한다. 구룡령의 신목으로 마을 사람들이 제사를 지내는 장소다.

길은 '구절양장'이란 말이 딱 어울릴 정도로 창자처럼 굽잇길이 멈추지 않는다. 사람들의 발걸음에 눌린 데다 세월의 무게까지 더해 봅슬레이 길처럼 움푹 패여 있다. 한참 올라가면 일제가 양양의 철광석을 수탈하기 위해 만들어 놓은 삭도승강장과 콘크리트 잔해를 만나게 된다. 이곳에서 나온 철광석으로 총알을 만들었다니 안타까운 노릇이다. 200m쯤 더 오르면 솔반쟁이가 나온다. 너른 평지에 나무의자가 놓여 있어 간식

먹기에 제격이나. 반쟁이는 반정(半程)에서 나온 말로, 여정의 반을 의
미한다. 이 길가에 괜찮은 소나무가 많았다고 하는데 1990년대 후반 경
복궁을 복원한다고 몰래 베어갔다고 한다. 7부 능선에 자리한 횟돌반쟁
이는 산소를 모실 때 땅을 다지는 횟돌이 깔린 곳이다. 관을 놓는 자리
에 횟가루를 뿌리면 나무뿌리가 목관을 파고들지 않기 때문에 인근 마
을에 상을 당하면 이곳까지 와서 횟돌을 캐갔다고 한다. 정신없이 굽잇
길을 거닐다 보면 어느덧 고갯마루에 닿는다. 한때 이곳에 주막이 서
있었다고 하는데 지금은 터만 남아 있을 뿐이다. 양양사람들은 수산물
을, 홍천사람들은 농산물을, 막걸리를 매개로 서로 물산을 바꾸었다고
한다. 옛사람들은 이 길을 '바꾸미길'이라 부른다. 구름 한 조각이 구룡
령으로 넘어간다. 동해의 해룡이 흰 구름에 얹혀 고개에 살짝 걸치고
있는 것 같다. 구룡령은 다시 걸어야 할 내 마음의 길이다.

Travel Info

친절한 여행팁 가장 편한 옛길 코스는 56번 국도가 지나는 구룡령 정상 백두대간방
문자센터(해발 1013m)부터 시작해 갈천으로 하산하는 코스다. 센터에서 10분쯤 경
사길을 오르면 정상이 나오고 거기부터 15분쯤 가면 주막 터가 나온다. 이곳부터 내
리막길이 이어져 편안한 트레킹을 즐길 수 있다. 시작점부터 구룡령갈천산촌체험학
교까지 천천히 걸어도 2시간이면 충분하다. 차량 2대가 왔다면 1대는 백두대간방문
자센터에 주차하고 나머지 차량은 갈천산촌체험학교 앞에 세우면 된다. 차량이 여
의치 않으면 갈천산촌학교에 주차하고 고개 정상까지 올랐다가 내려와도 좋다. 계
곡이 없으므로 생수를 반드시 지참해야 하며 등산화를 꼭 신어야 한다.

가는 길 서울 → 영동고속서울 → 서울춘천간고속도로 → 홍천IC → 구성포사거리
→ 서석 → 56번 국도 → 창촌 → 구룡령

맛집 송천떡마을(전통떡, 033-673-7020, 양양군 서면), 칡소폭포가든(막국수,
033-436-7474, 칡소폭포 입구), 송이골(송이요리, 033-672-8040, 손양면)

잠자리 미천골자연휴양림(033-673-1806, www.huyang.go.kr, 양양), 삼봉자연
휴양림(033-435-8536, 홍천군 내면), 대명솔비치리조트(033-670-3502, www.
solbeach.co.kr), 흐르는강물처럼(033-673-0941, 어성천)

주변 볼거리 홍천 은행나무군락지, 선림원지, 미천골자연휴양림, 한계령, 송천떡마
을, 낙산사

사이판 부럽지 않은 동해의 숨은 보석

삼척의 은밀한 해수욕장

Travel Guide

추천시기 7~8월 **여행성격** 가족, 연인, 단체 **추천교통편** 자가용, 버스

추천일정 1일 추암일출봉 → 수로부인공원 → 죽서루 → 준경묘 → 대금굴

2일 맹방해수욕장 → 부남해수욕장 → 해양레일바이크 → 해신당 → 임원항

주소 강원도 삼척시 근덕면 하맹방리

전화 삼척시청 033-575-1330 **웹사이트** 삼척시청 tour.samcheok.go.kr

2인비용 교통비 10만원, 식비 8만원, 숙박비 5만원, 여비 5만원

함경도에서 부산까지 7번 국도는 대한민국의 등뼈를 달리는 길이어서 남다른 의미가 있다. 그중 삼척은 동해의 보석 같은 곳으로 맹방, 덕산, 부남, 궁촌, 용화, 장호, 임원, 호산 등 이름만 들어도 가슴 설레는 해수욕장이 꼬리를 물고 있다. 바다가 지겨우면 골 깊은 오지로 트레킹을 떠날 수 있으며, 환선굴은 물론 대금굴까지 개방되어 풍성한 여름 피서지로 손색이 없다. 특히 폭우가 쏟아지면 동굴여행이 제격이다.

삼척에서 가장 큰 해수욕장인 맹방해수욕장은 편의시설을 잘 갖추고 있다. 하늘을 찌를 듯한 해송 숲이 볼만하고 핑크빛 향기를 가득 머금은 해당화가 고운 색을 자랑한다. 백사장이 넓고 수심까지 완만해 가족 여행지로 손색이 없다. 영화 〈봄날은 간다〉에서 유지태와 이영애가 파도소리를 녹음기에 담았던 해변이기도 하다. 해변의 남쪽에 마읍천이 흘러 담수욕과 해수욕을 동시에 즐길 수 있으며 은어가 잘 잡혀 낚싯대

를 드리운 상태공을 흔히 볼 수 있다. 4월 중순이면 맹방에는 벚꽃과 유채꽃이 한데 어우러져 절경을 만들어낸다. 한여름에는 바다음악회, 명사십리 달리기 대회와 맨손 송어잡기 등 다채로운 체험이 기다리고 있다.

덕신포구 아래 부남해수욕장은 괌이나 사이판의 산호해변만큼이나 예쁘다. 삼척 토박이들조차 이곳을 찾지 못할 정도로 숨어 있는데, 사람의 손때가 덜 탔기 때문에 청정한 바다 풍경을 고스란히 간직하고 있다. 해변이라야 200m도 채 되지 않지만 은빛 가루를 뿌려놓은 듯 모래가 곱고 바닥이 훤히 드러날 정도로 물이 맑다. 산수화에 나옴 직한 바위섬이 해변 한쪽을 차지하고 있는데 섬 안쪽에 해신당도 보인다. 주차장과 편의시설이 없는 것이 흠이자 장점이기도 하다. 피서철에는 마을 부녀회에서 천막을 쳐놓고 간단한 식음료를 판다.

Travel Story

우리나라 최고의 동굴, 대금굴 ••• 대금굴은 현재 우리나라에 개방된 동굴 중 단연 최고다. 도보로는 갈 수 없고 40인승 모노레일을 타고 굴 안쪽 120m까지 들어간다. 삼척시청 인터넷 예약을 통해 하루 720명만 들어갈 수 있다. 입구부터 웅장한 폭포가 반긴다. 긴 회랑을 지나면 조용한 호수가 나오고 다시 호박을 잘라 놓은 듯한 휴석이 찰랑거린다. 자세히 들여다보면 바위에 실핏줄까지 새겨져 있어 정교하다. 짧은 굴이지만 격렬함, 유쾌함, 고요, 여유 등 다양한 인간의 심성을 보여주는 듯하다. 수직동굴이 끝나는 곳에 웅장한 커튼종유석이 천정에 붙어 있다. 연한 황금빛을 띠고 있어 동굴 이름이 '대금굴(大金窟)'이 되었다. '만유인력의 법칙'이 소용없는 막대기형 석순이 무려 5m나 솟아 있는 것도 있고, 아이스크림처럼 둥근 모양의 종유석도 보인다. 대금굴은 신계(神界)로 향하는 작은 숨구멍의 모양이다. 총 관람로는 1225m이며, 통로의 90%는 철재 구조물로 짜여 있어 땅을 거의 밟지 않고 관람할 수 있다. 동굴의 끝자락에는 수심 9m, 넓이 200평 정도의 거대한 호수가 나타난다(인터넷 예약 www.samcheok.go.kr, 033-541-9266).

초곡마을 들어가는 솔 숲길에 들어서면 왠지 기분이 좋아진다. 황영조 선수가 등교할 때 내달렸던 길이기 때문이다. 소나무 숲길과 터널은 삼척해양레일바이크 길로 이용되고 있다. 궁촌과 용화역을 운행하는 5.4km 복선으로 우리나라 철로자전거 중에서는 가장 빼어난 경치를 자랑한다. 터널은 루미나리에, 레이저, 발광다이오 등 다양한 조명을 갖춰 해저와 은하 세계를 재현해 놓고 있다. 초곡휴게소에서 잠시 멈춰 바다 경치를 감상하며 커피를 마실 수 있다. 2인용과 4인용이 있으며 하루 5회 운행한다(궁촌정거장 033-576-0656).

초곡마을 남쪽에 용화해수욕장이 자리한다. 동해안 해수욕장이 주로 직선해변이지만 이곳은 해안이 활처럼 휘어 있고, 해수욕장의 양 끝은 절벽과 암벽으로 이루어져 동해안에서 가장 경관이 빼어난 해수욕장으로 알려져 있다. 특히 북쪽 절벽에 전망대가 자리하는데 이곳에서 내려다본 용화해수욕장의 경치가 기가 막혀 사진작가들이 알음알음 찾는 명소다. 밀물과 썰물의 차이가 없고 파도가 높지 않아 아이들이 해수욕하기에 좋고, 해수욕장 가운데로 시냇물이 흐르고 있어 민물 수영도 가능하다. 용화는 레일바이크의 시작점이기도 하다. 용화에서 조금 내려가면 '한국의 나폴리'라고 불리는 장호항이 나온다. 새벽에는 밤새 낚은 활어의 경매가 이루어지며, 인근 임원항과 더불어 활어와 문어를 저렴하게 맛볼 수 있는 항구다. 어촌체험마을로 선정되어 있어 가자미 배낚시를 할 수 있는데, 4인 가족이 3시간 동안 선상 낚시를 즐길 수 있다.

좌 담수욕과 해수욕을 함께 즐길 수 있는 맹방해수욕장 **우** 바닥이 훤히 비치는 부남해수욕장

줄낚시와 미끼를 빌려주며 운 좋으면 체험료 이상의 고기를 낚을 수 있다(낚시체험 033-572-3719). 장호항에서 고개를 넘으면 수백 개의 남근조각상을 지닌 해신당이 나오고 그 너머로 자연산 회를 저렴하게 맛볼 수 있는 임원항이 자리하고 있다. 원덕의 호산해수욕장과 월천해수욕장의 솔숲도 바다와 잘 어우러진다.

Travel Info

친절한 여행팁 삼척의 맛집과 시티투어버스 삼척 정라항의 바다횟집(033-574-3543)은 곰치국을 잘한다. 비린 맛이 없는 곰치는 육질이 담백하고 연하여 수저로 떠먹는 유일한 생선이며, 입에서 살살 녹아 숙취 해소에 좋다. 생선회로 유명한 임원항에서는 삼원횟집(033-572-5209)이 잘하며, 저렴하게 회를 뜨겠다면 정라항 성우수산을 찾으면 제철 횟감을 값싸게 먹을 수 있다. 부일막국수(033-572-1277)는 강원도 토속 막국수집으로, 주말에는 30분 이상 기다릴 정도로 유명세를 타고 있다.

삼척은 매주 토, 일요일 시티투어버스를 운영하고 있는데 대금굴, 삼척레일바이크 코스 등 삼척의 주요 관광지를 둘러보게 된다. 당일 코스는 물론 1박 2일 패키지 코스가 있으며 관광지 할인혜택이 있어 저렴하게 삼척여행을 할 수 있다. 문의 033-3545-3546, 죽서루에서 10시 10분 출발.

가는 길 영동고속도로 → 강릉JC → 동해고속도로 → 동해 종점 → 7번 국도 → 삼척 → 맹방해수욕장

맛집 덕산횟집(물회·알밥, 033-572-1314, 덕산해수욕장), 바다횟집(곰치국, 033-574-3543, 정라항), 성우수산(활어회, 033-575-4448), 부흥막국수(막국수, 033-573-5931, 삼척온천)

잠자리 삼척온천관광호텔(033-573-9696, 삼척시 정상동), 항구회타운숙박(033-574-9800, 덕산리), 모텔파라다이스(033-576-0411, 새천년해안도로)

주변 볼거리 수로부인공원, 대금굴, 환선굴, 준경묘, 영경묘, 죽서루, 이사부광장, 동굴엑스포타운

Part 4
충청도

술꾼이라면 꼭 한 번쯤은 가봐야 할 양조장
세왕주조

Travel Guide

추천시기 사계절 **여행성격** 연인, 단체 **추천교통편** 자가용, 단체버스

추천일정 1일 진천IC – 세왕주조 – 초평저수지 – 농다리 – 이상설 생가

2일 진천종박물관 – 김유신장군탄생지 – 보탑사 – 독립기념관

주소 충북 진천군 덕산면 용몽리 572-16 **전화** 043-536-3567 **웹사이트** www.icnj.co.kr

2인비용 교통비 5만원, 식비 8만원, 숙박비 5만원, 여비 3만원

세왕주조는 양조장 건물로는 유일하게 근대문화유산으로 지정된 문화재다. 백두산에서 벌목한 전나무와 삼나무를 압록강 제재소에서 다듬어 이곳 진천까지 가져와 양조장의 주요 목재로 사용했다. 서쪽으로 냇가가 흐르고 동쪽에 산이 자리해 풍향에 맞춰 건물 위치를 잡았다. 측백나무가 양조장을 감싸고 있는데, 여름에는 빛과 해충을 막고 바람을 막아주는 효과가 있다. 밖에서 볼 때는 단층이지만 3층 높이의 규모로 일본식과 서양식 트러스트 구조를 합쳐놓은 건물이다. 건물 외벽은 목재를 이어 붙였으며 검은색 도료를 발랐다. 건물 외벽에는 '대한민국 근대문화유산'이라는 푯말이 훈장처럼 걸려 있고, 80년 동안 3대에 걸쳐 술을 빚고 있다.

내부로 들어가면 정면 하얀 벽으로 이백의 시와 그림을 만난다. '三盃通大道(삼배통대도), 一斗合自然(일두합자연)' 즉, '석 잔을 마시면 대도에 통하고, 말술을 마시면 자연의 도리에 합한다'는 뜻을 품고 있다. 이런 호방한 마음으로 술을 빚어 깊은 풍미가 전해온다. 그 옆에 하늘로 올라가는 용이 술 향기에 취해 이무기가 되었다는 그림을 볼 수 있다. 80년 동안 술도가의 문패 역할을 했던 '덕산양조장'이라는 간판은 세월의 때가 잔뜩 묻어 있다. 입구 옆의 방은 예전 인부들의 숙소였는데 지금은 사무실로 사용되고 있다. 그 안쪽에 놓인 금고는 허영만 만화「식객」의 제20권 '할아버지의 금고'의 소재가 되기도 했다. 이밖에도 드라마〈대추나무 사랑 걸렸네〉의 양조장 배경지로도 등장했다.

증기로 술밥을 찌고 고두밥을 말리는 작업 등 80년 전 방식을 고스란히 따르고 있다. 술이 농익어가는 발효실은 술도가의 보물이다. 높은 지붕에 굴뚝을 내서 통풍을 하고, 단열을 위해 이중벽을 설치했으며, 천정은 60~70cm 정도 왕겨를 깔아 발효를 도왔다. 한국전쟁 때는 2대 술도가인 이재철 씨가 이 왕겨 속에 숨어 목숨을 구했던 은신처였다. 발효실에 들어서니 시큼털털한 누룩내가 풍겨 반은 취한 기분이다. 70년을 살아온 독들을 유심히 보면 '1935 용몽제(龍夢製)'라는 글씨를 볼 수 있다. 인근 '용몽'이라는 옹기가마에서 구운 독으로, 아직도 이곳에서 술이 익어가고 있다. 3대 이규행 사장은 이 항아리를 어찌나 아꼈던지 터진 독을 이어 붙여 사용하고 있었다. 아무래도 덕산 막걸리의 맛의 원천은 옛것을 소중히 여기는 마음과 정성에 있지 않나 싶다.

양조장 옆에는 술 항아리와 오크통을 붙여 놓은 듯한 2층 건물의 저온저장고 겸 시음장이 우람하게 서 있다. 술도가를 상징하는 건물로, 독에 빠져 술독 채로 술을 마시는 곳이니 진정한 술꾼이라면 일부러라도 찾을 만하다. 시음장 내부는 허름한 대폿집이 아니라 근사한 레스토랑 분위기로, 원탁테이블마다 화병에 장미꽃이 꽂혀 있고 잔잔한 음악을 들으며 전통 막걸리에 취할 수 있다. 세왕주조에서 생산되는 쌀막걸리, 약주 등 다양한 술을 시음할 수 있어 술꾼의 입은 귀에 걸릴 지경이다. 지하 150m 암반수에다 진천 햅쌀로 빚어서 그런지 빛깔이 곱고 부드러워 목구멍으로 잘도 넘어간다. 감미료를 전혀 넣지 않고 저온살균하기 때문에 생막걸리의 풍미를 고스란히 느낄 수 있다. 막걸리 이외에도 12

종의 한약재를 넣은 천년주, 흑미로 빚은 와인까지 구입할 수 있다.

시음장 옆에는 술병을 옆으로 뉘어 놓은 '향주가'라는 건물이 딸려 있는데 '술향기가 있는 집'이란 의미를 가지고 있다. 파전, 두부 등 술안주를 맛볼 수 있는 식당이다. 사전에 예약하면 양조장 견학과 막걸리 시음을 할 수 있다.

농다리는 사력 암질의 붉은 돌을 쌓아서 만든 다리로, 우리나라에 남아 있는 다리 중에서 가장 오래됐다. 산정에서 보면 지네가 튕기며 백곡천 물살을 가로지르는 모습을 하고 있다. 30~40cm 길이의 네모난 돌을 끼어 쌓고 긴 장대석을 나란히 놓았고 앞쪽이 유선형이어서 물을 거스르지 않고 다리 위로 자연스레 물이 넘어가도록 했다. 그런 구조가 천년을 버틸 수 있었던 원동력이다. 농다리를 내려다볼 수 있도록 정자가 서 있으며 초평저수지를 따라 호반을 거닐 수 있도록 산책로가 꾸며졌다.

Travel Info

친절한 여행팁 **막걸리 시음 체험** 막걸리 체험은 1인당 5000원이며 7일 전에 사전 예약(080-536-3567)을 해야 한다. 공장 내부 견학을 통해 전통 막걸리 제조과정을 배우고 세왕술전시장과 향주가에서 시음을 한다. 덕산쌀막걸리를 무제한 제공하며 빈대떡 안주가 딸려 나온다. 전용옹기막걸리잔은 견학 선물이다.

가는 길 서울 → 중부고속도로 → 진천IC → 21번 국도 → 덕산면 → 세왕주조(옛 덕산양조장)

맛집 송애집(붕어찜, 043-532-6228), 고향집(붕어찜, 043-532-6448), 농다리은행나무집(유황오리, 043-534-5255)

잠자리 그랜드모텔(043-533-7722), 큐모텔(043-534-8811), 수모텔(043-534-5161)

주변 볼거리 보탑사, 진천종박물관, 이상설 생가, 김유신장군탄생지, 배티성지, 대한성공회 진천성당

황석두 루가의 영원한 안식처
연풍순교성지

Travel Guide

추천시기 사계절 **여행성격** 개인, 가족, 단체 **추천교통편** 자가용, 버스, 단체버스
추천일정 1일 연풍IC – 연풍성지 – 연풍마애불좌상 – 수옥폭포 – 조령삼관문 – 수안보온천

2일 각연사 – 쌍곡계곡 – 산막이옛길 – 괴산군민가마솥 – 홍범식 고택

주소 충북 괴산군 연풍면 삼풍리 187-2 **전화** 043-833-3386 **웹사이트** www.ypseongi.org
2인비용 교통비 5만원, 식비 8만원, 숙박비 5만원, 여비 3만원

소백산맥 심산유곡에 위치한 연풍은 경상도로 넘어가는 이화령, 문경새재, 하늘재가 가까이 있어 예로부터 박해를 피해 은신처를 찾던 천주교 신자들의 피난처였다. 한국의 두 번째 신부인 최양업 신부와 프랑스 선교사들이 연풍을 기점으로 경상도와 충청도를 넘나들면서 골짜기에 숨어 있는 천주교 신자들에게 비밀리에 성사(聖事)를 주었다. 그러나 신자가 늘어날수록 박해도 심해졌다.

연풍성지 안에 자리 잡은 향청 건물은 천주교 신자를 잡아들이고 고문했던 장소다. 박해 시절 순교자의 목숨을 앗아간 형구가 남아 있는데, 구멍이 뚫린 바위에 목을 매달고 줄을 잡아당겨 머리를 깨트려 죽게 했다.

그 옆은 황석두 루가의 묘가 조성되어 있다. 황석두는 나이 20세에 서울로 과거를 보러 갔다가 우연히 주막에서 천주교 신자를 만나 새로운 세상을 알게 된다. 그리고는 집으로 되돌아와 부모님께 "저는 천국 과거에 급제하여 돌아왔습니다"라고 고백한다. 화가 머리끝까지 난 아버지는 작두를 가져와 최후통첩을 보냈건만 그는 오히려 작두날에 머리를 디밀었다.

그날 이후 황석두는 3년 동안 벙어리 행세를 하다가 자신 때문에 상심한 아버지를 찾아 간곡히 설득했고, 훗날 교리를 익힌 아버지는 천주교인이 된다. 그 후 황석두는 다블뤼 주교를 도와 성서번역과 사전편찬을 도맡았다. 평신도 회장으로서 얼마나 교회 일에 열정적이었는지 다블뤼 주교는 그에게 신부서품을 주기 위해 교황청에 특별 요청했을 정도다. 감시의 눈초리를 피해 새재를 넘나들며 신앙을 전파하다가 결국 병인박해 때 아버지처럼 모셨던 주교가 잡히고 만다. 다블뤼 주교 옆에 있던 황석두는 스스로 밧줄을 묶으며 자수를 한다.

"나도 잡아가 주세요. 저분들은 나의 스승입니다. 하루라도 헤어져서 살 수 없습니다. 저분들이 살아난다면 나도 살려니와 내 스승들이 죽는다면 나도 죽겠습니다."

이렇게 해서 프랑스 선교사 3명과 황석두, 장낙소 등 5명은 한양에서 충남 보령의 갈매못까지 거룩한 행진을 하게 된다. 그리고는 석양에 물든 갈매못 해변가에서 순교의 칼을 받는다. 황석두 가족은 몰래 시신을 거두어 그의 고향인 연풍에 안장했다. 한때 교수대가 있었던 자리에는 높이 10m의 십자가가 하늘을 향해 서 있는데 우리나라에서 가장 큰 십자가다. 성지에는 수령이 오래된 느티나무가 긴 가지를 늘어뜨리며 넉넉한 그늘을 만들어내고 있다. 꽃길도 예쁘게 조성되어 사색하기에 더없이 좋은 장소다.

연풍에서 조령자연휴양림 가는 길가에는 두 불상이 나란히 앉아 있는 원풍리마애불(보물 제97호)을 만난다. 30m나 되는 커다란 암벽을 우묵하게 파고 그 안에 부처님을 새겼는데 높이만 6m에 이르는 거인 불상이다. 가늘고 긴 눈은 선한 인상을 풍기고 넓적한 입에는 잔잔한 미소가 번져 누구든지 불상 앞에 서면 마음이 편해진다. 한양으로 과거보러

가는 과객은 물론 집을 나선 봇짐장수들의 벗이었을 것이다.

수옥폭포는 조령 3관문에서 소조령을 향해 흘러내리는 계류가 20m의 절벽 아래로 떨어지면서 만들어진 폭포다. 폭포는 3단으로, 상류의 두 곳은 깊은 소를 이루고 있다. 고려 말 공민왕이 홍건적을 피해 이곳에 피신하여 초가를 지어 행궁을 삼고, 폭포 아래 작은 정자를 지어 비통함을 잊으려 했던 전설도 전해온다.

계곡을 따라 철쭉이 흐드러지게 피며, 정자에서 바라본 폭포 풍경이 볼만하다. 드라마 〈여인천하〉〈다모〉〈주몽〉〈선덕여왕〉〈계백〉〈바람의 화원〉〈전설의 고향〉〈동이〉 그리고 영화 〈영원한제국〉 촬영지로 등장해 수옥폭포가 없다면 사극을 찍을 수 없다는 얘기가 전해질 정도로 자주 등장한다. 내리꽂는 물줄기가 좋고 바둑판형 너럭바위가 있어 촬영하기 편하기 때문이다.

Travel Info

친절한 여행팁 **산막이 옛길** 외사리 사오랑마을에서 사은리 산막이마을까지 편도 3km, 칠성장을 오갔던 사은리 사람들이 가족들과 도란도란 얘기꽃을 피웠던 길이다. 속리산에서 발원한 물이 청천계곡을 따라 흘러 괴산호는 욕조마냥 넉넉한 물을 받아들였고 그 호수를 옆구리에 끼고 가는 길이 바로 산막이 옛길이다. 연리지, 전망대, 쉼터 등 편의시설을 갖췄으며 비학산에 오르면 한반도 모양의 지형을 볼 수 있다. 유람선이 운행한다(웹사이트 sanmaki.goesan.go.kr).

가는 길 서울 → 영동고속도로 → 중부내륙고속도로 → 연풍IC → 연풍성지

맛집 괴강매운탕(민물매운탕, 043-834-2974, 괴산읍 괴강다리 옆), 전원식당(한정식, 043-832-2012, 괴산읍내), 영화식당(산채정식, 043-846-4500, 수안보온천단지), 향나무집(펑샤브샤브, 043-846-2813, 수안보온천단지 내)

잠자리 보개산장(043-832-8002, 쌍곡계곡), 밸리하우스(043-832-0955, 쌍곡계곡), 수안보파크호텔(043-846-2331, 수인보온천단지), 수안보상록호텔(043-845-3500, 수안보온천단지)

주변 볼거리 쌍곡계곡, 조령산자연휴양림, 벽초 홍명희 생가, 김기응 가옥, 괴산청 결고추박물관, 수안보온천

영화 "박하사탕" 촬영지
나 다시 돌아갈래!

알싸한 박하사탕의 여운
진소마을

Travel Guide

추천시기 3~6월, 10~12월 **여행성격** 개인, 연인 **추천교통편** 자가용, 기차, 버스
추천일정 1일 제천IC – 박하사탕 촬영지 – 박달재 – 의병전시관 – 배론성지 – 탁사정
2일 청풍문화단지 – 능강솟대문화관 – 옥순봉 – 의림지

주소 충북 제천시 백운면 애련리 **전화** 제천시청 043-640-5681 **웹사이트** 제천시청 tour.okjc.net
2인비용 교통비 5만원, 식비 8만원, 숙박비 5만원, 여비 3만원

박하사탕처럼 알싸했던 첫사랑의 추억과 순수했던 시절이 그립다면 진소마을을 찾으라. 이곳은 영화 〈박하사탕〉 촬영지로, 강변을 거닐다 보면 흑백영화를 보는 것처럼 아련한 분위기에 젖어들 것이다. 진소마을은 충주의 삼탄역과 제천의 공전역 사이에 숨어 있다. 조치원과 제천을 잇는 충북선의 동량–삼탄–공전 구간은 인근에 4차선 국도가 있음에도 열차가 아니면 접근하기 어려울 정도로 오지에 있고 계곡의 경치가 좋아 '충북의 동강'이라 불린다.

영화 〈박하사탕〉은 제4회 부산국제영화제 개막작으로, 첫사랑의 기억과 사회적 구조라는 거대한 장벽에 일그러진 현대인의 자화상을 그려내고 있다. 영화는 주인공 영호가 철로에 서서 달리는 기차를 마주하며 '나 다시 돌아갈래!'라고 절규하며 인생을 마감하는 장면부터 시작된다. 그리고 기차가 거꾸로 돌아가면서 왜 그가 자살하게 되었는지 20년의 세월을 거슬러 올라간다. 터널을 빠져나온 기차가 일직선이 아닌 곡

선 길을 선택한 이유는 바로 주인공 김영호의 인생사를 통해 굴곡이 많은 현대사의 단면을 보여주고 싶었기 때문이라고 한다. 당시로서는 스타급 배우가 한 명도 기용되지 않았음에도 순전히 입소문으로 개봉 25일 만에 관객 50만 명을 동원하는 힘을 발휘했다.

칸 영화제에서 각본상을 수상한 이창동 감독이 각본을 썼고 직접 메가폰까지 잡았다. 당시 무명 연극배우였던 설경구, 문소리 등 걸출한 스타를 배출했는데, 20년 동안 수많은 영화에 출연했던 배우 설경구도 자신이 뽑은 최고의 영화를 〈박하사탕〉이라고 손꼽을 정도로 자부심이 대단하다. 진소마을에 영화에 관한 흔적이라고는 철교 앞의 절규하는 영화 포스터와 한국영상자료원에서 만든 촬영장소 안내 동판이 전부다. 휴대폰도 잘 터지지 않는 오지마을에서 병풍 같은 절벽 옆에 놓인 강변길을 사부작사부작 거닐면 한때 순수했던 학창시절의 기억들이 새록새록 피어난다.

진소마을 인근에 있는 충북선 18개 역 중에서 가장 한가한 역은 공전역이다. 몇 년 전까지만 해도 하루에 무궁화호가 6번이나 정차했는데 지금은 무정차 간이역이 되었다. 영화가 인기 있을 때는 수많은 젊은이들이 공전역에 내려 〈박하사탕〉 촬영지를 찾았지만 지금은 을씨년스러울 정도로 조용하다. 어쩌면 쓸쓸한 간이역 분위기가 영화의 감동을 그리기에 더 좋을지도 모른다. 청류가 흐르는 계곡으로 내려가면 여러 사람이 앉을 수 있는 너럭바위가 자리해 풍류를 즐기기에 제격이다. 공전역은 승용차를 이용하거나 제천에서 시내버스를 이용해야 한다.

대중가요로 널리 알려진 '울고 넘는 박달재'의 배경이 된 박달재에 서면 드높은 산세와 파란 하늘이 맞닿아 있어 한 폭의 그림을 보는 것 같다. 지금이야 차로 10분 만에 재를 넘을 수 있지만 옛날에는 박달재와 다릿재를 넘으려면 걸어서 며칠이 걸렸다고 한다. 워낙 고갯길이 험하고 가파른데다가 숲이 우거져 있어 산짐승이 불시에 튀어나오는 것은 물론 행인을 노리는 도둑이 많아 이곳을 넘는 새색시는 두 번 다시 친정에 가기 어려웠다고 해서 '울고 넘는 박달재'가 되었다.

고갯마루에는 박달선비와 금봉낭자의 애틋한 사랑을 형상화한 동상이 서 있고, 박재홍의 〈울고 넘는 박달재〉가 스피커를 통해 연신 흘러나온다. 박달재휴게소에서 도토리묵을 팔고 있어 노래 가사를 음미하며 먹으면 좋다. 그밖에 박달재 조각공원, 서낭당, 전망대도 자리하고 있다. 박달재 정상 아래 박달재숯가마(043-646-0021, www.bdjsootgama.co.kr)는 솔숲이 펼쳐진 시원스런 경치가 좋으며 몸과 마음을 쉬어갈 수 있는 공간이다. 총 8개의 가마 중 숯을 피우고 난 3개의 가마를 찜질방으로 사용하고 있으며 참숯으로 구운 삼겹살이 별미다.

Travel Info

친절한 여행팁 **청풍호 알차게 둘러보기** 충주댐으로 수몰된 청풍의 목조건물, 석물들을 모은 청풍문화재단지를 둘러보고 옥순봉, 구담봉까지 이어지는 청풍호 유람선에 오르면 금수산의 기암절경을 호수에서 감상하게 된다. 청풍호는 투명거울이 되어 봄꽃과 물안개, 신록과 단풍, 설경 등 계절마다 자연의 빛깔을 곱게 담아낸다. 4월 중순 청풍호부터 금월봉까지 호반을 따라 벚꽃이 꽃반지처럼 핀다.

가는 길 서울 → 영동고속도로 → 중부내륙고속도로 → 장호원 → 제천 방면 38번 국도 → 백운면소재지 → 애련리 진소부락

맛집 박달재휴게소(도토리채묵밥, 043-652-9477), 묵마을(묵밥, 043-647-5989), 제천명가약초막국수(막국수, 043-652-0072)

잠자리 제천관광호텔(043-643-4111, 제천시내), 박달재자연휴양림(043-652-0910, 백운면 평동리), 청풍리조트(043-640-7000~3, 청풍면 교리), 꿈의궁전(043-652-2662, 백운면 원월리)

주변 볼거리 청풍문화재단지, 능강솟대문화공간, 산야초마을, 지양영당, 참숯가

남한강이 일궈낸 비경

단양팔경

Travel Guide

추천시기 4~5월, 9~10월 **여행성격** 가족, 연인, 단체 **추천교통편** 자가용, 단체버스
추천일정 1일 단양IC – 사인암 – 중선암 – 하선암 – 구담봉 – 옥순봉 – 도담삼봉
2일 수양개선사유물전시관 – 다리안관광지 – 온달산성 – 구인사

주소 충북 단양군 대강면 사인암리 산27번지
전화 단양관광안내 043-422-1146 **웹사이트** 단양군청 tour.dy21.net
2인비용 교통비 5만원, 식비 8만원, 숙박비 5만원, 여비 3만원

단양은 순진한 충청도 새악시의 모습을 하고 있다. 단양팔경의 아름다운 자태를 살포시 감춰두고 뭇 총각들이 환호할 때마다 살포시 속내를 보여주는 곳이 단양이다. 단양IC에서 빠져나오면 동선상 사인암부터 시작하는 것이 좋다. '사인'은 고려시대 관직명으로, 대학자 우탁 선생이 사인 벼슬로 있을 때 이 바위에서 풍류를 즐겼다고 하여 사인암이란 이름을 얻게 되었다.

기암절벽의 병풍바위는 높이 70m로 청정한 계류를 끼고 있으며 척박한 바위틈 사이로 소나무가 자라고 있다. 너럭바위에 바둑판과 장기판이 새겨져 있어 이곳이 신선의 땅임을 말해주고 있다. 바로 옆에 있는 청련암은 구한말 의병운동의 현장으로, 일본군에 의해 쑥대밭이 되어 지금은 폐허만 남아 있다. 6·25 한국동란 때는 좌익의 본거지로 살육이 자행되었던 비운의 땅이기도 하다. 건물은 온데간데없고 병풍 같은 산세를 배경 삼아 달랑 불상만이 계곡을 아우르고 있다. 쓰라린 과거는 망각한 채 따사로운 봄볕을 맞으며 천 년의 미소를 잃지 않고 있다.

도담삼봉은 남한강의 맑고 푸른 물과 기암괴석이 만든 비경이다. 꿈틀거리는 소백의 연봉과 남한강이 절묘한 조화를 이루고 있다. 남편인 장군봉을 중심으로 오른쪽에는 첩봉이 임신한 채 교태를 부리며 장군봉을 바라보고 있고 왼쪽에는 아내봉이 남편을 원망한 채 화가 나 등을 돌리고 있다. 조선의 개국공신인 정도전이 이 바위를 보고 자신의 호를 '삼봉'이라고 부를 정도로 애착을 가졌다. 이곳에서 정도전의 유년시절의 재치를 엿볼 수 있다. 강원도 정선의 삼봉산이 홍수 때 하류로 떠내려와 지금의 위치에 자리 잡자 단양 사람들이 정선관아에 세금을 내야 했다고 한다.

어린 정도전이 이를 두고 "우리가 삼봉을 정선에서 떠내려오라고 한 것도 아니요, 오히려 물길을 막아 피해를 보고 있으니 도로 가져가라"라고 말한 뒤부터 세금을 내지 않았다고 한다. 도담삼봉에서 10분쯤 산을 오르면 하늘나라 출입구처럼 보이는 석문이 나온다. 하늘문 사이로 남한강이 흘러간다. 하늘나라에서 물을 길러 내려왔다가 비녀를 잃어버린 마고할미가 비녀를 찾으려고 흙을 손으로 판 것이 무지개 문이 되었다 한다.

남한강과 소백의 산줄기를 가장 멋지게 볼 수 있는 곳이 온달산성이다. 입구부터 20여 분 정도 발품을 팔아 오르면 노아의 방주 같은 성채가 나타난다. 구름 아래 중첩된 산줄기는 힘이 서려 있고 동쪽으로 시선을 돌리면 굽이도는 남한강의 물줄기가 한반도 모양을 만들어내고 있다. 그 한쪽에 조그만 마을이 따사로운 햇살을 받고 있다. 산성을 한 바퀴 도는데 15분이면 족하다. 북쪽 성벽 위에 서면 소백산의 지맥에 9개의 봉우리가 솟아 있는데 그 사이 골짜기가 8개의 문으로 되어 있다고 하여 '구봉팔문'이라고 부른다. 그 깊숙한 곳에 우리나라에서 가장 큰 절집인 구인사가 비집고 있으니 산책 삼아 거닐어볼 만하다. 삼국시대에 이곳은 전략적 요충지였다. 고구려는 신라의 북진을 막아야 했고 신라기 이곳을 탈환하면 제천, 충주를 거쳐 한강 하류까지 진출할 수 있기 때문이다.

남한강 전투에서 선봉에 선 장수는 다름 아닌 온달장군이다. 신라에게 빼앗긴 죽령 이북의 땅을 되찾기 위해 전투에 나선 온달장군은 애석하게도 화살을 맞고 전사한다. 산중턱 사모정 정자는 온달장군의 관이 땅에서 떨어지지 않자 평강공주가 눈물로 달랬던 비운의 현장이다. 단양에는 이렇게 온달과 고구려에 관련된 유적이 많다. 온달장군의 묘로 추정되는 적석총 형태의 태장이 묘(太將, 큰 장군이라는 뜻), 휴식을 취했던 휴석동(休石洞)바위, 군 야전병원격인 군간(軍看)나루터 등 고구려의 체취가 남아 있다. 산성 아래는 평강공주가 떠난 온달을 그리며 살다 죽었다는 온달동굴(천연기념물 제261호)이 자리한다. 종유석과 석순이 볼만한데 4억 5000만 년 전의 신비를 숨기고 있다. 주차장 근처 온달관에 들러 온달과 고구려인의 생활상을 미리 공부하고 산성에 올라가는 것이 좋다. 그밖에 온달장군 기마상과 장승공원, 조각공원도 둘러볼 만하다.

Travel Info

친절한 여행팁 단양 마늘 단양의 마늘은 석회암지대 황토밭에서 자랐기에 마늘통이 단단하고 타 지역에 비해 맵고 특유의 맛과 향이 어우러져 전국 최고로 친다. 장다리식당의 마늘정식을 주문하면 마늘장아찌, 마늘육회, 마늘쫑무침 등 마늘이 들어간 반찬만 12가지가 넘는다. 토종 된장을 풀어 만든 된장찌개 맛도 일품이다.

가는 길 서울 → 영동고속도로 → 중앙고속도로 → 단양IC → 단양

맛집 장다리식당(마늘정식, 043-423-3960, 단양읍내), 맛나식당(오소리감투, 043-422-3380), 금강식당(도토리냉면, 043-423-2594, 구인사)

잠자리 리버텔(043-421-5600, 단양읍내), 소백산에서(043-423-1997, 천동동굴 근처), 카르페디엠(043-421-2155, 다리한 관광지)

주변 볼거리 옥순봉, 도담봉, 천동동굴, 다리안관광지, 영천리측백수림, 수양개선사 유물전시관, 새밭계곡

오리숲에서 세파의 때를 홀홀 털다

법주사

Travel Guide

추천시기 4~8월, 10~11월   **여행성격** 개인, 가족, 연인, 단체

추천교통편 자가용, 버스, 단체버스

추천일정 1일 보은IC – 법주사 – 속리산 등반 – 문장대 – 숙박

2일 삼년산성 – 선병욱가옥 – 서원리소나무 – 구병아름마을 – 원정리느티나무

주소 충북 보은군 속리산면 사내리 209   **전화** 043-543-3615   **웹사이트** www.beopjusa.or.kr

2인비용 교통비 6만원, 식비 5만원, 숙박비 5만원, 여비 2만원

아마 오리숲이 없다면 법주사 가는 재미는 반으로 줄어들 것이다. 매표소를 지나며 잠시나마 속세와 이별을 고하게 된다. 보은의 소나무 사랑은 유별나다. '정이품'이라는 벼슬까지 하사받은 소나무가 600년간 버티고 있고, 서원리에는 정부인 소나무가 서방의 손길을 그리워하며 힘겹게 가지를 늘어뜨리고 있으니 말이다.

사내리에서 법주사까지 하늘을 가린 솔숲길이 5리나 이어졌기 때문에 '오리숲'이란 애칭을 얻고 있다. 아름드리 노송과 백여 년 된 갈참나무가 하늘을 가려 터널을 이룬다. 법고 가락 같은 오솔길을 따라 걸으면 세파의 미진들이 홀홀 떨어져나간다. '산은 속속을 멀리하지 않는데 세속이 산을 멀리한다'는 신라의 대문장가 최치원의 시를 음미하며 속리산의 의미를 되새겨본다. 들어갈 때는 솔숲길로 거닐고 나올 때는 자연관찰로를 이용하면 좋다.

법주사는 보은의 얼굴이다. 팔상전을 비롯해 국보 3점, 보물을 6점이나 품고 있으며 100척의 청동미륵대불이 중생을 어루만지고 있다. 법주사는 신라 진흥왕 때 의신조사가 창건했다고 전해지는데 천축에서 불경을 싣고 돌아온 대사는 절을 지을 장소를 찾다가 이곳에 이르자 나귀가 더 이상 가지 않고 제자리에 맴돌아 이곳에 절을 짓게 된다. 부처님의 법이 머문다는 뜻으로 '법주사(法住寺)'라는 이름을 지었다고 한다.

보현, 문수보살을 모신 금강문을 지나면 금강역사처럼 하늘을 향해 치솟은 전나무 두 그루가 쌍둥이처럼 서 있다. 천왕문을 지나면 현존하는 유일한 5층 목탑인 팔상전(국보 제55호)이 위용을 자랑한다. 내부 기둥 사이 4면에 석가여래의 일생을 8폭으로 그린 팔상도를 모시고 있다. 내부를 한 바퀴 돌면 못 하나 없이 나무로 짜 맞춘 가구 구조를 살피는 재미가 그만이다.

팔상전 뒤편에 우리나라 쌍사자 석등 가운데서 가장 규모가 크고 조각수법이 뛰어난 쌍사자석등(국보 제5호)이 대웅보전과 마주하고 있다. 한 마리는 입을 벌리고 있고 한 마리는 다물고 있는데 음양의 원리를 보여주고 있다. 갈기털과 근육까지 세밀하게 묘사하고 있으며 불밝기 창이 시원스럽고 지붕돌이 큼직하다.

축선 끝자락에 중층불전인 대웅보전(보물 제915호)이 우람하게 버티고 있다. 높이 19m로 화엄사 각황전, 무량사 극락전과 더불어 우리나라 3대 불전 중 하나로 손꼽힌다. 법신(法身), 보신(報身), 화신(化身)을 의미하는 삼신불을 모시고 있다. 계단 소맷돌에 앉아 있는 돌원숭이가 앙증맞다. 대웅전 왼쪽의 원통보전(보물 제916호)은 사모지붕이 특이한데 위에서 보면 거의 정사각형에 가까워 삿갓을 얹어 놓은 것 같다.

원통보전 근처의 희견보살상은 1200년 동안 몸과 뼈를 태우면서 아미타불 앞에 향로를 공양하는 보살로, 어떠한 어려운 일이 있어도 강한 의지로 이겨내라는 교훈을 담고 있다. 다기 모양의 용기를 머리에 이고 힘겹게 부처님 앞에 나아가는 모습은 장엄 그 자체다. 잘록하고 유연한 허리, 힘겨운 표정 등 사실적인 묘사가 돋보인다.

법주사 3000명분의 물을 저장했던 사각 석조는 석공이 일일이 정으로 쪼아 만든 것으로 신앙의 힘이 함께 하지 않으면 도저히 만들 수 없는 명작이다.

쌀 40가마가 너끈히 들어가는 쇠솥, 연꽃이 아름답게 조각된 석연지도 볼 수 있다. 법주사에 워낙 보물이 많아 우왕좌왕 헤매다 보면 추래암의 마애여래좌상(보물 제216호)을 놓치기 쉽다. 원래 뒤편 수정봉에 있었는데 제멋대로 자리를 바꾸다가 산신에게 밉보여 절벽 아래로 떨어졌다고 한다. 그 추래암 안쪽에 높이 6m의 고려 불상이 새겨져 있는데 부드러운 옷 주름, 기묘한 손의 표현, 활짝 핀 연꽃잎 등으로 고려마애불 중에서 최고라는 평을 받는다.

Travel Info

친절한 여행팁 선병국 가옥 만석꾼의 집 선병국 가옥에 가면 선씨 종가 비법으로 만든 덧간장을 만날 수 있다. 모백화점에서 1리터에 500만원에 팔려 화제를 모은 간장으로 350년의 역사를 가지고 있다. 지금은 대량생산을 통해 가격을 낮췄다. 보은에서 생산된 콩으로 3개월간 황토방에서 발효시켜 속리산의 청정 맑은 물로 간장을 담근다. 종가며느리가 운영하는 '도솔천'이라는 찻집은 여름에는 매실차, 가을에는 국화차, 겨울에는 대추차가 좋다. 고택의 풍미가 가득 배어 있어 운치 있다.

가는 길 경부고속도로 → 청원상주간고속도로 → 보은IC → 속리산
맛집 경희식당(한정식, 043-543-3736), 신라식당(백반, 043-544-2869), 약초식당(산채비빔밥, 043-543-0433)
잠자리 비바호텔&펜션(043-544-7888, 속리산 입구), 속리산그랜드콘도호텔(043-542-2500, 속리산 입구), 힐파크(043-543-1996, 수한면 발산리)
주변 볼거리 구병아름마을, 서원리소나무, 삼년산성, 동학농민기념공원, 말티고개, 오장환문학관

정지용의 시 '향수'의 고장
옥천

Travel Guide

추천시기 사계절(5월 중순 지용문학제) **여행성격** 연인, 단체 **추천교통편** 자가용, 기차, 버스

추천일정 1일 옥천IC(경부고속도로) – 죽향초교 – 정지용문학관 – 옥주사마소 – 옥
천향교 – 육영수 생가

2일 멋진신세계모던스쿨 – 둔주봉등산 – 금강유원지 – 옥천IC

주소 충북 옥천군 옥천읍 중앙로 99

전화 정지용문학관 043-730-3408 **웹사이트** 정지용문학관 www.jiyong.or.kr

2인비용 교통비 6만원, 식비 8만원, 숙박비 5만원, 여비 2만원

'넓은벌 동쪽 끝으로 옛 이야기 지줄대는 실개천이 휘돌아 나가고 얼룩
배기 황소가 해설피 금빛 게으른 울음을 우는 곳'

정지용의 시 「향수」의 첫 소절을 흥얼거리다 보면 어느덧 그 시구의 풍
경이 그대로 눈앞에 펼쳐져 있음을 알게 된다. 얼룩배기 황소의 흔적은
찾아볼 수 없어도 지줄대는 실개천은 변함없이 흐르고 있다. 정지용은
1902년 옥천군 하계리(현 죽향리)에서 태어나고 자랐다. 동시에서나 나
옴 직한 생가의 사립문을 밀치고 들어서면 나지막한 흙담 밑으로 꽃망
울을 터트리고 있는 봉숭아를 만난다.

마당 한켠에는 먼지를 머금은 나무 절구가 세월을 망각하고 서 있다.
툇마루에 앉아 우물물 한 사발 들이키며 정신을 바짝 차린 시인의 뒷모
습을 상상하기에 그만이다. 본채 안방에는 둥근 안경테를 두른 정지용
의 초상화와 그의 시 「할아버지」가 걸려 있다. 할아버지를 그리는 따뜻

한 시선 때문일까, 사람이 살지 않지만 방안은 온기로 가득하다.

지용은 관례대로 12살에 결혼을 했으며 보통학교를 졸업한 뒤에는 어린 아내를 고향에 남겨둔 채 서울로 올라가 타향생활을 하게 된다. 고향을 향한 그리움은 그때부터 솔솔 일어났는지 모른다. 서울에서 줄곧 한학을 공부했고 17세에 휘문고보에 입학하면서 시에 눈을 뜨게 된다. 성적이 우수해 학교의 재정적 지원을 받아 일본으로 유학 가는 행운까지 얻었다. 다시 귀국해 휘문고보에서 영어선생으로 재임하면서 김영랑과 함께 '시문학' 동인으로 활동했다.

'진정한 한국의 현대시는 정지용의 시에서 비롯되었다'라는 평가를 받을 만큼 한국문학사에 큰 획을 그은 인물이다. 그러나 한국전쟁 때 북으로 끌려가자 남한에서는 온갖 추측과 더불어 그를 금지시인으로 낙인찍어버렸다. 그러나 지용만큼 국민의 사랑을 받는 시인은 없을 것이다. 가수 이동원, 박인수가 그의 시에 노래까지 붙여 유명세에 불을 지폈다. 옥천 어디를 가든 정지용의 캐릭터와 그의 시 「향수」를 볼 수 있다. 그만큼 옥천 사람들의 자부심은 대단하다.

정지용 탄생 102회를 맞아 그의 삶과 문학을 기리는 '정지용문학관'이 생가 옆에 조성되었다. 영상실, 문학전시실, 문학교실로 꾸며진 문학관은 그의 업적과 시 세계에 흠뻑 빠질 수 있도록 짜임새 있게 꾸며졌다. 영상실에서는 지용의 삶과 문학 그리고 인간미 등이 담긴 다큐멘터리를 감상할 수 있다.

문학전시실에서 그가 살았던 시대상황과 현대시의 흐름을 파악할 수 있으며, 시집의 초간본과 육필원고를 볼 수 있고 앨범을 넘기듯 시인의 발자취를 더듬어볼 수 있다. 특히 주제별로 4구역(향수, 바다와 거리, 나무와 산, 산문과 동시)으로 나누어져 그의 시를 심도 있게 감상할 수 있도록 했다. 가장 인기 있는 곳은 직접 만져보고 듣고 시를 읊어볼 수 있는 문학체험장이다.

마치 분위기 좋은 카페에 들어선 것 같은데 촉감 좋은 나무의자에 앉아 영상으로 제작된 향수를 감상해도 좋고 자신의 손바닥이 스크린이 되어 시를 음미해볼 수 있다. 이밖에 시낭송실에서는 배경영상과 음악이 흐르는 곳에 내가 직접 성우가 되어 정지용의 시를 낭독할 수 있으며, 성우의 시낭송을 헤드폰으로 들을 수 있다.

문학교실은 각종 문학강좌, 시 토론, 세미나 등을 할 수 있도록 꾸며진 활동공간이며 단체관람객을 대상으로 오리엔테이션과 강좌가 준비되어 있다. 입구에는 시인의 밀랍인형이 있어 그 옆에 앉아 기념촬영을 할 수 있도록 했다. 매년 5월이면 지용문학제가 성대하게 열린다. 정지용이 어린 시절 다녔던 옥천보통학교(지금의 죽향초등학교) 옛 교사도 둘러볼 만하다. 붉은 페인트를 칠한 목조건물은 현재 문화재로 지정되어 있다. 교실에 앉아 시상을 그리고 있는 까까머리 정지용 시인을 상상해보는 것도 좋을 듯하다.

Travel Info

친절한 여행팁 **육영수 여사 생가** 옥천향교 옆에 육영수 여사 생가가 자리한다. 대통령의 훌륭한 내조자이며 자애로운 어머니상으로 이미지가 박혀 있다. 육 여사는 1925년 이 집에서 태어나 1950년 박정희 대통령과 결혼하기 전까지 살았다. 1600년부터 김, 민, 송 삼정승이 살았을 정도로 옥천에서는 교동집으로 알려져 있다. 1918년 육영수 아버지가 매입하여 육씨 집안의 소유가 되었고 영부인까지 배출하게 된다. 안터마을은 고인돌을 볼 수 있는 선사공원이 조성되어 있고 겨울 금강이 얼면 빙어낚시터로 바뀐다.

가는 길 서울 → 경부고속도로 → 옥천IC → 구읍 → 정지용문학관
맛집 아리랑(한정식, 043-731-4430, 정지용 생가 근처), 원조구읍할매묵집(묵요리, 043-732-1853, 정지용 생가 근처), 선광집(생선국수, 043-732-8404)
잠자리 옥천관광호텔(043-731-2435, 옥천읍), 춘추민속관(043-733-4007, 옥천읍), 우림파크(043-732-5994)
주변 볼거리 옥천천주교회, 옥주사마소, 육영수 생가, 장계관광지, 둔주봉, 금강유원지

Travel Guide	
추천시기 사계절　**여행성격** 가족, 교육　**추천교통편** 자가용, 기차, 시내버스	
추천일정 1일 호남고속도로 북대전IC – 지질박물관 – 화폐박물관 – 국립중앙과학 　　　　관 – 대전시민천문대	
2일 장태산자연휴양림 – 뿌리공원 – 계족산산림욕장 – 대청호반	
주소 대전광역시 유성구 과학로 80–67　**전화** 042–870–1400	
웹사이트 museum.komsco.com	
2인비용 교통비 5만원, 식비 8만원, 숙박비 5만원, 여비 3만원	

돈 싫어하는 사람이 어디 있으랴. 부자가 되겠다면 우선 돈부터 철저히
알아야 한다. 대전의 화폐박물관은 돈 냄새 솔솔 맡고 돈의 소중함을
배우면서 돈과 친해지는 박물관이다. 한국조폐공사가 공익적 목적에서
설립한 우리나라 최초의 화폐 전문 박물관이다. 1층은 동전, 2층은 지
폐를 주제로 총 4개 전시관에 4000여 점의 전시물이 있고 돈에 관련된
재미난 이야기를 들을 수 있다.

우리나라에서 가장 오래된 화폐인 고려의 '건원중보'도 만날 수 있으며,
조선시대 대표 화폐인 '상평통보'에 관한 재미난 유래를 들을 수 있다.
평소 보기 어려운 1원, 10원, 50원에 새겨진 문양을 유심히 살펴보는 코
너가 있는데, 특히 10원짜리 동전에 새겨진 다보탑 문양의 변천사를 볼
수 있다. 근대 주화를 제조하기 위해 독일에서 수입한 압인기와 대한제
국의 화려한 금화, 올림픽·월드컵 기념주화도 눈길을 사로잡는다.

세2전시실은 일본제일은행권부터 조선은행권, 한국은행권까지 지폐의 변천사를 보여주고 은행권 용지가 어떤 제조공정을 통해 돈이 되는지 알려준다. 은화 제조 원리와 위변조 방지 기법도 흥미진진하다. 다빈치 코드처럼 지폐 한 장에는 다양한 문양과 역사 유적, 인물 등이 그려져 있는데, 만 원권을 침대 크기로 확대하여 지폐 안에 숨겨진 그림과 정보를 찾아낼 수 있다.

위조 방지를 위한 숨은그림, 볼록 인쇄, 미세문자, 은화기법, 홀로그램 등 첨단기법이 녹아 있음을 알게 된다. 위조방지홍보관에 가면 위조지폐의 발생 현황, 진짜 돈과 가짜 돈 비교, 자기 돈을 꺼내 확인해보는 체험기기 등이 있어 흥미를 더한다. 특수제품관에 들어서면 조폐공사에서 만든 우표, 크리스마스실뿐 아니라 메달과 훈장이 전시되어 있으며 북한화폐 등 전 세계 72개국 주화와 지폐가 전시되어 있어 각 나라의 문화를 비교해보는 재미도 쏠쏠하다.

이름조차 생소한 지질박물관은 국내 유일의 지질 전문 박물관으로, 지구의 개관, 화석의 진화, 인간과 지질, 암석과 지질구조, 광물과 인간, 환경과 지질을 주제로 전시실이 꾸며졌다. 박물관 모양부터 특이한데 '스테고사우루스'라는 공룡의 골판 모양을 본떠 만들었다고 한다.

중앙홀에 들어서면 1~2층에 걸쳐 다양한 공룡의 실물 골격과 공룡알 그리고 복제 공룡 등이 전시되어 있어 '공룡홀'이란 이름을 얻고 있다. 지름 7m 크기의 대형지구본이 스크린이 되어 화산, 태풍 등 지구의 자연을 영상으로 볼 수 있다. 제1전시관에는 지구에 대한 소개 그리고 인간과 지구에 숨 쉬고 있는 다양한 생물들이 전시되어 있어 원시생물부터 인류의 기원까지 40억 년의 시간여행을 떠날 수 있다. 제2전시관은 지각을 구성하는 암석의 종류와 지질구조, 운석 등을 볼 수 있으며 생활 속에 유용하게 쓰이는 광물에 관해 배울 수 있고, 돌이 세공을 거쳐 아름다운 보석으로 변하는 과정도 보여준다.

현미경으로 광물을 관찰하면서 즉시 영상자료를 찾아볼 수 있도록 꾸며져 있어 체험학습지로 그만이다. 2층 영상실에는 지구상에 생명이 생겨난 과정, 공룡이 사라진 원인, 지각변동 등 재미난 영상물을 틀어준다. 지질박물관에서 가장 인기 있는 가상지진체험실은 지진의 강도를 온몸으로 체험할 수 있도록 꾸며졌다(체험시간: 10시, 11시, 13시, 14시, 15시). 야외에는 대형지질표본과 석회암, 편마암, 역암 등 광물암석과 화석표본이 전시되어 있어 자연과 더불어 산책도 겸할 수 있다.

지질박물관 홈페이지에 들어가 '현장학습지'를 프린트해서 박물관을 둘러보면 더욱 효율적인 박물관 학습이 될 것이다. 사전예약(042-868-3797)을 하면 수·목·금요일에 한해 도슨트의 설명을 들을 수 있다.

금강의 오지마을에서 하루쯤 속세와 인연을 끊다

방우리

Travel Guide

추천시기 4~8월, 10~12월   **여행성격** 가족, 연인, 단체   **추천교통편** 자가용, 단체버스

추천일정 1일 무주IC – 큰방우리 – 작은방우리 – 적벽강 – 용화리고인돌 – 원골유원지

2일 금산인삼관 – 금산시장 – 칠백의총 – 보석사 – 금산이치대첩비 – 대둔산

주소 충남 금산군 부리면 방우리

전화 금산관광안내소 041-751-2484   **웹사이트** 금산군청 www.geumsan.go.kr

2인비용 교통비 7만원, 식비 8만원, 숙박비 5만원, 여비 3만원

육지 속의 섬마을인 방우리는 충남 금산, 전북 무주, 충북 영동이 만나는 곳에 방울처럼 매달려 있다고 해서 이름 붙은 오지마을이다. 장수의 뜬봉샘에서 발원한 금강은 진안군에서 구량천과 진안천 물을 섞고 서쪽을 향해 흘러간다. 진안 용담댐에 물을 가득 담은 강줄기는 무주의 부남을 지나 소이진에 이르러 갑자기 북쪽으로 방향을 튼다. 큰방우리(원방우리)를 스치며 'S' 자 모양을 그리고 다시 육지 속의 섬마을인 앞섬을 거쳐 뒷섬까지 복주머니처럼 원을 그리며 휘감아 돌아 작은방우리(농원)에 이르게 된다. 행정구역상으로는 금산군 부리면에 속하지만 험난한 산이 가로막고 있어 금산에서 연결되는 길은 없고, 오로지 무주읍내에서 내도리를 거쳐 들어가는 길이 유일한 통로다.

방우리까지는 차로 내달릴 수 있지만, 이왕이면 내도교부터 금강변 오솔길을 따라 걸으며 운치를 즐겨보자. 호젓한 강길을 거슬러 올라가다

보면 강변에 이정표처럼 서 있는 촛대바위를 만나게 된다. 직진하면 큰
방우리로 연결되고 우측 염재를 넘어가면 작은방우리에 이른다. 큰방우
리는 돌담이 운치 있고 강가에는 노거수가 서 있어 르누아르 그림에
나 나옴 직한 풍경이 발목을 잡는다.

다시 촛대바위로 돌아 나와 농원 가는 고갯길인 염재에 들어섰다. 고개
는 세상을 향한 유일한 소통길로, 촛대바위를 부러뜨려 길을 막아버리
면 영영 속세와는 인연이 끊어질 것 같다. 폭이 좁고 경사마저 급해 차
라리 촛대바위 근방에 차를 세우고 타박타박 걸어 고개를 넘는 편이 낫
다. 고갯마루에 서면 큰방우리를 큼직하게 휘감아 도는 물동이를 만난
다. 거울처럼 맑은 금강의 수면이 이불솜 같은 구름은 물론 멀리 무주
의 적상산과 덕유산까지 담고 있다.

아슬아슬한 고개를 간신히 넘으면 어머니 품 같은 작은 방우리가 반긴
다. 마을은 강과 산으로 둘러싸인 전형적인 오지로, 인삼농사나 과실
농사로 살아간다. 한국전쟁 때 들어와 정착했다고 하는데, 불모지를
개간해 논밭을 일군 마을 사람 이야기는 영화 〈쌀〉의 토대가 되기도
했다. 방우리 습지는 멸종위기의 수달, 수리부엉이, 퉁사리, 쉬리 등
생태 가치가 높은 동식물이 서식할 정도로 태고의 신비를 고이 간직하
고 있다.

작은 방우리부터 금강 따라 3km쯤 내려가면 금산의 수통리로 연결되
지만 두 번이나 강을 넘어야 하고 험준한 절벽 아래를 걸어야 하기 때
문에 위험이 도사린다. 대신 무주읍내를 지나 39번 국도를 타고 금산
쪽으로 가다 부리읍내에서 안쪽 깊숙하게 들어가면 수통리에 닿게 된
다. 마을 안쪽으로 들어가면 30m 높이의 붉은색 절벽인 '적벽'이 그림
같은 산수화를 만들어내고 있다.

봄에는 야생화, 여름에는 푸른 소나무, 가을 단풍, 겨울 설화가 도도히
흘러가는 물결과 함께 절경을 이룬다. 토속적인 정취와 천혜의 환경 덕
에 조선시대 최고의 거부였던 임상옥을 드라마화한 〈상도〉의 촬영지로
등장했다. 수통마을에서 곡류를 이룬 금강은 신촌리, 용화리, 천내리까

지 물동이를 그으니 영동까지 이어져 금강 최고의 드라이브 코스를 그려낸다.

수통리, 용화리, 천내리에는 어죽거리가 형성되어 있다. 쏘가리, 빠가사리(동자개), 꺽지 등 1급수에 사는 물고기를 재료로 하므로 비린내가 없고 기름기가 적어 감칠맛이 난다. 거기다 금산 인삼을 넣고 끓이기 때문에 여름철 보양식으로 최고다. 도리뱅뱅이는 프라이팬에 작은 생선을 둥그렇게 올려놓고 양념고추장을 듬뿍 발라 바짝 튀겨낸 별미로, 과자처럼 바삭거려 술안주로 그만이다. 방우리 들어가는 초입인 무주 내도리 근처에도 어죽 파는 집이 여럿 있다.

Travel Info

친절한 여행팁 인삼한정식집 조무락 당뇨병에 시달리는 남편의 병을 음식으로 치유하기 위해 부인이 인삼과 약재로 먹을거리를 개발한 것이 인삼한정식이다. 수삼탕평채, 소고기수삼말이, 수삼샐러드, 삼계탕 등 인삼의 고장답게 인삼요리가 많은 것이 특징이며 천연재료를 가미해 근사한 작품을 대하는 것처럼 화려하다. 1인분에 3만원이지만 전혀 아깝다는 생각이 들지 않을 정도로 맛있고 푸짐하다. 장아찌와 더덕, 방풍나물, 질경이 등 천연재료를 사용한 것들이 많아 최고의 웰빙식탁이다.

가는 길 서울 → 경부고속도로 → 대전통영간고속도로 → 무주IC → 무주읍 → 내도교 → 방우리

맛집 조무락(인삼한정식, 041-752-5656, 금산읍내), 강나루가든(어죽·매운탕, 041-751-5577, 수통리), 원골식당(인삼어죽, 041-752-2638, 천내리)

잘자리 남이자연휴양림(041-753-5706, 남이면 건천리), 진산자연휴양림(041-753-4242, 진산면 묵산리), 인삼호텔(금산읍내, 041-751-6200), 금산부리수통마을 휴양의집(041-753-3202, 수통리)

주변 볼거리 보석사, 칠백의총, 고경명선생비, 태조대왕태실, 서대산드림리조트, 남이자연휴양림, 진악산

가을엔 갑사 오리숲을 거닐어 보세요

갑사

Travel Guide

추천시기 3~6월, 10~11월　**여행성격** 가족, 연인, 단체　**추천교통편** 자가용, 단체버스
추천일정 1일 유성IC – 동학사 – 갑사 – 신원사 – 박동진판소리전수관 – 석장리구석기유적지
　　　　　2일 공산성 – 무령왕릉 – 국립공주박물관 – 우금치전적지 – 마곡사

주소 충남 공주시 계룡면 중장리 52번지　**전화** 041-857-8981　**웹사이트** www.gapsa.org
2인비용 교통비 5만원, 식비 5만원, 숙박비 5만원, 여비 3만원

'춘마곡 추갑사'란 말이 있다. 봄에는 마곡사가 좋고 가을에는 갑사가
볼 만하다는 말인데, 황금 계절에 공주에 있는 두 사찰을 찾으라는 말
은 공주 사람들이 만들어낸 비약이 아닐까 의심해본다. 그러나 이런 푸
념을 늘어놓으면서도 가을이면 어김없이 갑사 계곡을 찾는 것을 보면
나 역시 갑사의 묘미에 흠뻑 빠졌음을 인정하는 셈이다.

태조 이성계가 풍수지리에 따라 이곳에 도읍을 정하려 했고, 박정희 대
통령 시절에도 이곳이 수도가 될 뻔했으며, 우여곡절 끝에 세종시가 신
행정수도가 되었으니 백제의 고도 공주가 1500년 만에 역사의 무대에
다시 등장하게 된 것이다. 유성을 지나니 뿌연 안개 속에서 계룡산이
슬그머니 자태를 드러낸다. 부드러운 산자락에 닭 벼슬처럼 삐죽 솟은
봉우리가 강함과 부드러움의 양면을 보여주고 있었다.

갑사 입구에 다 쓰러져가는 느티나무 신목이 힘겹게 서 있다. 갑사 창
건과 역사를 함께한 나무라고 전해지는데 매년 정월 초삼일이면 나무

에 제사를 지낸다. 임진왜란 때는 영규대사가 이 나무 밑에서 출정을 모의했다고 하니 눈여겨보길. 일주문을 지나면 오리숲이 길게 이어신다. 워낙 청정한 숲이어서 걷는 것만으로도 세상의 오욕이 떨어져 나가는 기분이다. 길게 숲길이 이어지다가 절집에 와서는 'S'자로 휘어지면서 마지막 숨을 고른다. 부처님을 친견하기 전 굴곡진 자신을 돌이켜볼 수 있는 시간이 아닐까.

강당 건물에 큼직한 '계룡갑사' 현판이 눈길을 사로잡는다. 충청도 사람의 솔직함과 우직함이 '으뜸 갑(甲)'자에 고스란히 배어 있다. 소풍 나온 비구니 스님이 강당의 창문을 활짝 열고 부처님 세상을 바라보는 모습이 청정하게 보인다. 선조 때 만들어진 동종(보물 제478호)은 용 두 마리가 고리를 만들고 있는데 그 표정이 살아 있는 것처럼 생생하다. 종은 비천상이 아닌 지장보살이 새겨져 있어 특이하다. 갑사는 백제 때 아도화상이 창건했으니 백제 웅진이 도읍이었을 때 중요한 역할을 했으리라 추측된다. 천 년을 이어오다 정유재란으로 잿더미가 되어 다시 중수하였는데, 건물을 받치는 석축만이 백제의 유일한 흔적이다. 자연에 대한 겸손함일까, 부처님에 대한 능청일까. 막돌을 끼워 넣은 천진난만함에 무릎을 쳐본다.

갑사가 더욱 성스러운 것은 이 땅을 지켰던 호국사찰이었기 때문이다. 임진왜란 당시 갑사는 왜군에 대항하는 승병궐기의 기점이었다. 암자에서 수행하던 영규대사는 나라가 위기에 처하자 800여 승려를 이끌고 싸우며 구국에 앞장섰다. 그러나 금산전투에서 중과부적으로 800여 승병과 함께 장렬하게 순절하고 만다. 영조 때 스님의 공을 기리고자 표충원을 세웠는데 그곳에는 서산대사, 사명대사, 영규대사의 영정이 모셔져 있다.

갑사에는 월인석보판목(보물 제582호)이 있다. 월인천강지곡과 석보상절을 합쳐 엮은 월인석보는 석가모니의 일대기와 공덕을 찬양한 것으로, 우리나라에 남아 있는 유일한 한글판목이며 훈민정음 창제 이후 첫 한글 작품이어서 한글 연구에 더없이 귀한 자료다. 대적전에 가려면 계곡을 건너야 한다. 원래 갑사의 금당은 대적전 자리에 있었다고 한다. 대적전 앞에는 갑사부도가 탑의 역할을 대신하고 있다. 갑사부도(보물 제257호)는 기왓골에서 보이듯 화려한 조각미가 자랑이다. 힘이 넘치는 사천왕상과 악기를 연주하는 천인들의 모습이 생생하다. 기단에 새겨진 사자는 머리를 돌린 채 뒤쪽을 응시하는 모습이 용맹스럽다. 대숲 터널을 지나면 갑사철당간(보물 제256호)이 하늘을 향해 치솟고 있다. 통일신라 때의 것으로, 원래 지름 50cm의 철통 28개를 이어 만들었다고 하는데 고종 때 네 마디가 부러져 현재는 24개만 남아 있다.

계룡산 7개 계곡 중에서 가장 빼어난 곳이 갑사 계곡이다. 그중에서도 가을 정취를 느낄 수 있는 곳이 용문폭포 주변이다. 8m로 조그만 폭포지만 준수한 위용이 가을 분위기를 물씬 풍긴다. 아무리 가물어도 물이 마르는 일이 없다고 한다. 특히 10월 하순이면 동학사, 남매탑, 금잔디고개, 신흥암, 용문폭포까지 고운 단풍으로 장관을 이룬다.

Travel Info

친절한 여행팁 **갑사 템플스테이** 갑사는 외국인들이 전통사찰문화를 체험하는 템플스테이 지정 사찰로, 연중 상설 운영된다. 새벽예불, 참선, 다도, 발우공양, 사찰 순례 등 번뇌를 씻어낼 수 있는 유익한 프로그램이다. 갑사-용문폭포-금잔디고개-남매탑-동학사까지는 4.7km, 3시간이 소요되며 계룡산의 수려한 경치를 맛보며 동학사까지 둘러보게 된다. 갑사에서 2.5km 떨어진 신원사는 우리나라 산신각 중에서 가장 규모가 큰 중악단(보물 제1293호)을 품고 있다.

가는 길 경부고속도로 → 유성IC → 32번 국도 → 갑사
맛집 태화식당(산채비빔밥, 042-825-4029, 동학사), 통나무집가든(산채정식, 041-857-5074, 갑사), 새이학가든(장국밥, 041-854-2030, 공주시내)
잠자리 계룡산갑사유스호스텔(041-856-4666, 계룡면 중장리), 금강관광호텔(041-852-1073, 공주신 신관동), 공주한옥마을(041-840-2763, 공주박물관 근처), 리어모텔(041-858-8860, 공주시 신관동)
주변 볼거리 동학사, 박동진판소리전수관, 마곡사, 계룡산도예촌, 웅진교육박물관, 충남산림박물관

1340년 만에 부여로 돌아오다
의자왕릉

Travel Guide

추천시기 사계절　**여행성격** 개인, 연인, 단체　**추천교통편** 자가용, 고속버스, 단체버스

추천일정 1일 서논산IC 백제왕릉원 능산리사지 부소산성 정림사지 궁남
　　　　　 지 국립부여박물관

　　　　　 2일 백제문화단지 무량사 서동요테마파크 대조사 장하리삼층석탑

주소 충남 부여군 부여읍 능산리　**전화** 부여군청 0418302114

웹사이트 부여군청 buyeotour.net

2인비용 교통비 8만원, 식사 7만원, 숙박비 5만원, 여비 3만원

내가 처음으로 답사 다운 답사를 했던 곳이 조선왕릉이다. 서울에서 가
깝고 한적해서 가족과 소풍 차원으로 시작했다. 땅에 묻힌 왕의 생애를
더듬어보며 그들의 공과를 내 나름의 잣대로 평가도 하고 안타까운 탄
식도 함께했다. 여러 답사 경험을 통해 느낀 것은 왕의 업적과 성격 그
리고 시대상황이 석물에 고스란히 반영되어 있다는 점이다. 태조 이성
계는 조선을 개국한 왕답게 문인석, 무인석에 힘이 넘쳐흘렀고, 임진왜
란을 맞은 선조의 석물은 왜소하고 조잡하기 그지없다.

왕릉을 벗어나 우리나라를 빛낸 선조들의 흔적까지 답사 영역을 넓혔
다. 그렇게 떠난 여정이 신라 왕부터 시작해서 망우리 공동묘지의 독립
투사까지 다양하게 이루어졌다. 시공을 초월한 대화를 나누는 데 그 묘
미가 있었다.

부여의 백제왕릉원은 순전히 백제의 왕들을 만나는 곳이다. 고구려 고

분의 웅장함과 신라고분의 화려함은 이곳에서 찾아볼 수 없다. 충청도 사람의 부드러운 성격을 반영하듯 백제의 고분은 막사발을 엎어 놓은 것처럼 담백하다. 아무래도 역사는 점령자의 몫인가 보다. 백제 고분들은 일제강점기 전까지 맨땅에 방치되었고 지금도 능이 누구의 것인지 다 밝혀내지 못하고 있으니 말이다.

백제의 고분 중 동하총에 사신도가 그려져 있다. 원래의 능은 굵은 자물통으로 채워 놓았고 모형릉의 벽화를 통해 백제인의 우아한 손길을 확인할 수 있었다. 벽화야말로 고구려 사람의 전매특허인데 백제 고분에도 있다는 것은 두 나라 사이에 활발한 교류가 있었다는 것을 말해준다. 동쪽에 청룡, 서쪽에 백호, 북쪽 현무, 남쪽 주작이 그려져 있고 천장에는 연꽃구름이 하늘하늘 날고 있다.

부여 능산리 고분군에는 비운의 왕 의자왕의 능이 따로 모셔져 있다. 혹시 고구려 마지막 왕의 이름을 아는가? (답은 보장왕이다.) 그것을 아는 사람은 많지 않지만 백제의 마지막 왕의 이름은 삼척동자도 안다. 부르기 쉬운 이름이어서일까? '삼천궁녀'로 대변되는 사치와 향락의 이미지가 박혀서일까? 백제 멸망을 지켜본 왕이어서인지 의자왕만큼 역사적으로 왜곡된 평가를 받는 인물도 드물다. 삼천궁녀만 해도 야사에 떠도는 말이지 정확한 숫자는 아니었다. 그저 '많다'라는 상징적 숫자일 뿐이다. 궁녀뿐 아니라 소정방의 당군이 재물을 약탈하고 아녀자를 능멸하자 귀족부인까지 낙화암을 찾았다고 한다.

삼국사기를 보면 의자왕은 용감하고 결단력 있는 인물로 묘사된다. 무왕의 맏아들로 부모에게 효도하고, 형제에게 우애가 있어 '해동의 증자'라고 추앙받았다고 한다. 즉위 이듬해에 신라의 40개 성을 함락하고 신라의 대야성을 점령하여 1만 명의 포로를 사로잡을 정도로 신라를 위협했던 왕이다. 고구려 말갈과 동맹을 맺어 30개 성을 쳐부술 정도로 외교적 수완도 뛰어났다.

그러나 백제의 멸망을 막지 못했기에 태자 융과 신하 1만 3000명과 함께 당나라로 압송돼 4개월 만에 병으로 죽고 만다. 수백 년간 이어온 나리기 한순간에 사라졌으니 그 죄책감 때문에 시름시름 앓다가 세상을 하직했을 것이다.

백제의 후예들은 의자왕 묘 찾기 사업을 펼쳤고 1995년 드디어 중국 허난성 낙양시 맹진현 봉황대촌 부근에서 의자왕 묘역으로 추정되는 지역을 확인하는 성과를 올렸다. 그리고 2000년 4월 의자왕 영토(靈土)를 모셔와 부여 고란사에 봉안했다가 그해 9월, 드디어 능산리 백제왕릉원에 모시게 되었다.

의자왕과 태자 융의 영토를 모시고 각각 단을 세웠고, 관 속에 영토를 봉안하고 부여 융 묘지석 복제품을 담았다. 의자왕이 타국에서 눈을 감은 지 1340년 만에 백제의 땅으로 돌아온 것이다. 의자왕을 다시 고향으로 모신 부여 사람들에게 박수를 보낸다.

Travel Info

친절한 여행팁 부여박물관에서 꼭 봐야 할 것들 백제의 건물터에서 발견된 산수문전은 신선이 사는 봉래산과 불로초가 있는 삼신산을 그리고 있다. 도깨비가 귀여운 연꽃도깨비무늬전돌, 꽃잎이 넓고 도톰한 연꽃무늬 와전 등 백제의 곡선미에 맘껏 취해볼 수 있다. 우리나라에서 가장 오래된 요강인 호자는 백제 사람들이 요강을 손잡이로 들고 용변 보는 모습을 상상하게 한다. 군수리 절터에서 발견된 거북상은 손가락을 길게 빼고 살며시 고개를 돌려 배시시 웃고 있는 모습이 일품이다.

가는 길 서울 → 경부고속도로 → 천안논산간고속도로 → 서논산IC → 부여
맛집 나루터식당(장어구이, 041-835-3155, 부여읍내), 구드래돌쌈밥(쌈밥, 041-836-0463, 구드래나루터), 백제의 집(연잎밥·서동마밥, 041-834-1212)
잠자리 아리랑모텔(041-832-5656, 부여읍내), 크리스탈모텔(041-835-1717, 부여읍내), 백제산광호델(041-035 0870, 부여읍 쌍북리), 롯데부여리조트(041-939-1000, 규암면 합정리)
주변 볼거리 궁남지, 고란사, 정림사지오층석탑, 서동요테마파크, 성흥산성, 무량사, 백제역사문화관

백제부흥운동의 거점
임존산성

Travel Guide

추천시기 3~6월, 9~11월 **여행성격** 연인, 가족 **추천교통편** 자가용, 시외버스, 단체버스
추천일정 1일 예산수덕사IC - 예당저수지 - 조각공원 - 의좋은형제공원 - 광시한우
2일 추사 고택 - 덕산온천 - 충의당 - 수덕사 - 이응노 선생 사적지 - 고
건축박물관

주소 충남 예산군 대흥면 상중리 **전화** 예산군청 041-339-7114 **웹사이트** 예산군청 www.yesan.go.kr
2인비용 교통비 7만원, 식비 8만원, 숙박비 5만원, 여비 3만원

여의도 면적의 3배가 넘는 예당저수지는 규모로 따지면 우리나라 최대
의 저수지이며 충남의 젖줄이자 생태의 보고다. 새벽 물안개가 올라올
때면 청둥오리가 하늘을 수놓아 한 폭의 수묵화 같은 절경을 만들어낸
다. 거기다 중부권 최고의 낚시 명소로 알려져 전국 낚시대회가 열릴 만
큼 포인트가 즐비하다. 군이 낚싯대를 드리우지 않더라도, 대흥면 부근
에 생태공원이 조성되어 데크 위를 산책하며 호수를 둘러보는 재미가
쏠쏠하다.

예당관광지에는 호수를 배경으로 삶의 체온을 느낄 수 있는 조각품이
전시되어 있으며 그림 같은 풍경을 접할 수 있도록 정자가 세워져 있
다. 잔디광장, 야영장, 조각공원, 산책로, 야외 공연장 등 각종 시설까
지 잘 갖춰져 있다. 고목 아래 대흥동헌은 조선 태종 7년에 창건한 관아
로, 마당에 곤장 등 관아의 형벌기구가 놓여 있다. 동헌 뒤편으로는 장

독이 가득해 어머니의 따뜻한 손길을 상상하기에 그만이다. 동헌 바깥은 예산의 실존인물 이성만, 이순 형제의 우애를 다룬 '의좋은 형제' 동상이 서 있다. 형제가 밤중에 서로에게 볏단을 몰래 갖다 주려다가 마주친다는 내용으로, 초등학교 교과서에도 실린 형제애를 눈으로 확인할 수 있다. 뒤편에 마음이 푸근해지는 전원드라마인 〈산너머 남촌에는〉의 세트장이 자리하고 있다.

예산의 진수를 맛보고 싶다면 봉수산자연휴양림을 거쳐 봉수산 정상까지 올라보자. 차량을 가져왔다면 봉수산자연휴양림 등산로 입구에 세우는 것이 좋다. 주차비는 받지 않는다. 이왕이면 휴양림 통나무집에서 하룻밤을 머물면 금상첨화다.

무릎이 뻐근할 정도로 산을 오르면 팔각전망대가 나온다. 거기에 서면 거대한 예당저수지의 모습이 조망된다. 안개라도 깔리면 저수지는 솜털 이불로 바뀐다. 북동쪽에 광덕산, 남동쪽에 계룡산, 칠갑산, 남쪽 성주산과 오서산, 용봉산 가야산 등 충남의 명산이 예당저수지를 호위하는 듯하다.

임존산성 성채 위로 등산로가 놓여 있으니 발아래를 유심히 보라. 돌무더기가 허물어지고 1500년 동안 흙이 쌓여 성벽의 흔적을 찾기가 쉽지 않다. 낙엽이 수북하게 쌓여 있어 부엽토 길을 걷는 맛이 그만이다. 남문지에 이르자 하늘이 열리고 복원된 성채가 뱀이 지나가는 것처럼 꿈틀거리고 있었다.

아래로 내려가면 임존산성 약수가 나온다. 흑치상지 장군과 백제 유민들이 오래 버틸 수 있게 한 생명수다. 말과 수레가 다닐 정도로 성벽의 폭이 넓다. 백제가 망하자 의자왕 사촌동생인 복신, 도침과 흑치상지가 이곳을 백제 부흥운동의 거점으로 삼았다.

추사고택은 조선 후기 대표적인 실학자이자 조선 최고의 명필인 추사 김정희가 태어나고 자란 집이다. 원래 50칸이 넘는 큰 집이었으나 지금은 온돌방 3곳과 대청마루로 이루어진 고택과 영정이 모셔진 사당만 남아 있다. 고택에서 선비의 단아한 분위기가 풍겨 나오는데, 모사품이지만 제주도 유배 시 그렸던 세한도와 기둥마다 걸려 있는 주련이 볼만하다. 유려한 추사체에 감탄해도 좋고 그 속뜻을 음미하다 보면 그의 문자향과 서권기에 흠뻑 빠져들게 된다.

한문에 익숙하지 않은 관광객을 위해 친절하게도 설명문이 붙어 있으니 그리 부담을 갖지 않아도 된다. 추사의 묘소는 고택 뒤 언덕에 모셔져 있으며 비석만 달랑 하나 서 있어 무척이나 소박하다. 큰길을 따라 300m쯤 떨어진 곳에 천연기념물인 백송이 우뚝 서 있는데 부친 김노경을 따라 청나라 연경에 갔다가 돌아올 때 필통에 백송 종자를 넣어와 고조부 묘 옆에 심은 것이 오늘날 천연기념물이 될 정도로 자랐다. 밀가루가 묻어 있는 것처럼 소나무의 겉면이 하얗다.

Travel Info

친절한 여행팁 광시한우 광시는 예산의 한우 1번지로, 작은 시골 면소재지에 정육점과 식당이 32개나 밀집해 한우암소타운이 형성되어 있다. 광시한우타운은 30여 년 전부터 2~3개 정도의 정육점에서 수소를 도축 판매하다가 일부 정육점에서 암소고기를 팔기 시작했는데, 부드러운 육질과 뛰어난 맛으로 유명세를 타기 시작하면서 전국적 명성을 얻었다. 꽃등심과, 육회, 부속고기 등 다양한 한우고기를 맛볼 수 있으며 한우를 저렴하게 구입할 수 있다.

가는 길 서울 → 서해안고속도로 → 대전당진간고속도로 → 예산수덕사IC → 예산 → 21번 국도 → 예당저수지 **맛집** 매일한우타운(한우, 041-333-2604, 광시면), 신창집(곱창, 041-338-2357, 삽교읍), 쌍둥이삽교숯불곱창(041-561-5111, 삽교), 또순네식당(밴댕이찌개, 041-337-4314, 덕산)

잠자리 봉수산자연휴양림(041-339-8936, 대흥면 상중리), 그랜드모텔(041-334-8934, 예산읍 창소리 161), 임페리얼모텔(041-334-1311, 예당저수지)

주변 볼거리 예당저수지, 향천사, 남은들상여, 추사고택, 광시한우

바람이 머무는 곳, 당진포구에서 맛보는 바다 별미

당진포구 맛기행

Travel Guide

추천시기 사계절 **여행성격** 가족, 연인 **추천교통편** 자가용, 단체버스
추천일정 1일 서해안고속도로 – 행담도 – 당진IC – 필경사 – 성구미포구 – 장고항 – 도비도
2일 삽교호관광지 – 솔뫼성지 – 합덕성당 – 합덕수리민속박물관 – 신리성지

주소 충남 당진시 석문면 교로리 왜목마을
전화 당진시청 041-350-3114 **웹사이트** 당진시청 www.dangjin.go.kr
2인비용 교통비 6만원, 식비 8만원, 숙박비 5만원, 여비 3만원

동해의 일출이 웅장하고 힘이 넘친다면 왜목마을의 일출은 바다가 한 순간 짙은 황톳빛으로 물들어 질박한 충청도 사람의 심성을 보는 것 같 다. 서해안임에도 해돋이를 볼 수 있는 이유는 지형이 남북으로 길게 뻗은 땅꼬리를 가지고 있기 때문인데, 당진철강단지의 뜨거운 용광로 가 연상되기도 하고 당진에 터를 잡고 살았던 심훈의 소설책을 펼치는 듯하다. 특히 11월과 2월에는 붓을 거꾸로 세운 모양의 노적봉에 해가 걸리는데, 일명 '총의 가늠자 일출'이 연출되어 전국의 사진작가들을 불 러 모은다. 작은 동산인 석문산(79m)을 산책 삼아 오르면 아늑한 왜목 해수욕장이 내려다보인다. 기암괴석과 올망졸망한 섬, 포구의 어선들 이 조화를 이루고 있어 마치 한 폭의 동양화를 마주한 기분이다. 빈대 편으로 시선을 던지면 도비도와 난지도로 떨어지는 해넘이가 가슴을 후벼 판다. 해변을 따라 데크길이 조성되어 있어 바다를 옆구리에 끼고

타박타박 걸으면 좋다. 산책로 끝자락에는 방파제가 길게 놓여 있다. 이곳에 낚싯대를 드리우면 묵직한 놀래미의 손맛을 볼 수 있다. 밤이 되면 달빛에 물든 바다가 묘한 감흥을 불러일으킨다. 한여름 야영할 수 있도록 야영장이 조성되어 있다.

심훈 문학의 산실인 필경사는 일제 치하 저항시인이자 소설가인 심훈이 서울 생활을 청산하고 아버지가 계신 송악면 부곡리에 내려와 「영원의 미소」 「직녀성」 등 작품 활동을 하던 중 초가지붕의 아담한 한옥을 직접 설계하여 필경사라 명명한 곳이다. 1935년 우리나라 농촌계몽소설의 대표작인 「상록수」를 집필한 현장이기도 하다. 낡은 벽시계와 때 묻은 호롱, 오래된 잉크병까지 심훈의 문향이 절로 피어오른다. 필경사 앞마당에는 녹슨 쇠로 만든 상록수와 철제 의자가 서 있는데 '그날, 쇠가 흙으로 돌아가기 전에 오라'라는 심훈의 시구가 걸려 있어 필경사 뒤편 철강단지에 묘한 메시지를 전하고 있다.

행담도 휴게소는 활처럼 휜 서해대교를 가장 멋지게 볼 수 있는 포인트다. 충남 당진과 경기도 평택을 연결하는 꿈의 다리로, 1993년부터 2000년까지 7년의 대 역사 끝에 완공되었다. 1월에는 63빌딩 높이와 맞먹는 대교 주탑 사이로 해가 떠오른다. 밤에는 은은한 조명이 다리를 비추어 야경 또한 놓치기 아깝다. 송악IC를 빠져나와 77번 국도에 올라 서쪽으로 달리면 질박한 포구가 연이어 나타난다. 삼국시대 당나라와 해상무역을 했던 한진포구는 매년 바지락 축제를 개최할 정도로 갯벌이 찰져 바지락 칼국수를 맛보기 위해 일부러 찾는 항구다. 안섬포구는 박속낙지탕으로 유명하다. 새끼를 낳은 소의 기력을 되찾게 해준다는 당진산 낙지와 큼직한 박속을 잘라 넣고 끓이면 시원한 국물이 우러나는데 숙취해소에 그만이다. 바다 건너편, 아산만의 야경은 당진 여행의 덤이다. 성구미포구에 가면 쫀득하고 새콤한 간재미 무침을 맛볼 수 있다. 김장철이 되면 젓갈을 사려는 관광객으로 포구는 발 디딜 틈 없이 붐빈다. 시원스런 석문방조제를 따라 바람을 가르며 내달리다 보면 장고항을 만난다. 포구를 에워싼 육지의 모습이 마치 기다란 장구를 닮았나고 해서 '북 고(鼓)' 자를 쓰는 이곳은 실치의 주산지다. 국화도가 훤히 보이는 장고항 방파제에 올라 낚싯대를 드리우면 놀래미나 숭어의 손맛을 볼 수 있다. 포구 뒤편 용무치해변에는 너른 갯벌체험장을 조성해 아이들이 신나게 뛰어논다. 마을 초입에 실치잡이 배의 실물과 포구를 상징하는 미술작품이 서 있어 교육장소로 그만이다.

장고항에서 길이 7km 대호방조제를 따라가면 도비도 농어촌 휴양단지가 나온다. 원래 섬이었으나 방조제를 축조하면서 육지로 바뀌어 현재는 환경농업의 산교육장으로 거듭났다. 광활한 대호환경농업시범지구와 습지를 이용한 생태공원, 아이들을 위한 농어촌 체험학습, 갯벌체험, 철새탐조가 가능하며 난지도 뒤편으로 황홀한 일몰이 펼쳐진다. 콘도식 숙박시설(95개실)과 조각공원, 수산물직판장까지 갖추고 있다. 전망대에 오르면 당진, 서산 일대의 바다와 바둑판식 논을 볼 수 있다. 농축 미네랄이 풍부한 암반해수를 지하 200m에서 끌어올린 암반해수탕(041-351-9300)에서는 바다와 섬들이 펼쳐진 아름다운 경관을 즐기며 휴식을 취할 수 있다. 도비도 선착장에서는 난지도를 오가는 정기선이 운행된다.

Travel Info

가는 길 서해안고속도로 → 송악IC → 부곡고대국가공단 → 한진포구 → 현대제철 → 성구미포구 → 석문방조제 → 장고항 → 왜목마을 → 대호방조제 → 도비도 → 삼길포

맛집 등대횟집(실치회, 041-353-0261, 장고항), 해안선횟집(활어회, 041-353-6757, 장고항), 용왕횟집(실치회, 041-352-4649), 제일꽃게장(간장게장, 041-353-6379, 당진시청)

잠자리 장고항펜션(041-352-3522), 서해1박2일펜션(041-353-9511), 왜목하우스(041-354-2911), 해인선횟집민박(041-353-6757), 도비도농어촌휴양단지(041-351-9200, www.dobido.or.kr)

주변 볼거리 안국사지, 필경사, 면천읍성, 영탑사, 당진 5일장(5·10일), 도비도, 함상공원

가로림만의 땅끝, 바닷물 마시는 코끼리바위

황금산

Travel Guide

추천시기 7~8월, 10~12월　**여행성격** 가족, 단체　**추천교통편** 자가용, 단체버스
추천일정 1일 당진IC – 삼길포항 – 삼길포유람선 – 황금산 등산
2일 웅도 – 안견기념관 – 정순왕후 생가 – 해미읍성 – 개심사 – 서산마애삼존불상
주소 충남 서산시 대산읍 독곶리
전화 서산시청 041-660-2114　**웹사이트** 서산시청 www.seosantour.net
2인비용 교통비 7만원, 식비 10만원, 숙박비 5만원, 여비 3만원

서산 땅끝에서 황금을 발견했다. 세찬 파도와 해풍에도 도도함을 잃지 않는 소나무의 기상과 서해의 물을 마음껏 들이마시는 코끼리바위의 기묘함에 흠뻑 반해버렸다. 낚싯바늘 같은 태안군 이원면과 서산군 대산의 지형이 마치 꽃게의 집게손가락처럼 가로림의 바다를 막고 있었다. 이곳 지명이 '독곶'인데, 바다를 향해 돌출된 '곶'에 '홀로 독(獨)'을 덧붙였으니 사람의 발길이 미치지 않는 오지임이 드러난다. 오로지 바람과 갯벌만 있을 뿐. 외로움을 견디지 못해 온몸으로 용솟음치는 산이 바로 황금산이다.

해변이나 산이나 온통 바위와 자갈뿐이다. 이 자갈밭에 독곶 사람들을 먹여 살리는 가리비가 숨어 있다. 하긴, 돌이 금괴였다면 알싸한 서산 굴을 어떻게 먹을 수 있으며 바삭바삭한 감태의 오묘한 맛을 어찌 알았겠는가. 아무짝에도 쓸모없는 황금보다야 대대로 풍요로운 먹을거리를 선사하는 자살이 더 가치 있음을 황금산은 깨닫게 해준다.

산이라고 해봐야 마을 뒷산 오르는 것보다 수월하다. 해발 130m로 아담한 크기다. 백두대간의 설악산과 오대산처럼 성난 얼굴도 아니다. 황금산에는 저녁 찬거리를 위해 갯벌로 들어가는 스산(서산) 아줌마의 평온함이 묻어 있다. 동해에서 젊음의 열정을 보았다면 이곳에서는 황혼의 관조를 즐기면 된다. 산길도 완만하고 생각보다 널찍한데 사람의 손을 덜 타서 그런지 해송과 잡목이 빼곡하다. 해변 쪽으로 내려가면 길은 철갑옷을 두른 듯 돌투성이지만 안쪽은 부드러운 황톳길이 이어지며 송림이 울창해 삼림욕장에 들어선 기분이다. 주차장에서 15분쯤 오르면 사거리가 나온다. 거기서 정상까지는 계단 따라 땀을 뻘뻘 흘리며 올라가면 된다. 해발 156m, 황금산 정상 표지판이 반긴다. 봉수대 옆에 서면 바다 건너편 벌천포가 가깝게 다가온다. 그 옆에 임경업 장군의 초상화를 모신 당집인 황금산사가 자리 잡고 있다. 어부들의 풍어를 기원하며 고사를 지내는 장소다. 철저한 친명배청파(親明排淸派)인 임경업 장군이 명나라에 구원병을 요청하러 갈 때 주로 태안을 통해 바다로 나갔는데 오묘한 신통력을 발휘했다고 한다. 바다 한가운데서 생수를 구했고 가시나무로 조기를 잡아 군사들이 허기를 면하게 해주었다고 한다. 이런 전설 때문에 임경업은 고기떼를 몰고 다니는 영웅신이 되었다. 연평도에도 임 장군을 모신 충렬사가 있고 이곳 황금산에도 사당이 있으니 임 장군의 힘을 빌려 서로 조기떼를 끌어오려고 했던 것이다. 다시 사거리에서 자갈길을 따라 10분쯤 내려가면 아기자기한 자갈 해변이 나타나고 그 한쪽에 서해 바닷물을 마시고 있는 코끼리바위를 만난다. 밀물 때는 물을 마시는 코끼리를 보게 되고, 썰물 때는 하늘 문이 열려 그 사이로 들어가 해변을 휘감아 돌게 된다. 물이 빠졌을 때는 해변을 따라 수월하게 걸을 수 있지만, 물이 찼다면 가파른 바위와 언덕을 오르내려야 한다. 코끼리 뒤편으로는 기암괴석이 우뚝 솟아 있는데 해풍과 파도에도 굳건히 버티고 있는 소나무가 장엄하게 보인다. 바위에 자일이 놓여 있어 꼭대기에 오르면 거침없는 바다 풍경을 만난다.

코끼리 바위 뒤쪽으로 해안을 감아 돌면 해식동굴이 나타나고 다시 산을 오르면 삼거리에 닿는다. 대략 3시간이 소요된다.

서산과 태안의 경계선은 동양 최대의 대호방조제(7.8km)로 연결된다. 그 끄트머리에 서해의 미항인 삼길포항이 있다. 활처럼 휜 방파제가 튼실하고 아름다워 산책코스로 그만이며, 그 끝에 삼길포의 아이콘인 빨간 등대와 우럭 조형물이 서 있다. 우럭의 코를 만지면 아들을 낳는다는 속설 때문에 신혼부부들이 일부러 찾기도 한다. 삼길포해상관광유람선(041-663-7707)을 타면 비경도, 대난지도, 소난지도, 소조도, 대조도 등 점점이 찍어 놓은 섬들을 1시간 동안 유람한다. 삼길포항에서 오솔길을 따라 30분쯤 오르면 봉수대 전망대가 나온다. 난지도를 중심으로 주변 열도와 승봉도, 이작도, 선갑도는 물론 멀리 덕적도까지 눈에 들어온다. 난지도로 떨어지는 일몰과 대산석유화학단지에서 뿜어 나오는 불빛이 만들어내는 야경을 감상할 수 있는 전망 포인트다.

서쪽 땅끝, 태안을 달리다
태안 해수욕장 순례

Travel Guide

추천시기 6~8월 **여행성격** 연인, 가족 **추천교통편** 자가용, 시외버스, 단체버스

추천일정 1일 서산IC – 만대땅끝마을 – 사목독살 – 학암포해수욕장 – 구례포해수욕장 – 신두리사구

　　　　2일 구름포해수욕장 – 의항해수욕장 – 천리포해수욕장 – 만리포해수욕장 – 파도리해수욕장

주소 충남 태안군 원북면 방갈리 515–81

전화 태안군청 041–670–2544 **웹사이트** 태안군청 taean.go.kr

2인비용 교통비 10만원, 식비 10만원, 숙박비 5만원, 여비 3만원

태안은 해수욕장 천국이다. 북쪽 만대에서 남쪽 영목항까지 1300리 해안을 따라 30여 개의 해수욕장이 보석처럼 숨어 있다. 걸어가면 해수욕장이고 갯벌을 파면 청정 먹거리가 지천으로 깔려 있다. 그렇기에 태안이 곧 바다며, 바다가 죽으면 인간의 삶까지 송두리째 망가지게 된다.

해수욕장 순례에 나선다면 북쪽 학암포부터 일정을 시작하는 것이 좋다. 태안국립공원 중에서도 해안과 해수욕장의 풍경이 아름답기 때문이다. 특히 해변 바로 앞에 떠 있는 바위섬인 소분점도 너머로 떨어지는 일몰은 태안 여정의 백미다. 학암포는 해변이 두 개로 이루어졌다. 포구를 중심으로 동쪽은 곱고 너른 백사장이 형성되어 있고, 서남쪽은 모래밭과 기암괴석이 바다와 어우러져 있다. 학암포는 본래 분점(盆店)이란 이름으로 널리 알려졌는데 조선 중엽에 이곳에서 질그릇(동이, 바탱이)을 만들어 중국에 수출하고 남은 것은 국내용으로 사용했기에 분점이란 이름을 얻었다. 70년 전만 해도 이곳에 가마터가 있었는데 지금은 그 흔적조차 찾기 어렵다. 학암포 아래쪽 구례포해수욕장은 송림과 너른 바다가 시원스럽다. '석갱이'라는 해변휴양지는 오토캠핑장으로 널리 알려져 있다. 구례포 해변은 드라마 〈용의 눈물〉 촬영지였는데 극중 대형 전투장면을 찍을 당시 겨울 분위기를 내기 위해 해변에 엄청난 양의 소금을 뿌렸다고 한다.

신두리해수욕장은 모래사구로 유명하다. 해변이 북서쪽을 향하고 있어 겨울에 북서계절풍을 직접 맞는다. 긴 세월과 모진 바람이 작은 모래를 실어 조금씩 쌓인 것이 거대한 언덕을 만들어낸 것이다. 바람의 방향에 따라 언덕의 위치와 크기가 수시로 바뀌는데 사구, 사구초지, 사구습지, 사구임지 등 사구에 나타날 수 있는 모든 자연 여건을 볼 수 있어 아이들 생태코스로 그만이다. 아라비아 로렌스가 되어 사구길을 거닐어도 좋고 신두리 언덕에 올라 한적한 해변을 내려다봐도 그만이다. 백사장이 단단해 지프가 달려도 빠지지 않는다. 해변 따라 길게 이어진 펜션 건물이 마치 지중해의 바닷가를 연상케 할 정도로 아름답다.

신두리에서 만리포 방향으로 가려면 소근진과 의항을 잇는 해안도로를 이용하는 것이 좋다. 해안선을 따라 꼬불꼬불 이어지는 드라이브 코스가 절묘하며 바다를 가로지른 방파제길 덕에 의항까지 30분이 단축됐다. 구름포-십리포-백리포-천리포-만리포-파도리까지 해수욕장이 주렁주렁 매달려 있다. 해변 따라 걷는 것도 괜찮은데 구름포에서 만리포까지는 도보로 3시간이 걸린다. 소원반도 제일 끝자락에 자리 잡은 구름포는 아기자기한 해변, 손에 묻을 것 같은 고운 모래, 머리 위까지 올라간 해안사구가 자랑이다.

구름포 아래 의항해수욕장(십리포)은 지형적인 생김새가 개미목처럼 닮았다고 하여 의항(蟻項)이란 이름을 가지고 있는데, 부드러운 곡선의 해변이 여성적인 분위기를 풍기며 황홀한 낙조가 볼만하다. 의항에서 백리포 가는 길에 난 비포장 숲길이 운치 있다. 백리포(방주골)해수욕장은 접근하기 어려운 만큼이나 빼어난 경치를 자랑한다. 울창한 해송이 일품이어서 꼭 깅원도 오지 산길을 거니는 기분이다. 천리포에서 마을 안쪽 좁은 산길을 이용해도 좋고, 의항해수욕장에서 고개 넘어 우측의 진입로를 이용해도 좋다. 해변은 새악시의 수줍은 미소를 머금고 있다. 만리포처럼 무지막지하게 크지도 않아 홀로 사색하기에 좋은 해변이다. 모래사구를 보호하는 포집기가 있고 그 안쪽에 사구식물이 자라고 있어 생태체험을 겸할 수 있다.

천리포해수욕장은 갈매기 천국이다. 그만큼 바다가 깨끗해졌음을 말해준다.

닭섬이 바다 위에 서 있어 일몰을 감상하기에 좋다. 천리포 수목원은 국내외 희귀 수목들로 가득하다. 천리포 수목원을 끼고 남쪽으로 내려가면 서해안 최고의 해수욕장인 만리포가 길게 이어진다. 해남의 땅끝이 남쪽을, 호미곶이 반도의 동쪽을 차지하고 있다면, 만리포는 서쪽 땅끝이다. 모래가 비단결처럼 곱고 수심이 얕고 수온이 높아 아이들이 물놀이하기에 좋다. 만리포 사랑 노래비와 정서진 표식비가 서 있다.

Travel Info

친절한 여행팁 꽃 천국 태안 태안은 일 년 내내 축제와 꽃이 어우러진다. 4월에 몽산포 주꾸미축제와 튤립축제, 6월에는 태안의 육쪽마을축제, 6~7월은 태안읍 송암리 일원에 국내 최대의 백합꽃축제가 열리고, 7~8월은 남면 신장리 청산수목원에 연꽃축제가 열린다. 9월엔 다알리아 축제. 9~10월 신진도에서 꽃게축제가 열린다.

가는 길 서울 → 서산IC → 서산 → 태안 → 603번 지방도 → 만대 → 학암포
맛집 천리포식당(간재미회, 041-672-9170, 천리포항), 이원식당(박속낙지탕, 041-672-8024, 이원면 포지리), 흙도회관(자연산 생선회, 041-672-5353, 모항항), 안흥하우스(꽃게탕, 041-675-1021, 안흥항)
잠자리 하늘과바다사이(041-674-6666, 신두리), 태안비치리조트(041-675-5454, 갈음이), 노을펜션(041-674-7172, 원북만 방갈리)
주변 볼거리 태안마애삼존불상, 안흥성, 오키드타운, 카밀레 농원, 신진도

황금빛 노을이 유혹하는
안면도 해변길

Travel Guide

추천시기 사계절 **여행성격** 연인, 단체 **추천교통편** 자가용, 고속버스, 단체버스
추천일정 1일 홍성IC – 천수만 – 버드랜드 – 안면암 – 백사장항 – 해변길 꽃지해변 일몰
2일 안면도자연휴양림 – 장삼해수욕장 – 바람아래해수욕장 – 고남패총박물관 – 가경주항

주소 충남 태안군 안면읍 승언리 **전화** 태안군청 041-670-2544 **웹사이트** 태안군청 taean.go.kr
2인비용 교통비 8만원, 식사 8만원, 숙박비 5만원, 여비 3만원

'편안하게 쉴 수 있는 섬(安眠島)'은 그저 이름에 불과한 것일까. 이는 안면도의 진면목을 보지 못한 사람들의 푸념일 뿐이다. 아직까지 안면도에는 사람들의 시선을 덜 받으며 자연미를 고스란히 간직한 곳이 많다. 천수만을 끼고 있는 동쪽 해안선에는 예쁜 포구가 숨어 있고, 아버지 등처럼 넓은 염전이 있으며 신명나게 조개를 잡을 수 있는 갯벌도 지천에 깔려 있다.

그중 젊은이들의 최고의 데이트 코스는 꽃지해수욕장이다. '꽃지'라는 어감부터 연인의 소매를 끌어당기는 매력이 있다. 백사장 길이만 3.2km, 걸어서 끝까지 다녀오면 다리가 뻐근할 정도지만 사랑하는 이와 함께라면 없던 힘도 솟아난다. 사람들이 꽃지를 찾는 가장 큰 이유는 할미바위 옆으로 떨어지는 낙조 때문이다. 변산의 채석강, 강화도의 석모도와 더불어 우리나라 3대 낙조로 손꼽힌다. 각각 전라도, 충청도, 경기도의 대표 선수들로, 자연이 그려낸 장엄한 스펙터클에 마음껏 감동할 만하다.

해가 수평선으로 꼴깍 넘어갔다고 발걸음을 돌리면 고수가 아니다. 일몰의 하이라이트는 바다를 노란색으로 칠해버린 노을에 있다. 해수욕장은 야간 데이트 코스로도 손색없다. 은은한 나트륨 조명이 깔릴 때 출렁이는 파도 소리에 맞춰 걸으면 분위기가 후끈 달아오른다.

안면도 일몰을 만나는 가장 멋진 방법은 최근에 연결된 해변길을 걷는 것이다. 안면도 서쪽은 삼봉－기지포－안면－두여－밧개－방포－꽃지－샛별－운여－장삼－장돌－바람아래까지 해수욕장이 꼬치처럼 줄줄이 이어져 있다. 이런 풍경들을 차로 지나치기에는 너무 아깝다. 눈이 시리도록 애잔한 안면도 바다를 가슴에 품고 싶다면 해변길을 거닐자. 해변길은 안면도 백사장항에서 꽃지해변까지 12km. 백사장항에서 해물칼국수로 배를 채우고 바닷길에 오르면 된다.

삼봉전망대에서 짐승 이빨 모양의 리아스식 해안을 조망하고 본격적인 솔숲길에 들어선다. 여름철 캠핑족으로 북적거리는 삼봉야영장을 지나면 기지포해변에 들어선다. 갯메꽃, 갯그령 등 해안 사구식물을 볼 수 있는 자연관찰로가 잘 만들어져 있다. 쭉쭉 뻗은 곰솔숲을 거닐면 세파의 찌든 때가 훌훌 날아간다. 안면해수욕장의 소나무 데크길을 지나 언덕을 오르면 간식 먹기 그만인 두여전망대가 반긴다.

손바닥만 한 섬과 특이한 지질을 볼 수 있는 전망포인트로, 경치가 수려해 드라마에도 자주 등장한 곳이다. 방포해변에 들어서자 노을이 바다를 황금빛으로 물들인다. 방포해변에서는 독살을 볼 수 있다. 돌그물을 쌓아 밀물 때 들어온 물고기가 썰물 때 안에 갇혀 나가지 못하게 해 고기를 건져 올리는 전통어로법이다.

방포전망대에 올라 숨 한 번 내쉬며 바다의 기를 가슴에 밀어 넣고 방포항을 어슬렁거린다. 갈매기에 시선 한 번 주고 꽃지 최고의 조망포인트인 꽃다리에 올라섰다. 다리 위는 전국의 사진작가들로 북석거리 꽃지 일몰의 인기를 실감한다. 바다의 꽃인 꽃지 일몰을 끝으로 안면도 노을 트레킹의 막을 내린다.

안면도 동쪽은 수줍은 천수만과 몸을 맞대고 있어서 잔잔하다. '정당리 소나무 군락지'에서 비포장 산길을 거슬러 올라가면 안면암이 나온다. 산에 자리해야 할 암자가 조용한 바닷가에 펜션처럼 서 있어 기분이 묘하다. 절집이 아니라 멋진 경관을 내려다보는 전망대처럼 보인다. 2층 관음전 난간이 조망포인트다.

안면암의 최고 볼거리는 지네처럼 생긴 부교다. 밀물 때 다리가 뜨고 썰물 때 가라앉는 부교가 200m나 이어지고 있다. 다리 위를 쿵탕쿵탕 걸으며 양편에 펼쳐진 갯벌을 감상하는 것도 천수만 바다가 주는 선물이다. 펄에는 싱싱한 석화가 숨 쉬고 있으며 미끌미끌한 망둥어와 자라까지 눈에 띈다. 안면도의 동쪽에 자리해 일출 포인트로 사진작가들이 알음알음 찾아온다. 안면암에서 일출을 감상하고 꽃지에서 일몰을 볼 수 있으니 '한반도의 축소판'이라 불러도 좋을 듯싶다.

Travel Info

친절한 여행팁 **안면도 해변길** 안면도에서는 일출과 일몰을 동시에 볼 수 있다. 황도나 안면암에서 일출을 찍고 백사장항에서 점심을 든든하게 먹는다. 1시쯤 백사장항을 출발하면 5시쯤 꽃지에 도착해 일몰을 맞는다. 백사장항-삼봉해변-기지포해변-안면해변-두여전망대-밧개해변-방포해변-꽃지해변(총 12km, 4시간 소요). 걷는 게 부담이라면 안면해변부터 꽃지해변까지 2시간 코스에 도전해도 좋다. 안면암은 밀물 때 찾아야 바다 위 부표를 거닐 수 있으니 미리 물때를 확인하자.

가는 길 서울 → 서해안고속도로 → 홍성IC → 96번 지방도 → 서산AB방조제 → 갈산교차로(좌측 안면도 방면 → 백사장항

맛집 전망대회센타굴밥(굴밥 · 간재미회, 041-663-9121, 천수만), 백사장항자연산수산물어시장(활어회 · 조개구이, 041-673-1008), 남일식당(졸복, 041-673-7039, 고남면)

잠자리 안면도자연휴양림(041-674-5019), 바다솔향기펜션(041-673-6427, 대야도), 풀하우스(041-673-5366, 장곡해수욕장), 씨앤썬펜션(041-672-5100, 안면도)

주변 볼거리 김좌진 장군 생가, 가경주향, 한용운 생가, 민족시비공원, 안면도자연휴양림, 샛별해수욕장, 장삼해수욕장, 바람아래해수욕장, 고남패총박물관

부러진 사랑나무
외연도 상록수림

Travel Guide

추천시기 5~9월　**여행성격** 연인, 가족　**추천교통편** 기차, 쾌속선
추천일정 1일 대천항 – 외연도항 – 상록수림 – 돌삭금해변 – 봉화산 등반
　　　　　2일 고라금해변 – 노랑배전망대 – 바다낚시 – 외연도항 – 대천항

주소 충남 보령시 오천면 외연도리　**전화** 보령시청 041-932-2023　**웹사이트** 보령시청 ubtour.go.kr
2인비용 교통비 15만원, 식비 10만원, 숙박비 5만원, 여비 3만원

일상이 힘들고 지칠 때 절해고도에서 며칠씩 뒹굴고 싶다면 외연도 배에 올라타라. 봉화산 정상에서 점점이 찍어놓은 열도를 보노라면 박하사탕을 입에 문 것처럼 가슴이 화해진다. 바람이 잔잔한 새벽이면 중국에서 닭 우는 소리가 들린다는 외연도는 보령이 품은 70여 개 섬 중에서 가장 멀리 떨어져 있다. 희뿌연 해무가 섬을 감쌀 때가 많아 먼발치에서 바라보면 늘 연기에 휩싸인다고 해서 '외연도(外煙島)'라는 이름을 얻었다.

외연초등학교 운동장을 가로지르면 해변으로 넘어가는 고갯마루가 나온다. 뒤를 돌아보면 올망졸망한 집들이 모여 사는 마을이 내려다보이고 크레용을 칠해 놓은 듯 짙은 상록수림이 시야에 들어온다. 전망데크에 오르면 시원스런 바다가 펼쳐지고 그 아래 보석 같은 명금해변이 숨어 있다. 주먹만 한 몽돌과 공룡 알 크기의 바위가 파도와 어우러져 묘한 화음을 들려준다. 내친김에 바지를 걷어 올리고 물속으로 첨벙첨벙 뛰어들어가니 바닥이 훤히 보인다. 비취색 바다를 옆구리에 끼고 산책로를 따라가면 활처럼 휜 돌삭금해변이 반긴다. 마을로부터 떨어져 있는데다 저 멀리 섬까지 솟아 있어 종일 바다만 봐도 지루하지 않을 것 같다. 파도소리 들으며 야영할 수 있도록 데크시설까지 갖추고 있다. 서쪽 고라금해변은 대청도, 중청도, 소청도, 횡견도 등 외연열도를 조망할 수 있는 천연 전망대. 거기다 손바닥 크기의 홍합과 자연산 굴 따는 재미는 외연도가 선물하는 추억거리다.

설화 속에 등장하는 바위를 만나고 싶다면 숲길을 걸어 노랑배전망대에 올라서라. 힘차게 솟아오른 매바위가 육지를 향해 비상하고 있으며, 그 앞에 여인바위가 선정적인 자태를 드러내고 있다. 상투를 닮았다는 상투바위, 고래의 성기를 닮았다는 고래조지바위, 노랑배바위, 병풍바위 등 동화책을 넘기듯 바위종합선물세트가 거침없이 이어진다. 그 뒤로 중청도와 대청도가 물감을 뿌려 놓은 듯 흩어져 있어 해질 무렵 이곳을 찾으면 황금빛으로 물든 바다를 만난다. 그것으로 끝날 일이 아니다. 사방이 어두컴컴해지자 두둥실 떠 있는 고깃배의 불빛이 어화를 빚어내며 하루 피날레를 장식한다.

천연기념물 제136호인 상록수림은 우리나라 남서부 섬의 식물군을 한데 모아둔 식물도감이다. 동백나무, 후박나무, 식나무, 둔나무 등 상록활엽수뿐만 아니라 팽나무, 상수리나무, 고로쇠나무 등 아름드리 낙엽활엽수가 빼곡히 들어차 있어 마치 판타지 영화 속으로 들어간 기분이 든다. 상록수림 안에는 옛날 중국 제나라 왕의 동생인 전횡 장군을 모시는 사당이 자리한다. 제나라가 망하고 한나라가 들어서자 장군은 자신을 따르는 500여 명의 군사와 함께 쫓기는 몸이 되어 동쪽으로 향하다가 외연도에 피신한다.

한 고조가 자신의 신하가 될 것을 요구하며 섬에 들이닥치자 장군은 500여 명의 군사와 함께 자결을 선택했다. 장군의 충의에 감동한 섬사람들이 400년 전부터 제사를 지내오고 있는데 음력 정월 대보름이 되면 전 주민이 모여 풍어와 안전을 위해 당제를 지내고 띠배를 앞바다에 띄운다.

영금해변을 따라 봉화산으로 향하다 보면 약수터가 나타나 어헹지의 갈증을 해소해준다. 산야초가 녹아서 그런지 약수 맛이 좋고 한여름에도 냉기가 느껴질 정도로 시원하다. 근처 팽나무 그늘에 나무벤치가 놓여 있어 이곳에 앉아 바다를 바라보며 약수를 마시거나 낮잠을 늘어지게 자는 호사를 즐겨도 좋다.

봉화산 정상까지는 총 30여 분이 소요되는데 10분쯤 밀림을 헤쳐나가면 나무데크 쉼터가 나오고 그다음은 촉감 좋은 흙길을 밟게 된다. 산 중턱쯤에 포구와 외연열도가 한눈에 내려다보이는 전망 포인트가 나온다. 좀 더 힘을 내서 오르면 허리통만 한 동백나무, 후박나무, 팽나무 군락을 만난다. 봉화산 정상에 봉수대와 축성의 흔적이 남아 있으며 그 꼭대기에 오르면 사방 거침없는 풍경이 펼쳐진다.

Travel Info

친절한 여행팁 기차 타고 떠나는 보령 섬 여행 용산역에서 대천역까지 하루 15차례 새마을호와 무궁화호가 운행되며 2시간 30분이 걸린다. 외연도까지는 대천연안여객선터미널에서 하절기(4~9월) 하루 2차례(08:00, 14:00), 성수기(7/29~8/7)는 하루 3차례(07:30, 12:00, 16:00) 운행하는 쾌속선에 올라타면 된다. 신한해운(www.shinhanhewoon.com, 041-934-2772) 홈페이지에 들어가면 출항시간 확인 및 인터넷 예약이 가능하다. 대천항에서 외연도까지 2시간 15분이 소요되며 날씨에 따라 출항시간이 변경되거나 취소될 수 있으니 반드시 전화로 확인해야 한다.

가는 길 서해안고속도로 대천IC → 77번 국도 대천해수욕장 방향 → 대천연안여객선터미널

맛집 어촌계식당(간재미, 041-931-5750), 용진분식(아구탕, 041-936-5058), 길희네포장마차(낙지볶음, 011-3472 7008)

잠자리 외연도어촌계여관(041-931-5750, 마을 어촌계 운영), 외연도펜션(041-936-6667, 마을 부녀회 운영), 동백민박(041-935-0839, 콘도식)

주변 볼거리 호도, 녹도, 대천항, 성주사지, 석탄박물관, 풍혈, 오천성, 도미부인사당

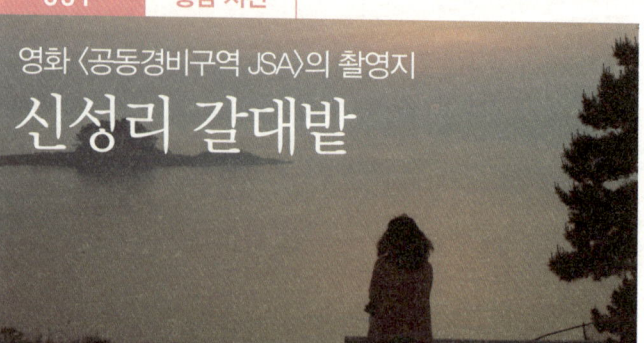

영화 〈공동경비구역 JSA〉의 촬영지
신성리 갈대밭

Travel Guide

추천시기 7~8월, 10~12월　**여행성격** 가족, 연인, 단체　**추천교통편** 자가용, 단체버스
추천일정 1일 동서천IC – 신성리 갈대밭 – 한산모시관 – 문헌서원 – 금강철새탐조대
　　　　　2일 마량포구 해돋이 – 월하성갯벌체험 – 서천해양박물관 – 춘장대해수욕장 – 동백나무숲

주소 충남 서천군 한산면 신성리
전화 서천군청 041-950-4224　**웹사이트** 서천군청 tour.seocheon.go.kr
2인비용 교통비 8만원, 식비 7만원, 숙박비 5만원, 여비 3만원

영화 〈공동경비구역 JSA〉를 보면 칠흑같이 어두운 밤, 사람 키보다 더 큰 갈대밭 속에서 남한군 이수혁 병장(이병헌 분)이 북한군 오경필 중사(송강호 분)에게 "살려주세요!"라고 소리치는 장면이 나온다. 이 장면이 촬영된 곳이 바로 서천 신성리 갈대밭이다. 한산을 지나 금강변 쪽으로 내달리면 금강제방이 나온다. 그 둑방에 올라서면 끝없는 갈대밭이 펼쳐진다. 폭 200m의 갈대밭이 1km 이상 뻗어 있고 면적만도 7만 평이 넘는다. 여름이면 갈대는 생기발랄한 초록을 입고, 가을이면 은은한 갈색으로 갈아입는다. 낙조가 드리우면 갈대밭은 온통 황금 들녘으로 바뀐다. 거기다 30만 마리의 가창오리가 한꺼번에 날면 복권에라도 당첨된 것처럼 행복해진다. 바람이 휑하니 불면 갈대의 움직임은 집단 가무로 바뀐다. '서걱서걱' 갈대 소리는 자연이 인간에게 하는 속삭임 같다. 산책길도 여럿 있다. 시를 음미하면서 걸을 수 있는 갈대숲길,

좌 신성리 갈대밭 **우** 한산모시관

물가 쉼터, 나무다리, 흔들다리 등 다양한 테마 숲길이 조성되어 있어 가슴속 깊은 곳에 숨겨둔 감성을 끄집어내기에 좋다. 일단 숲에 빠져들면 미로찾기를 하는 것처럼 헤어나기 어려워 숨어서 밀애를 즐기려는 연인들의 천국이기도 하다. 아무 생각 없이 갈대만 바라봐도 행복한데, 도도하게 흐르는 금강이 더해져 작은 천국을 만들어내고 있다.

모시는 온몸을 이용한다. 손은 물론 발, 무릎 심지어 이까지 사용해 꼬박 일주일 동안 중노동을 하면 겨우 모시 한 필 손에 쥘 정도로 힘겹다.

Travel Story

비인오층석탑 ··· 전형적인 농촌마을 한쪽에 살포시 숨어 있는 비인오층석탑(보물 제224호)을 만났다. 삐죽 솟아오른 탑이 가수 서수남을 보는 듯하다. 유난히 좁은 기단 위에 날씬한 몸돌을 올려놓았는데 그 발상이 순박하기 그지없다. 몸돌이 위로 솟은 반면 지붕돌은 피자 반죽처럼 옆으로 퍼졌다. 살며시 올려놓은 처마에서 백제인의 미적 감각을 엿볼 수 있다. 백제 정림사지오층석탑과 너무나도 닮았기 때문이다. 탑 앞 느티나무 그늘로 동네 할머니가 어슬렁거리며 다가오신다. 할머니의 패인 주름을 통해 탑의 연륜을 확인할 수 있었다. 얼마나 많은 할머니들이 이 탑을 보며 살아왔을까? "할머니 젊었을 때 참 미인이셨지요?", "처녀 때는 피부도 고왔지." 쑤그러든 회한 때문일까? 할머니는 담배 한 모금 길게 빠신다. "할머니 지금도 미인이세요." 몇 개 남지 않은 치아를 드러내며 씩 웃는 모습이 얼마나 천진난만한지 모른다. 그때를 놓치지 않고 셔터를 눌렀다. 천 년 전 백제여인이 그리울 때면 난 이 사진을 꺼내 본다.

최근엔 화려하고 값싼 인공섬유가 쏟아져 어려움을 겪고 있지만 1500년 한산모시의 전통은 끊어지지 않았다. 모시는 인체에 전혀 해가 없는 천연섬유일 뿐 아니라 기계가 아닌 수작업으로 이루어져 만지면 인간 내음이 풀풀 난다. 백옥같이 희고 잠자리 날개처럼 가벼워서 여름철 옷감으로는 최고로 친다. 한산모시관은 모시풀 재배부터 모시 짜기까지 제작과정 전반을 배울 수 있다. 농경유물전시관, 전수교육관, 길쌈놀이 전수관, 전통공방, 모시각, 소곡주제조장 등 한산의 문화를 체험할 수 있으며, 무형문화재 제14호 방연옥 씨의 물레질하는 장면을 직접 볼 수 있다.

물이 빠진 선도리갯벌은 한 폭의 그림이다. 광야처럼 펼쳐진 갯벌에 무인도인 쌍도가 나란히 서 있다. 물이 빠지면 섬까지 걸어 들어갈 수 있도록 길이 연결된다. 쌍도에는 일제강점기 때 금을 캤다는 굴이 여태 남아 있다고 한다. 물이 맑고 오염이 되지 않아 질 좋은 바지락과 꼬막

월하성갯벌 맛조개 잡기 체험

이 지천으로 널려 있다. 밀물 때는 해수욕장, 썰물 때는 갯벌체험장으로 바뀐다. '달 아래 성'이란 이름을 가진 월하성 갯벌은 이름값을 한다. 달빛에 비친 바다가 예쁘다 못해 황홀하다. 갯벌에 난 구멍에 맛소금을 뿌려 넣으면 짠기운 때문에 맛조개가 머리를 내민다. 이때 재빨리 낚아채야 맛조개를 캘 수 있다. 한번 몰입하면 시간 가는 줄 모를 정도로 재미있다.

서천해양박물관은 서해에서 일몰과 일출을 동시에 볼 수

있는 마량포구 언덕에 자리 잡고 있다. 지대가 높아 전망 하나는 끝내주는 박물관이다. 1m가 넘는 식인조개와 내형상어, 빅제, 회석 등 17만여 짐을 소장하고 있다. 특히 철갑상어가 유영하고 있는 수족관이 볼만하다.

마량 동백숲에는 수령 100년이 넘은 동백이 80여 그루나 자라고 있다. 매서운 바닷바람을 이겨서인지 가지가 굵고 부챗살마냥 퍼져 있어 천연기념물 169호로 지정되었다. 낙조가 깔리면 청록색 이파리에도 붉은 기운이 감돈다. 숲 정상에는 2층 누각의 동백정이 자리하고 있다. 정자의 두 번째 칸이 바다를 가장 아름답게 볼 수 있는 전망 포인트다.

Travel Info

친절한 여행팁 솔머리 해물칼국수 선도리에 있는 바다포장마차는 원래 간이포장마차로 시작했다가 유명세를 타 지금은 신축 건물로 옮겨 변함없이 해물칼국수를 팔고 있다. 싱싱한 바지락에 큼직한 가리비까지 나와 해물칼국수의 진수를 맛볼 수 있다. 인근 갯벌에서 캐온 조개로 국물을 냈기에 뽀얀 국물이 진하고 시원하다. (서천군 비인면 선도리 1구, 041-952-8892)

가는 길 서울 → 경부고속도로 → 천안논산간고속도로 → 서천공주간고속도로 → 동서천IC → 한산 방향 → 신성리갈대밭

맛집 할매온정집(아구탕, 041-956-4860, 장항기차역), 해돋이횟집(생선회, 041-951-9803, 마량리), 안녕이네횟집(생선회, 041-952-7745, 홍원항), 서산회관(쭈꾸미, 041-951-7677, 동백정)

잠자리 서천희리산해송자연휴양림(041-953-2230, 종천면 산천리), 테마모텔(041-957-0108, 마서면 송내리 35-3), 비치하우스(041-956-3230, 장항읍), 서천비치텔(041-952-9566, 마량)

주변 볼거리 비인오층석탑, 월하성, 금강하구둑관광지, 장항송림산림욕장, 월남 이상재 생가, 한산읍성

Part 5
전라도

바다 용궁을 하늘에 재현한
덕유산 눈꽃 산행

Travel Guide

추천시기 4~8월, 12~2월	**여행성격** 가족, 연인, 단체	**추천교통편** 자가용, 시외버스, 단체버스	

추천일정 1일 덕유산IC – 무주리조트 – 향적봉 – 백련사 – 무주구천동

2일 머루와인동굴 – 안국사 – 반디랜드 – 태권도공원 – 나제통문

주소 전북 무주군 설천면 삼공리 411-8　**전화** 덕유산국립공원 063-322-3714, 곤돌라 063-222-9000

웹사이트 덕유산국립공원 deogyu.knps.or.kr

2인비용 교통비 8만원, 식비 8만원, 숙박비 5만원, 여비 8만원

발아래 구름이 놓여 있는 덕유산 정상 향적봉에 올라섰다. 두 팔을 펼치고 마음껏 하늘을 품에 안았다. 영하 20도나 되는 칼바람이 속살을 파고들었건만 물리적인 온도가 치솟은 감동의 온도를 낮출 수는 없다. 오히려 솜털 같은 구름이 온몸을 포근히 감싸며 온기만 높여준다. 시야를 낮추었더니 일망무제가 펼쳐진다. 한반도의 허리 역할을 하는 백두대간이 파도처럼 일렁인다. '저 봉우리가 지리산 천왕봉이구나.' 그 맥은 반야봉을 거쳐 적상산을 찍고 이곳 덕유산에서 숨 돌리고 다시 속리산까지 내달린다.

가을날 붉디붉은 빛깔을 뽐내던 단풍잎도 추위 앞에서 무릎을 꿇고 말았다. 마지막 잎사귀 하나마저 떨구고 나면 그 화려했던 시절이 다시 오지 않을 것 같지만 나무는 이내 하얀 눈꽃으로 변신한다. 덕유산이야말로 겨울여행의 천국이다. 서해바다의 습한 대기가 덕유산의 높은 벽에 부딪히며 사정없이 눈을 뿌려댄다. 아랫동네는 쨍하게 맑았어도 이곳만은 폭설이 내리는 이유가 바로 여기에 있다.

덕유산의 가장 큰 매력은 일종의 서리꽃인 상고대다. 산 아래 금강에서 피어오른 습기는 안개가 되고 다시 산자락을 올라와 추위와 싸우면서 나무에 얼어붙어 설빙이 된다. 강이 산을 넘지 못하고 이곳에서 천 년 주목에 얼어붙은 것이 기특하고도 대견스럽다. 상고대 꽃은 설천봉에서 정상인 향적봉 사이에 가장 많이 핀다. 주목과 구상나무는 주로 지리산, 태백산, 한라산 등 명산에만 볼 수 있는 나무다. 거기다 귀한 상고대까지 함께 볼 수 있음은 넉넉한 덕유산이 인간들에게 베풀어주는 겨울 선물이다.

아무리 명산이고 볼거리가 풍부해도 1m가 넘는 눈밭을 헤치고 덕유산 정상을 밟기란 쉽지 않다. 그러나 설천봉(1520m)까지 문명의 이기인 곤돌라가 놓여 있어 얌체 산행이 가능하다. 하늘과 땅을 이어주는 곤돌라, 오르면 오를수록 세상은 순백으로 변한다. 곤돌라에서 내리면 설천봉레스토랑이 나온다. 가운데 장작난로가 있어 하드 아이스크림처럼 꽁꽁 얼었던 몸이 부드럽게 녹아내린다. 본격적인 산행이다. 영하 20도 추위를 견뎌내려면 두둑하게 옷을 껴입고 아이젠까지 신어야 한다. 설천봉에서 정상인 향적봉까지는 눈꽃 터널과 얼음옷을 입은 주목이 즐비해 자꾸 발목을 잡는다.

구상나무에 몽드러진 눈꽃은 포도송이가 되었고 철쭉에 살포시 얹힌 눈꽃은 순록의 뿔이었다. 바람이 한번 몰아치면 철쭉에 내려앉은 눈꽃이 휘날리기 시작한다. 햇빛에 반사된 눈꽃은 보석처럼 윤이 난다. 눈꽃 세계에 취하다 보면 어느덧 덕유산 정상인 향적봉(1614m)에 이른다. 덕유산은 한라산, 지리산, 설악산에 이어 우리나라에서 4번째로 높은 산이다. 곤돌라를 타고 올라왔기에 그 높이가 잘 실감 나지 않지만 정상 아래 펼쳐진 산줄기의 파노라마를 보노라면 그 웅장함에 그만 기가 꺾이고 만다. 백두대간을 기준으로 서쪽은 전북의 무주, 장수 땅이 되고 동쪽은 경남 거창, 함양 땅을 이룬다. 향적봉에서 백련사를 거쳐 구천동으로 내려오는 하산 코스(향적봉에서 백련사까지 2.5km 1시간 30분, 백련사에서 구천동까지 6km 1시간 30분. 총 8.5km 3시간 소요)가 일반적이고 안성으로 내려가는 능선에도 제법 등산객이 몰린다. 이곳 역시 맘껏 설경에 취해볼 수 있는 코스다. 백련사까지 2.5 km 정도만 가파르고 나머지는 완만한 트레킹 코스여서 겨울산행코스로 최고다.

향적봉 바로 아래 '산악인의 집'이라고 불리는 향적봉대피소(063-322-1614)는 숙박 가능 인원이 50명으로 뜨끈뜨끈한 전기장판에 침낭까지 갖추고 있다. 덕유산의 장엄한 일출이나 일몰을 보겠다면 산장에 하루 신세지는 것이 좋다.

Travel Info

친절한 여행팁 **무주구천동 33경** 무주구천동 33경은 나제통문에서 시작해 덕유산 향적봉에 이르기까지 100리에 걸친 절경을 말한다. 이름 그대로 구천 굽이의 물줄기에 담과 소 폭포가 이어진다. 나제통문은 높이 3m, 길이 10m의 암벽문으로, 옛 신라와 백제의 경계관문이었다. 통문을 경계로 동·서 두 지역은 삼국시대 이래 고려시대에 이르기까지 풍습과 문물이 달랐기에 언어·풍습 등의 차이가 난다. 600년이 지난 오늘날에도 사투리만 들어도 두 지방 사람을 식별해낼 수 있을 정도다. 산을 오르다 보면 기암을 타고 물줄기가 내려와 폭포를 만드는 월하탄을 시작으로 구천동의 절경들이 이어진다. 절경마다 안내판이 있으며 그 역사와 의미들을 음미하다 보면 절경이 더욱 실감 난다.

가는 길 서울 → 대전통영간고속도로 → 무주IC → 19번 국도 → 사산삼거리 → 49번 지방도 → 치목터널 → 구천동터널 → 무주리조트

맛집 명가(꺼먹돼지 참나무 장작구이, 063-322-0909, 무주구천동), 덕유산 회관(한정식, 063-322-3780, 무주리조트 입구), 한국회관(063-322-3162, 무주리조트), 천지가든(063-322-3456, 양수발전소)

잠자리 덕유산자연휴양림(063-322-1097), 무주리조트 호텔티롤(063-320-7200), 무주이리스모텔(063-324-3400, 무주읍), 제일산장(063-322-3100, 설천면 삼공리)

주변 볼거리 백련사, 무주양수발전소, 머루와이동굴, 안국사, 반디랜드, 태권도공원, 나제통문

향적봉
Hyangjeokbong Peak
(해발 1,614m)

우리나라에서 가장 늦은 벚꽃을 볼 수 있는

마이산 벚꽃

Travel Guide

추천시기 7~8월, 10~12월   **여행성격** 연인, 단체   **추천교통편** 자가용, 단체버스

추천일정 1일 진안IC – 이산묘 – 탑영제 – 마이산 – 인삼상설시장

2일 운장산휴양림 – 운일암반일암 – 용담댐 – 섬바위

주소 전북 진안군 마령면 동촌리 8   **전화** 063-430-2228   **웹사이트** 진안군청 www.jinan.go.kr

2인비용 교통비 8만원, 식비 8만원, 여비 3만원

무엇이 그리 궁금한지 해발 400~500m의 고원지대에 말 귀를 쫑긋 세운 마이산은 우리나라에서 가장 독특한 산으로 손꼽는다. 마이산은 흙한 줌 없는 대신 수성암으로 이루어져 있다. 이 산에서 발견된 민물고기와 조개류 화석은 그 옛날 이곳이 호수나 강이었음을 추측하게 한다. 호남정맥과 금남정맥으로 이어지는 주능선에 위치하며 금강과 섬진강의 분수령을 이루고 있으니 산태극과 수태극의 중심지에 있는 셈이다. 자연석의 탑군인 마이산 석탑, 섬진강 발원지, 냉천, 냉혈까지 동화에서나 나옴 직한 볼거리를 가득 품고 있는데 높은 고도에 골바람까지 불어 전국에서 가장 늦은 벚꽃을 볼 수 있는 곳으로 알려져 있다(4월 20일 전후).

마이산 여행은 남부주차장 이산묘와 주필대부터 시작하는 것이 좋다. 이산묘는 진안군 일대의 유생들이 연재 송병선 선생과 의병장 최익현 선생의 뜻을 기리고자 1925년 건립한 사당이다. 회덕전에는 단군, 태조 이성계, 세종대왕, 고종의 위패가 봉안되어 있으며 영모사에는 조선의 충신으로 추앙받는 유림 40위가 모셔져 있다. 이산묘 좌측 암벽에 '주필대'라는 글자가 새겨져 있는데 이는 태조 이성계가 남원에서 왜구를 무찌르고 개선하던 중 머물렀던 자리란다. 호남 최초로 국권 수호를 위해 항일운동을 시작한 곳이다. 흐드러지게 흩날리는 벚꽃잎을 헤치며 걷다 보면 왼쪽에 금당사가 손짓한다. 1300년 역사의 백제 고찰로, 고려 말에는 나옹화상이 수행하며 도를 닦았던 곳이며 구한말 항일운동의 거점 역할을 맡기도 했다. 주존인 목조아미타삼존불은 하나의 은행나무로 조각된 국내 유일의 목불이니 눈여겨보자. 다만, 가람의 지붕과 불상, 탑 등을 온통 황금색으로 치장한 모습이 다소 인위적이고 거추장스럽게 여겨진다.

조금 더 오르면 흔들리는 산 그림자를 호수에 품고 있는 탑영제가 나온다. 이곳을 기점으로 10리에 걸쳐 벚꽃터널이 이어진다. 특히 물에 반영된 암수 마이봉이 나비처럼 꿈틀거리는 모습은 절경이다. 그 풍경 사이로 백조 보트가 유유히 지나간다. 깔때기처럼 생긴 협곡 깊숙이 들어가면 마마 자국처럼 움푹 팬 타포니 지형이 눈길을 끈다. 일반적으로 풍화작용이 바위 표면부터 시작되나 마이산의 지형은 바위 내부에서 시작해 내부가 팽창되면서 밖에 있는 바위 표면을 밀어냄으로써 동굴을 만들어내고 있다. 마이산은 타포니 지형으로는 세계 최대를 자랑한다. 전설에 따르면 이 기묘한 봉우리는 그 옛날 물속에 있었고 탑사는 용궁이었다고 한다. 월광탑, 일광탑, 중앙탑, 오방탑 등 하늘 향해 치솟은 탑 80여 기가 동화에 나옴직한 신비를 더해주고 있다. 이갑룡 처사가 25세 되던 1985년부터 10여 년에 걸쳐 혼자 솔잎으로 생식하면서 중생의 죄를 속죄하는 심정으로 낮에는 돌을 주워 모아 밤에 정성을 다해 쌓았다고 한다. 천지탑은 가장 기가 센 곳이라는데 접착제 하나 사용하지 않고 100년 넘게 골바람을 이긴 것만으로도 불가사의다. 탑사 오른쪽 벼랑길을 따라 휘감아 오르면 코끼리 형상의 바위 아래 은수사가 자리한다. 한겨울 대접에 물을 받아 놓으면 고드름이 하늘을 향해 얼리는 '역고드름' 현상이 나타난다. 질 마당에 '섬진강이 발원지'라고 불리는 약수터가 자리한다. 곡성, 구례, 하동으로 흘러가는 거대한 물줄기의 시원이라니, 왠지 온몸에 기가 팍팍 전해온다. 4월 중순쯤 은수사를 찾으면 높이 18m의 청실배나무(천연기념물 제386호) 꽃을 볼 수 있는데 나무 아래 앉으면 진한 배꽃 향기를 맡을 수 있다. 암마이봉과 숫마이봉 사이, 천왕문을 넘어 계단을 내려가면 북부주차장이 나온다. 이곳에서 100m쯤 오르면 화엄굴이 나오는데 그 안에 마르지 않는 석간수가 있다. 이 약수를 마시고 치성을 드리면 옥동자를 얻는다는 전설이 있지만 지금은 비둘기 서식지가 되면서 오염되어 폐쇄했다. 마이산과의 이별이 아쉽다면 익산장수간고속도로에 위치한 마이산휴게소(상행선) 전망대에 오르면 너른 벌판에 하늘 향해 치솟은 마이산의 자태를 감상할 수 있다.

※**산행코스** 남부주차장−금당사−탑영제−탑사−은수사−천왕문−북부주차장
(2.7km, 2시간 소요).

북부주차장에서 천왕문으로 오르는 계단은 제법 경사가 있으므로 남부주차장에서 북부주차장으로 넘어가는 것이 수월하다.

Travel Info

친절한 여행팁 애저탕 진안의 토속음식으로 애저탕이 유명하다. 20일 된 새끼 돼지를 가마솥에 넣고 마늘, 생강, 대추와 갖은 한약재를 함께 넣어 2시간을 푹 삶으면 애저요리가 된다. 느끼하지 않고 살이 연해 씹지 않아도 될 정도로 부드럽다. 진안의 흑돼지구이도 먹어볼 만한데, 진안 돼지고기는 수질이 좋고 풍토가 특이해 다른 곳보다 비싸게 팔린다.

가는 길 서울 → 천안논산간고속도로 → 호남고속도로 → 익산장수간고속도로 → 진안IC → 마이산

맛집 금복회관(063−432−0651, 마이산 초입), 진안관(063−433−2629, 버스터미널 부구), 일품가든(흑돼지삼겹살, 063−433−0825), 목가촌(꿩샤브샤브, 063−433−7309, 운일암 입구)

잠자리 운장산자연휴양림(063−432−1193, 정천면 갈용리), 마이산청소년야영장(063−432−1800, 마이산 탑사 입구), 마이산모텔(063−432−4201, 진안읍 단양리), 백운관광농원(063−432−4589, 백운면 백암리)

신채효와 진채선의 사랑 이야기
고창읍성

Travel Guide

추천시기 4~5월, 10~11월　**여행성격** 가족, 연인, 단체　**추천교통편** 자가용, 단체버스

추천일정 1일 선운사IC – 선운사 – 선운산등산 – 미당시문학관 – 서정주 묘소
　　　　　 2일 고창고인돌유적 – 고창읍성 – 무장읍성 – 학원농장

주소 전북 고창군 고창읍 읍내리 126

전화 고창군청 063-560-2457　**웹사이트** 고창군청 culture.gochang.go.kr

2인비용 교통비 8만원, 식비 8만원, 숙박비 5만원, 여비 3만원

'한 바퀴 돌면 다릿병이 낫고, 두 바퀴 돌면 무병장수하며, 세 바퀴 돌면
극락길이 트인다'라는 전설 때문일까, 길섶에 나뒹구는 돌멩이 하나 머
리에 얹고서 걷고 싶은 욕심이 난다. 하긴, 한 바퀴 돌면 다리가 뻐근함
을 느낄 정도니까 매일 걸으면 다릿병이 낫는다는 말은 그저 전설로만
치부할 일은 아니다.

고창읍성의 둘레는 1684m로, 한 바퀴를 도는데 한 시간이면 충분하다.
낙안읍성이나 해미읍성의 평지성과는 달리 구릉지에 둘러쳐진 읍성이
기에 한 바퀴 도는 것을 수월하게 생각하면 곤란하다. 둥그렇게 쌓은
옹성 너머 북문이자 출입구인 공북루에 들어서면 왼편에 옥사와 돌무
더기가 보인다.

솔숲을 옆에 두고 동북치를 지나 경사 급한 성벽길 동문인 등양루에서
잠시 다리품을 쉬게 해준다. 불쑥 튀어나온 동치에 올라서면 등양루의

부드러운 옹성, 굽은 읍성, ㄱ창읍내 그리고 들녘이 한눈에 들어와 수묵화를 펼쳐놓은 듯하다.

성 동쪽에서 바라보면 고창에서 백양사로 넘어가는 고개인 솔재가 눈에 들어오며 서쪽으로는 서해 바닷길이 이어지고 있어 이곳이 군사적 요충지임을 말해준다. 적의 동태를 살펴야 하기에 고창읍성이 사방 어느 곳에 시선을 두어도 손에 잡힐 듯이 훤히 들어온다. 소나무는 한결같이 허리가 유연하게 휘어졌는데 동리 생가에서 흘러나오는 판소리 가락에 취해 소나무도 너울너울 춤을 추다가 이렇게 허리가 굽었다고 한다.

사람이나 나무나 풍류에 취하고 가락에 장단을 맞추는 것은 멋스러운 일이다. 춤을 추듯 휘어진 소나무 숲을 지나 걷다 보면 성근 대숲까지 만난다. 건장한 청년 다리통만큼 굵은 대나무가 하늘을 찌르고 있다. 일명 '맹종죽림'으로, 1938년 청월선사가 이곳에 보안사란 절을 세우고 그 운치를 돋우기 위해 조성한 대나무밭인데 보안사는 간 곳 없고 대숲 소리만이 눈발을 뒤흔들고 있다.

성안의 심장 같은 곳이니 마음껏 헤집고 다녀도 좋다. 영화 〈왕의 남자〉의 장면이 촬영된 곳으로, 일반 대나무보다 두세 배나 몸통이 굵고 끝이 보이지 않을 정도로 장신이다.

서문인 진서루부터 정문인 공북루까지는 고창읍내를 내려다보면서 걷는 길이다. 성을 한 바퀴 돌면 정문 옆 옥사를 만난다. 성벽이 연꽃이라면 꽃술에 해당하는 곳에는 관아가 자리하고 있다. 수령이 생활하며 사무를 담당했던 관청, 파견된 관원들의 숙소이자 임금을 상징하는 전패를 모시고 대궐을 향해 예를 올렸던 고창객사, 정무를 보았던 고창 동헌 등 타임머신에 올라타 조선의 관아 건물을 둘러봐도 좋다.

읍성 앞에는 동리 신재효 선생 고택이 있다. 약방을 통해 재산을 축적한 아버지의 재정적 후원에 힘입어 전국의 광대들을 모아 생활을 돌봐주면서 판소리를 가르쳤다. 춘향가, 심청가, 박타령, 가루지기타령, 토끼타령, 적벽가 등 여섯 마당으로 체계를 세우고, 그 대문과 어구를 실감 나게 고쳐 독특한 판소리 사설문학을 이룩하였다.

동리를 통해 남자들에게 불리었던 판소리가 여창 진채선, 허금파 등을 육성하였고, 우리 여인네들 고유 정서인 한의 감정을 가미시켰다. 그 덕에 고창은 판소리의 고장이 되었으며, 무형문화재인 만정 김소희까지 계보가 이어졌다. 고택 마당가에서 놀고 있는 아이들의 고함소리가 득음한 소리꾼같이 보인 것은 나만의 느낌이었을까.

Travel Info

친절한 여행팁 **고창판소리박물관** 신재효 고택 자리에 설립한 고창판소리박물관은 판소리의 특징, 발생, 전승 등 판소리의 역사를 되새겨 볼 수 있는 곳이다. 동리의 사설집과 유품 그리고 우리 판소리를 이끌어온 명창들의 계보를 살필 수 있는데, 단순히 눈으로 보는 박물관이 아니라 당대 명창의 소리를 직접 들을 수 있도록 음향시설을 갖추고 있다. 무작정 둘러보지 말고 해설사의 설명을 듣는 것이 좋다. 판소리의 개념, 명창과 계보가 알게 쉽게 정리되어 있다. 거기다 북을 두드리며 배우는 판소리 체험, 마이크를 통한 성량 체험까지 있어 아이들이 무척 좋아한다. 해설사는 판소리에 조예가 깊은 분들이다.

가는 길 서울 → 서해안고속도로 → 고창IC → 고창읍성

맛집 다은회관(백합정식, 063-564-6543), 필봉솥뚜껑삼겹살(생삼겹살, 063-564-8283), 아산가든(풍천장어 · 용봉탕, 063-564-3200) 신덕식당(풍천장어, 063-562-1533)

잠자리 그랜드호텔(063-561-0037, 석정온천 내), 넥스텔모텔(063-564-8999, 고창읍), 선운산관광호텔(063-561-3377, 선운산), 동백장(063-562-1560, 선운산)

주변 볼거리 미당 생가, 무장읍성, 선운사, 고인돌군락지, 구시포해수욕장, 학원농장

세계적인 탐조여행지, 어청도를 아십니까?
어청도

Travel Guide

추천시기 4~5월, 7~8월, 12~2월　**여행성격** 가족, 연인, 단체　**추천교통편** 자가용, 버스, 쾌속선

추천일정 1일 군산여객터미널 – 어청도항 – 농배섬 탐방데크

　　　　　2일 어청초교 향나무 – 치동묘 – 팔각정 철새탐조 – 어청도등대 – 어청도항

주소 전북 군산시 옥도면 어청도리

전화 군산시청 063–450–6598　**웹사이트** 군산시청 tour.gunsan.go.kr

2인비용 교통비 20만원, 식비 10만원, 숙박비 5만원, 여비 5만원

가끔 세상을 등지고 절해고도에서 낚싯대를 던지며 세월을 낚고 싶다면 어청도만 한 섬이 있을까. 전북 군산시 옥도면 어청도는 군산에서 북서쪽으로 72km나 떨어져 있는 외딴 섬으로, 뱃길로 꼬박 2시간 30분이나 달려야 만날 수 있는 절해고도다.

중국에서 닭 울음소리가 들린다고 할 정도로 산둥반도와 가까워 중국 어선의 불법조업으로 마찰이 많은 곳이기도 하다. 워낙 육지와 멀리 떨어져 있어 조선시대에는 귀양지였고 동해의 고래가 새끼를 낳기 위해 어청도에 모여들자 전국의 포경선이 몰려들기도 했다. 19세기 말부터 일본인이 살기 시작했으며 국권을 빼앗기자 섬은 본격적으로 제국주의자들의 수탈기지가 되어 버렸다. 40여 가구 200명의 일본인이 어청도에 살기 시작했는데 지금도 적산가옥의 흔적을 찾을 수 있다. 이때 방파제를 조성했고 일본과 중국을 오가는 선박의 안전을 위해 등대가 세

워졌다. 1970년대에는 파시가 열릴 정도로 번성하여 한때 2000여 명의 주민이 북적거렸다. 그러나 1980년대 포경 금지와 마구잡이 어획으로 고기의 씨가 말라버리자 선원들이 떠나고 지금은 을씨년스런 섬으로 바뀌었다. 거기다 새만금 방조제 완공과 인근 바다의 골재 채취로 어획량이 줄어들자 섬사람의 시름은 깊어졌다. 그러다가 치어를 방류한 뒤로 차츰 고기가 많이 잡히기 시작했고 철새의 중간기착지로 알려지면서 생태, 탐조 관광지로 거듭나고 있다.

하늘에서 어청도를 내려다보면 안산, 검산봉, 돛대봉이 'ㄷ'자 형태로 병풍처럼 포구를 감싸 안고, 오로지 남쪽으로만 뱃길이 열려 있는 천혜의 항구다. 북방파제에는 탑 모양의 등대가 서 있고 그 뒤편에 서방파제가 길게 뉘어 있어 망망대해의 바람을 온몸으로 맞고 있다. 북쪽 해안은 탐방데크를 조성해 포구 전경을 조망하면서 해변을 산책할 수 있도록 꾸며졌다. 물이 빠지면 해수욕장으로 바뀌어 수영을 즐길 수 있고, 고니 서식지로 유명한 농배섬까지 갯벌이 드러나 바지락, 게 등을 잡을 수 있다. 서해바다 답지 않게 물이 거울처럼 맑고 투명하며 광어, 우럭, 놀래미, 도미, 소라 등이 주로 잡힌다. 섬 전체가 바다낚시 포인트로, 선상에서 농어, 우럭, 광어, 참돔, 부시리, 감성돔 등 계절 따라 다양한 고기가 낚이며, 초입 등대가 서 있는 가진여는 참돔의 메카로 알려져 있다.

1925년에 개교한 어청도초등학교 교문은 향나무가 'X'자형으로 자라고 있다. 좀 더 오르면 '노인님들의 쉼터'라는 극존칭을 단 경로당이 서 있어 이곳이 효의 섬임을 알려준다. 마을에서 어청도등대를 가려면 고개를 하나 넘어야 한다. 고갯마루에 자리한 팔각정에 서면 어청도 포구와 주변 외연도와 그 열도를 한눈에 내려다볼 수 있다. 팔각정에서 다시 능선 따라 당산에 오르면 어청도 봉수대가 나오는데 이곳에서 더욱 장쾌한 바다 경치를 만날 수 있다.

해송과 동백이 밀림을 이루고 있어 남북으로 오가는 철새들의 중간 기착지로 검은지빠귀, 칼새, 비단찌르레미 등 희귀 철새들을 볼 수 있다. 일본, 러시아는 물론 영국, 프랑스 등 세계적인 조류학자들이 이 작은 섬을 찾을 정도로 탐조 명소다. 이른 봄부터 늦가을까지 철새를 볼 수 있는데 4~5월쯤 철새의 울음소리가 가장 크다. 적도에서 시베리아를 오가는 철새들이 수천km를 항해하면서 처음으로 만나는 오아시스가 바로 어청도다. 한반도 철새의 90%가 어청도와 서해섬을 거쳐 가을에는 먼 대양으로 나간다.

국가등록문화제 378호로 지정된 어청도등대는 '대한민국 10대 등대'로 선정될 정도로 아름답다. 1912년 대륙 진출의 야망을 품은 일본이 정략적인 목적에 의해 건설했는데 지금은 서해안의 남북 항로를 통행하는 모든 선박들이 이용하는 등대다. 등탑 상부는 한옥의 서까래 형상을 하고 있고, 삼각형의 돌출지붕과 이를 장식한 꽃봉오리 그리고 상부로 갈수록 좁아지는 단면 등이 주변 바다 풍경과 잘 어우러진다. 해질 무렵 망망대해에 묵직하게 서 있는 등대의 일몰 풍경은 백만 불짜리다.

Travel Info

친절한 여행팁 **어청도 광어** 자연산 광어는 등이 짙은 암갈색을 띠며 배는 검은 반점이 없고 한지처럼 하얀색을 띠는 것이 특징이다. 어청도의 광어는 모두 자연산으로 쫄깃하고 찰진 맛이 일품이어서 연안에서 잡힌 광어보다 비싼 값에 팔려나간다. 특히 머리와 몸통으로 끓인 광어 매운탕은 걸쭉한 맛이 일품이다. 군산식당의 백반을 주문하면 인근 바다에서 잡힌 자연산 해산물이 상에 올라온다. 놀래미 찜과 아귀찜까지 푸짐하다.

가는 길 서해안고속도로 북군산IC → 706번 지방도 → 군산여객선터미널 → 뉴어청훼리호(평일 1회 09:00, 주말 2회 07:30, 13:30) 어청도까지 2시간 30분 소요
맛집 군산식당(자연산 활어, 063-466-1845), 아름식당(자연산 활어, 063-465-2633), 양지식당(자연산 활어, 063-466-0607)
잠자리 서해장여관(063-465-2813), 아름식당민박(063-465-2633), 어청도민박(063-465-3575), 양지식당민박(063-466-0607), 대덕민박(063-466-7270)
주변 볼거리 농배섬 탐방데크, 봉수대, 어청초교 향나무, 치동묘, 팔각정, 어청도등대

056   **전북 부안**

이웃집 마실 가듯 편안한 바닷길

변산마실길

Travel Guide

추천시기 4~5월, 10~11월   **여행성격** 가족, 연인, 단체   **추천교통편** 자가용, 단체버스

추천일정 1일 새만금전시관 – 고사포 송림 – 적벽강 – 수성당 – 격포해수욕장 – 채

석강 – 부안영상테마파크

2일 모항갯벌해수욕장 – 내소사 – 반계선생유적지 – 부안청자전시관 –

부안자연생태공원

주소 전북 부안군 변산면 격포리   **전화** 부안군청 063–580–4382

웹사이트 cafe.daum.net/buanmasil

2인비용 교통비 8만원, 식비 8만원, 숙박비 5만원, 여비 3만원

변산에는 채석강처럼 딱딱한 돌만 있을 줄 알았는데 의외로 부드러운
황톳길이 이어진다. 이름하야 '마실길'. 사립문을 열어젖히고 이웃집에
놀러 가듯 부담 없는 길이다. 현재 변산마실길은 4구간까지 총 66km
에 달한다. 마실길을 걷기 전에는 물때를 확인하는 것이 좋다. 이왕이
면 갯벌이나 해변을 따라 걷는 것이 좋은데 변산반도국립공원 홈페이
지(www.byeonsan.knps.or.kr)에서 확인하면 된다. 여름휴가를 모
두 쏟아 부어 일주일 내내 바닷길에 빠지는 것도 좋지만, 황금 같은 시
간을 한꺼번에 변산에 투자하기 어렵다면 변산마실길에서 가장 인기
있는 구간을 골라 걷는 것은 어떨까. 성천에서 격포까지 1구간 3코스는
낙조가 아름다워 노을길로 통하고 격포에서 솔섬까지 2구간 1코스는
매력적인 바닷길이다.

휘황찬란한 볼거리를 기대해서는 곤란하다. '마실'이란 어감이 주듯, 야트막한 언덕과 구릉을 넘나드는 길이 이어지고 시야가 편안한 바닷길을 걷게 된다. 마을 고샅길을 지나기도 하고, 군부대 초소, 해안길, 갯벌, 바위, 노을, 뽕밭, 사당 등 변산 사람들의 생활상을 보며 싸드락 싸드락(천천히) 걸어보는 재미가 쏠쏠하다. 땅에 기대어 살아가는 사람들을 먼발치에서 바라보는 것이야말로 이 길의 매력이겠다. 도심의 골치아픈 생각은 바다에 풍덩 던져 버리고 말이다.

마실길 1구간 3코스의 시작점은 성천멸치로 유명한 성천이다. 외변산 옥녀봉 계곡을 타고 흘러온 물은 이곳 성천에 모여 바다로 빠진다. 물이 하도 깨끗해 옥녀가 머리를 풀고 멱을 감았다는 전설이 내려오는 곳이다. 성천 다리를 건너면 바로 오르막이 시작된다. 도로의 콘크리트 석축은 성천의 옥녀 전설을 그려내고 있다. 변산을 소개하는 벽화가 끝나면 울창한 숲이 이어진다. 하섬은 새우 모양의 섬이다. 200여 종의 식물이 자라는 보고로 보름과 그믐, 물이 빠졌을 때 섬까지 걸어갈 수 있다. 그러나 밀물 때 오도 가도 못해 죽은 사람도 여럿 있으니 조심해야 한다. 갯벌로 내려가는 길이 있으니 백사장에 마음껏 발자국을 남기면 된다. 마실길 위쪽 도로에 하섬 전망대가 놓여 있다.

이제부터는 야트막한 구릉이 이어진다. 저속 롤러코스터를 타는 것처럼 오르내림이 반복된다. 고구마밭과 오디밭이 파란 바다를 배경 삼아 시원스럽게 펼쳐진다. 열매를 따고 있는 농민에게 눈인사를 했더니 오디 열매 한 움큼 건네준다. 정까지 얹혀서인지 유난히 달다. 밭 주인장이 이곳에 근사한 해변 커피숍을 내는 것이 꿈이라고 하기에 뽕커피를 한번 만들어보라고 권했다. 뽕 맞은 것처럼 중독성 강한 커피를 상상하니 자꾸 웃음이 나온다. 쌍둥이 느티나무는 서로 가지를 비비며 사랑을 나누더니 결국은 붙어 버렸다. 나무 그늘 아래서 바라본 바다 풍경도 좋지만 병풍 같은 내변산도 놓치기 아깝다.

고구마밭을 지나니 3코스의 하이라이트 격인 적벽강이 반긴다. 육지에서 보면 사람 얼굴 형상인데 바다에서 보면 영락없는 사자 얼굴이다.

썰물이 되면 찻길이 아니라 병풍 같은 절벽을 옆구리에 두고 갈 수 있는 바닷길로 바뀐다. 해변 안쪽으로 깊숙이 들어가면 수정처럼 각이 진 바위가 가래떡을 세워놓은 것처럼 길쭉하다. 생태숲도 볼 만한데 죽막의 시누대는 질이 좋아 이순신 장군이 왜적을 물리칠 때 화살대로 사용했다고 한다. 사람 얼굴 형상 중앙에 수성당이 숨어 있다. 서해를 다스리는 여해신을 모신 당집으로, 계양할미는 딸 여덟 자매를 두고 팔도에 한 명씩 시집보내고 막내를 데리고 이곳에서 살면서 바다를 다스렸다고 한다. 수성당을 벗어나면 천연기념물 제123호인 후박나무 군락지가 보인다. 후박나무의 북방한계선으로 죽막마을을 보호하는 방풍림이다. 격포해수욕장은 갈매기가 많아 데이트코스로 제격이다. 격포해수욕장을 지나면 변산의 보석인 채석강이 나온다. 선캄브리아대에 속하는 화강암과 편마암이 책처럼 층을 이루고 있다. 바다 풍경에 더 심취하고 싶다면 채석강 보트에 올라타는 것도 좋다. 넘실거리는 파도 위를 내달리면 도심의 스트레스가 한방에 날아간다. 특히 사자 형상의 적벽강을 한눈에 볼 수 있다.

'ㄱ'자형 예배당
두동교회

Travel Guide

추천시기 사계절 **여행성격** 성지순례, 가족, 단체 **추천교통편** 자가용, 단체버스	

추천일정 1일 연무IC – 나바위성지 – 성당포구 – 두동교회 – 함라한옥마을 – 곰개나루터
2일 미륵사지 – 심곡사 – 서동공원 – 왕궁리오층석탑 – 보석박물관

주소 전북 익산시 성당면 두동리 385-1 **전화** 063-862-0238

웹사이트 익산시청 www.iksan.go.kr

2인비용 교통비 7만원, 식비 5만원, 숙박비 5만원, 여비 3만원

익산만큼 교회가 많은 동네가 또 있을까. 구한말 개항도시 군산을 통해 선교사들이 많이 들어왔는데 익산이 전주 가는 길목에 있어 아무래도 덩달아 일찍 개화된 듯하다. 어느 마을을 가도 쉽게 눈에 띄는 교회 종탑이 마치 금강변을 오가는 황포돛배를 보는 듯하다. 초창기 기독교 선교사들은 대중에게 친숙하게 다가가고자 한복을 입었고 초기 신부들은 갓을 쓰고 다녔다고 한다. 캄보디아에 선교를 떠난 신부님은 하나같이 콧수염을 기른다고 하더니, 이것이야말로 선교사가 현지인에 동화되기 위한 눈물겨운 노력이 아닐까 싶다.

교회 건물은 'ㄱ'자로 꺾여 있는데 이런 구조는 우리나라에서 김제 금산교회와 두동교회 딱 두 곳뿐이다. 내부에는 징마루가 깔려 있어 한국식으로 바닥에 앉아 예배를 보았음을 알 수 있다. 유교적 관습 탓에 남녀가 함께 앉을 수 없는 노릇. 남녀평등을 주창하는 교회에서 한국적 관습을 받아들인 것이다. 아마 초창기 교회는 대중들의 마음속으로 파고들고 싶었던 모양이다. 동서측은 여성신도가, 남북측은 남성신도가 차지하고, 양쪽에 휘장이 쳐져서 남자 쪽은 여자 쪽을, 여자 쪽에서

202

는 남자 쪽을 볼 수가 없고 출입문도 따로 있어서 서로 만날 수가 없었다고 한다. 모서리에 강론대가 자리하고 있어 오로지 목사만이 전체를 다 볼 수 있고 반대로 남신도, 여신도 모두 목사를 바라보게 했다. 강단의 마루를 높였고 가운데 8각 기둥을 세워 목사님의 권위를 높였다. 허름한 건물이지만 창문이 많아 사방에서 빛이 들어와 신성한 분위기마저 느껴진다. 일제강점기 때는 이곳에 학교를 세워 민족혼과 독립정신을 가르치는 산실이기도 했다. 일본 순사가 검문 오면 급히 불온서적(?)을 강단 마룻바닥에 숨겨 놓았다고 한다. 그런 신앙은 오늘날까지 이어져 두동마을 주민 중 95%가 두동교회 신도들이란다.

천장의 서까래는 질 좋은 안면송을 사용해서 그런지 지금도 반들반들하다. 세월의 때가 잔뜩 묻은 오르간에서 초기 교회의 모습을 더듬어볼 수 있다. 허름한 종탑이지만 그 맑은 소리는 두동마을 신도들의 찬송가 소리 같다.

친절한 여행팁 **나바위성당** 김대건 신부가 이 땅에 발을 들여놓은 곳에 성당이 자리하고 있다. 명동성당을 설계한 프아넬 신부가 설계를 맡고, 중국인들이 목수 일을 맡았다. 전통 한옥 양식을 기본으로 삼고 벽돌을 붙여 고딕식 종탑을 세웠으며 외부는 회랑으로 꾸며 놓았다. 한국과 유럽의 건축양식이 절묘한 조화를 이루고 있다. 내부는 전통 관습에 따라 남녀 자리를 구분하기 위해 칸막이 기둥을 세웠다. 제대 정면 감실 안에는 성 김대건 신부의 목뼈 유해 일부가 모셔져 있으며 세례대와 성상들은 중국 남경의 성 라자로 수도원에서 제작한 것으로, 성당 건축 때 들여와 옛 모습 그대로다.

가는 길 천안논산간고속도로 → 연무IC → 23번 국도 → 나바위성지 → 용안 → 두동교회

맛집 금강호반(매운탕, 063-861-6021, 웅포면 웅포리), 미륵산순두부(순두부, 063-836-7740, 미륵사지), 한일식당(황등비빔밥, 063-856-4471, 황등면 황등리)

잠자리 두동편백마을(063-802-8600, 성당면), 성당포구전통테마마을(063-862-3918, 성당포구), 익산비즈니스관광호텔(063-853-7171, 인화동), 그랜드관광호텔(063-843-7777, 평화동)

주변 볼거리 미륵사지, 성당포구, 나바위성지, 심곡사

베르사유 궁전 카펫보다 촉감 좋은 사색길
부곡천 억새길

Travel Guide

추천시기 사계절 **여행성격** 걷기, 가족 **추천교통편** 자가용, 단체버스

추천일정 1일 연무IC – 나바위성지 – 성당포구 – 부곡천억새길 – 두동교회 – 함라한옥마을 – 곰개나루터
　　　　　2일 교도소영화촬영지 – 현동리석불좌상 – 태봉사 – 심곡사 – 미륵사지석탑 – 보석박물관

주소 전북 익산시 성당면 성당리 109

전화 익산시청 063-840-3114 **웹사이트** 익산시청 iksan.gojb.net

2인비용 교통비 8만원, 식비 8만원, 숙박비 5만원, 여비 3만원

조용히 사색하고 싶다면 익산 부곡천 억새길을 거닐어라. 성당포구는 한때 세곡을 관장했던 조창이 있어 북적거렸지만 지금은 쓸쓸한 포구가 되어 옛 영화를 그리워하고 있다. 은모래처럼 반짝이는 억새를 어루만지며 카펫처럼 푹신한 둑길을 거닐면 도시의 스트레스가 한방에 날아간다.

성당포구는 바다를 접하고 있지 않지만 익산의 땅끝 역할을 한다. 금강이 휘감아 돌면서 갈매기 형상의 지형을 그려놓은 곳이 성당포구와 용두 일대다. 그래서일까, 금강이 바다처럼 넓고 강 너머 서천은 섬처럼 보인다. 더구나 금강의 지류들이 거미줄처럼 연결되어 물때만 잘 맞추면 나룻배를 타고 내륙 깊숙이 오갈 수 있다. 이런 지정학적 위치 덕에 조선시대 성당포구는 각지에서 올라온 물산의 집산지였으며, 운송의 거점인 세곡창고가 자리 잡을 수 있었다. 물산이 오가는 곳에 사람이

우어회를 아십니까? ··· 임금님이 즐겨 드셨다는 우어는 전라도 사투리로, 웅어가 표준말이다. 깨끗한 물에만 서식하며 연어와 같은 회귀어종이다. 바닷물과 민물이 만나는 강어귀에서 살며, 3~5월경 강을 거슬러 올라와 갈대가 무성한 금강변에 산란한다. 그러나 금강 수중보가 강을 막고 있어 요즘은 금강 하구둑 인근 바다에서 우어를 잡는다. 성질이 급해 그물에 걸리면 바로 죽어버리기 때문에 양식은 없고 오로지 자연산만 있다. 3월부터 5월까지 살이 가장 실하고 고소해 미식가를 불러 모은다. 살 속에 부드러운 뼈가 있어 오도독 씹히는 맛이 일품이어서 우어회 한 접시면 겨우내 잃었던 입맛을 되찾는다. 요즈음은 냉동시설이 잘 되어 있어 사계절 우어회를 맛볼 수 있다. 미나리, 오이, 당근, 풋고추, 마늘, 고추장, 식초 등 갖은양념에 손가락 크기의 우어를 썰어 넣고 어머님의 손맛으로 골고루 무치면 우어회 무침이 완성된다. 비릿함을 없애기 위해 상추와 김에 싸먹는다. 남은 국물은 뜨거운 밥을 넣고 비비면 담백하고 달콤한 맛이 입안 가득 퍼진다.

몰리는 것은 당연지사. 한때 이곳엔 수많은 객주와 주막이 들어섰고 시끌벅적한 시장이 형성되어 흥청거리는 소리가 금강에 울려 퍼졌다. 그러나 다리가 놓이고 기차와 자동차가 운송을 대신하면서 더 이상 조창의 기능을 수행하기 어려워졌다. 포구 방파제에 그려진 벽화만이 당시 북적거렸던 성당 포구의 모습을 보여준다. 수십 척의 나룻배는 곡식으로 가득 찼고, 일꾼들의 표정은 상기되어 있다. 이런 활기찬 포구를 본 유일한 목격자는 500년 수령의 은행나무다. 이 나무 앞에서 조운선의

좌 600년 된 느티나무가 있는 성당포구 **우** 은빛 억새가 가득한 부곡천 억새길

무사항해, 마을의 안녕과 풍어를 기원했다고 한다. 내친김에 둑을 따라 가니 금강이 내려다보인다. 대하소설 10권 정도의 이야기를 풀어낼 것 같은 금강은 고통을 감내한 채 묵묵히 흘러가고 있었다.

다시 은행나무로 돌아 나와 연동수문까지 부곡천 둑길을 걸었다. 특히 가을에 찾으면 좋은데 길 양편은 황금들녘이 펼쳐지고 은빛 억새가 하늘거린다. 그 기름진 땅에서 '용의 눈'이라 불리는 용안쌀이 생산된다. 새소리도 들어야 하고, 들녘에 핀 야생화에 눈인사를 해야 하고, 은모 래처럼 반짝이는 억새도 어루만지다 보면 발걸음이 더디어진다. 억새 는 무려 4km나 이어졌다. 핸드폰을 꺼두고 타박타박 곱씹으며 걸어야 제맛이 난다. 잡초가 무성한 길은 푹신해 베르사유 궁전의 카펫만큼이 나 촉감이 좋다. 둑 안쪽에 논이 보인다. 수해가 나면 다 휩쓸려버릴 텐 데 한 치의 땅도 놀리지 않는 농군의 마음은 거룩한 성인 못지않다. 다 리 아래 교각은 낚시꾼 차지다. 바구니에 고기 한 마리도 없으니 오늘 은 세월을 낚는 것에 위안을 삼아야 할 것 같다.

미륵산자락 심곡사는 마음을 정화시켜주는 절이다. 과연 이 깊숙한 곳 에 절집이 있을까 호기심 반, 의구심 반의 심정으로 속내로 들어가면 작은 극락에 눈이 환해진다. 신라 문성왕 때 무염대사가 수도하기 위해 절을 세웠다고 한다. 넉넉한 기단 위에 대웅전이 수평으로 펼쳐졌다면 7층 석탑은 하늘로 향한 염원이었다. 7개의 지붕돌이 유려한 처마선을 그으며 살짝 반전을 꾀한 모습은 백제계의 양식이다. 하대석은 연꽃 문

좌 조선시대 소조불을 모신 심곡사 명부전 **우** 무인찻집 구달나

양이 새겨 있어 연꽃향이 풍겨 나올 것만 같다.

너른 마당에 대웅전, 명부전, 칠성각, 삼성각, 요사채가 단정하게 서 있으며 마당 약수터는 '제월(堤月)' 즉 달을 끌어들이는 물이란 이름을 가지고 있다. 천 년의 물맛은 변함이 없다. 명부전이야말로 심곡사 최고의 보물들을 숨겨둔 공간이다. 샐쭉한 입술을 가진 지장보살, 준엄한 판사처럼 무표정한 시왕상, 합장하고 있는 시자상, 사자를 들고 있는 동자상, 만화의 캐릭터처럼 우스꽝스런 얼굴을 하고 있는 금강역사 등 흙으로 빚은 소조불 25구가 모셔져 있다.

심곡사의 무인찻집 '구달나'는 마음의 안식처다. '구름에 달 가듯이 가는 나그네'의 줄임말로, 이곳에 들어서면 시간이 멈춘다. 책장에서 시집 한 권 꺼내들고 푹신한 쇼파에 앉아 시를 음미해도 좋고 차창 밖 상록수를 보며 차를 음미해도 좋다. 컵라면과 커피까지 있어 하루 종일 책을 읽으며 시간을 때워도 좋다. 탁자에는 자신의 속내를 적을 수 있도록 빈 노트가 놓여 있다.

Travel Info

가는 길 천안논산간고속도로 → 연무IC → 23번 국도 → 나바위성지 → 용안 → 성당포구

맛집 어부식당(우어회, 063-862-6827, 웅포면 웅포리), 금강호반(매운탕, 063-861-6021, 웅포면 웅포리), 본향(마요리, 063-858-1588, 신동), 만나먹거리촌(황태찜, 063-034-1110, 금마)

잠자리 웅포권역활성화센터(063-861-6627, 웅포면), 첼로모텔(063-858-3541, 인화동), 익산비즈니스관광호텔(063-853-7171, 인화동), 미륵산자연학교(063-858-2580, 삼기면 연동리)

주변 볼거리 함라한옥마을, 곰개나루터, 교도소영화촬영지, 미륵사지, 보석박물관

섬진강 배경 삼아 톡톡 꽃망울을 터트리다
매화마을

Travel Guide

추천시기 3~4월 **여행성격** 가족, 연인, 단체 **추천교통편** 자가용, 단체버스

추천일정 1일 연곡사 – 쌍계사 – 광양 매화마을 – 하동송림

2일 망덕포구 – 광양제철소 – 옥룡사지 – 백운산자연휴양림 – 장도박물관

주소 전남 광양시 다압면 도사리 414번지 **전화** 061-772-4066 **웹사이트** www.maesil.co.kr

2인비용 교통비 10만원, 식비 8만원, 숙박비 5만원, 여비 3만원

천국 가는 길은 이런 길일 거야. 매화 꽃송이는 탐스러운 솜사탕이었다. 한 가지 따다 입안에 살포시 넣으면 자연이 만들어낸 달콤함에 흠뻑 빠져들 것만 같다. 미몽에서 간신히 헤어나니 이번엔 꽃터널이 반긴다. 터벅터벅 거닐어본다. 매화술 한 잔에 흠뻑 취한 사람마냥 이리저리 흐느적거린다. 꽃이 흐드러진 것인지 사람이 흐드러진 것인지 나는 모른다. 그저 꽃의 호사만을 즐길 뿐이다.

남도대교를 건넜다. 섬진강을 사이에 두고 한쪽은 경상도 하동 땅이고 다른 한쪽은 전라도 광양 땅이다. 다리는 태극문양을 잘라서 아치를 만들고 영호남의 화합을 외치고 있었다. 진안 마이산에서 발원한 800리 섬진강물은 남도의 젖줄이다. 지리산과 함께 질곡의 역사를 감내했고 지독히도 가난했던 사람들의 소금땀이 녹아서인지 비릿한 내음마저 전해진다. 남도 사람들의 따사로운 정과 슬픈 한이 녹아 있는 강이 바로 섬진강이다.

남도대교를 건너면 861번 지방도가 나온다. 죄수번호미'냥 따따한 번호
표를 기지고 있지만 하천리, 금천리, 고사리, 도사리, 신원리까지 봄날
드라이브코스는 온통 꽃구름 위를 날빈다. 하얀 꽃이 세상에 깔리고 지
리산의 산줄기가 섬진강 물빛에 비친다.

이곳은 지금이야 매화마을이지만 원래 지명은 섬진마을이다. 섬진강은
두꺼비 '섬(蟾)'과 나루 '진(津)'자를 쓴다. 고려말 왜구가 쳐들어와 이 강
을 건너려는 찰나 한 무더기 두꺼비 떼가 울자 왜구들이 놀라 달아났다
고 하여 섬진강이 된 것이다. 마을 입구는 그 전설을 말해주듯 하얀 이
를 드러내며 우는 두꺼비상이 섬진강을 바라보고 있다. 그 옆에 자리
잡은 수월정은 송강 정철이 이곳의 경치에 반해 수월정기(水月亭記)란
가사를 지어 칭송할 정도로 아름다운 곳이다.

백운산 자락에 자리 잡은 매화마을은 10만 평으로, 전국에서 가장 규모
가 크다. 흰 매화만 있는 것이 아니라 홍매, 청매, 동백까지 흰 도화지
에 드문드문 물감을 뿌려 놓은 것 같이 절묘하다. 섬진강변에 자리해

Travel Story

매화여장부 홍쌍리 여사 ●●● 청매실농장은
여장부 홍쌍리 씨의 눈물겨운 노력으로 이
루어진 곳이다. 40년 전 이곳에 시집온 그
녀는 평범한 농사꾼이었다. 어느 날 밭을
매다가 오물 묻은 자국이 있었는데 매실
즙을 발랐더니 말끔히 지워졌다. '그렇다
면 매실은 뱃속의 노폐물도 청소할 거야.'
그런 확신이 들자 그녀는 밤나무를 베어내고 매화나무를 심기 시작했다. 매실
주 말고는 별 쓸모없는 매실을 가꾼다고 주변에서 손가락질했건만 그녀는 묵
묵히 이겨냈다. 강 건너 악양들녘을 보고 후회를 많이 했다고 한다. '매화가 죽
나, 내가 죽나, 어디 한번 해보자.' 하늘은 이 아름다운 농사꾼의 정성에 감복
했다. 1990년대 매실의 효능이 알려지기 시작했고 급기야 매실음료가 붐을 이
루더니 하루아침에 스타 농사꾼이 된 것이다. 매실질임, 매실된장, 매실장아찌,
매실초콜릿, 매실화장품까지 그녀의 손에 닿는 것은 모두 인기상품이 되었다.
우리나라 매실 명인 1호다.

습도와 일조량이 높아 매실이 자라기에 천혜의 조건을 갖추고 있었다. 뒤쪽 산책로를 거슬러 올라가면 왕대나무가 꽃밭 사이에 군락을 이루고 있다. 임권택 감독의 영화 〈취화선〉의 배경지다. 그밖에도 〈흑수선〉 〈바람의 파이터〉 〈다모〉 등 마을 전체가 영화촬영지라고 보면 된다. 매화나무 아래는 보리를 심어 놓아 초록과 하얀색이 절묘하게 조화를 이루며 초가집까지 서 있어 운치를 더해준다. 바람이란 놈이 살포시 불면 꽃비가 휘날리는데 그 절경을 혼자만 보기에 너무나 아까웠다.

왕대숲을 지나 언덕을 넘어서면 눈을 의심할 정도로 황홀한 매화단지가 나온다. 그 위쪽 계단을 오르면 매화밭, 섬진강, 지리산을 한눈에 볼 수 있는 전망대가 자리한다. 탁 트인 경치에 가슴이 짜릿해진다.

매화 절정기에 인파로 가득한 매화마을에 들어서는 것이 부담스럽다면 도사면에 있는 매화산책로를 권해본다. 이곳을 한적하게 거닐면서 수줍은 매화와 터놓고 얘기할 수도 있다. 매화나무 아래 차나무가 심어져 있다. 차향과 매화향이 한데 짬뽕이 되어 묘한 냄새가 풍긴다. '차향인가? 매화향인가?'

Travel Info

친절한 여행팁 농부네 텃밭도서관 아이들에게 자연 속에 푹 파묻혀 책을 읽게 하고 싶다면 진상면 농부네 텃밭도서관을 권한다. 도서관장인 서재환 씨가 농촌 어린이들의 독서의 어려움을 해결하고자 경운기에 책을 싣고 농촌마을을 돌아다니며 책을 대여한 것이 오늘날 텃밭도서관을 만든 계기가 되었다. 어린이도서 1만여 권을 소장하고 있으며 그림과 글씨가 전시되어 있다. 외갓집처럼 편안한 곳으로 토종닭, 염소, 토끼 등을 기르고 있고 잔디 위에서 타는 썰매를 비롯한 흥미진진한 놀거리가 많아 소풍 장소로 많이 찾는다(017-606-5025, 광양시 진상면 청암리 728-2).

가는 길 서울 → 경부고속도로 → 천안논산간고속도로 → 익산장수고속도로 → 순천완주고속도로 → 구례화엄사IC → 19번 국도 → 화개 → 광양 매화마을

맛집 대한식당(소불고기, 061-763-0095, 광양읍), 청룡식당(061-772-2400, 섬진강류계소), 태봉식당(재첩국, 055-883-2466, 화개장터 부근)

잠자리 남일호텔(061-762-3111, 광양읍), 비치모텔(061-772-7727, 진월면 망덕리), 백운산자연휴양림(061-763-8615, 옥룡면 추산리 산115-1)

주변 볼거리 하동송림, 쌍계사, 화개장터, 옥룡사지, 백운산자연휴양림, 포철

060   전남 구례

형장으로 끌려가며 부르는 노래
구례 산수유

Travel Guide

추천시기 4~5월 **여행성격** 가족, 연인, 단체 **추천교통편** 자가용, 단체버스
추천일정 1일 구례화엄사IC – 산동마을 – 화엄사 – 구례오일장 – 사성암 – 다무락마을
2일 연곡사 – 석주관 칠의사의 묘 – 운조루

주소 전남 구례군 산동면 원촌리 **전화** 구례군청 061-781-2014 **웹사이트** 구례군청 culture.gurye.go.kr
2인비용 교통비 10만원, 식비 8만원, 숙박비 5만원, 여비 3만원

봄이 왔다. 얼었던 시냇물도 별빛 같은 스포트라이트를 받아서인지 우렁차게 흘러간다. 이름 없는 야생초가 언 땅을 뚫고 머리를 드러내면서 대지는 봄의 기지개를 켠다. 그 뒤를 이어 설중매라고 불리는 매화가 섬진강변을 온통 하얗게 수놓고 개나리에게 바통을 이어주기 전, 지리산 자락은 온통 산수유의 노란빛으로 물든다. 화려한 노란색도 아니고 어딘지 모르게 우수에 찬 노란빛을 띠고 있는 지리산 산수유. 어쩌면 이념 때문에 죽어야만 했던 여인의 눈물을 머금고 있기에 이런 애매한 빛깔을 띠고 있는지도 모른다. 산수유는 질곡의 역사를 고스란히 감내한 의지의 꽃이며 애잔함이 지워지지 않는 슬픈 꽃이다.

우리나라에서 산수유가 가장 많은 곳은 산동마을이다. 이름에서 볼 수 있듯이 그 옛날 중국 산동성(山東省)에서 한 저녀가 이곳으로 시집오면서 가져온 나무 한 그루를 심은 것이 오늘날 산수유나무다. 중국에서 가져온 혼수품 하나가 구례를 전국 생산량의 50%가 넘는 산수유 최대

211

생산지로 만든 것이다.

산수유를 비롯하여 호랑버들, 생강나무, 복수초 등 이른 봄에 피는 꽃들은 대개 노란색이다. 이는 겨울을 마치고 온통 회색과 갈색인 산과 들에 자신이 존재하고 있다는 것을 애타게 외치는 것과 같다고 한다. 즉 멀리서 눈에 띄는 색깔이어야 곤충들이 쉽게 찾아 자신의 꽃가루를 묻혀 번식을 하기 때문이다. 아스팔트의 중앙선처럼 눈에 띄는 색이 노란색인데 생존을 위한 색깔인 셈이다.

산수유는 두 번에 걸쳐 꽃을 피운다. 처음엔 꽃봉오리에서 겉꽃잎이 먼저 피었다가 겉꽃잎이 열리면 속꽃잎이 별처럼 예쁘게 터진다. 1cm도 채 되지 않는 이 작은 꽃들이 군락을 이루면 거대한 감동을 전해준다. 작은 꽃 하나하나가 아름답기에 이것이 집단을 이루면 위대한 힘을 발휘한다.

Travel Story

산동애가 ··· 아래 상관마을에는 산수유에 관련된 슬픈 사연이 묻어 있다. 백부전(본명 백순례)는 위로 오빠 셋에 막내였다. 여순사건 때 오빠 둘이 사망했고, 어머니는 대를 이어야 한다고 막내아들 대신에 막내딸이 희생하라고 부탁한다. 집안의 존속을 위해 그리고 하나밖에 남지 않는 오빠를 대신해 그녀는 사형장으로 끌려갔다. 생의 마지막 길에 마을을 뒤돌아보며 눈물로 불렀던 노래가 바로 '산동애가(山洞哀歌)'다. 어쩌면 죽음을 앞둔 마지막 유언인 것이다. 이 노래의 유일한 전수자는 상관마을의 홍수남 씨다. 20대 초반에 상관마을로 시집왔는데 백부전의 집 아랫집에 살았다고 한다. 시어머니와 동네 아낙으로부터 여순사건과 백부전의 이야기를 듣고 감동받아 구전된 산동애가를 열심히 연습했다고 한다. 부엌의 아궁이에서 불쏘시개를 넣다가도, 소 여물을 줄 때도 늘 입에 달고 살았다고 한다. 시어머니로부터 "나라에서 부르지 말라는 노래를 또 부른다"며 면박을 받았지만 그녀는 30년 동안 그렇게 잊으려고 해도 잊을 수가 없었다. 어쩌면 백부전은 이곳을 떠나지 못하고 홍수남 씨 마음속에 머물고 있는지도 모른다. 이념 갈등에 대한 세상의 눈길이 너그러워지자 그녀는 노고단 정상에서 이 노래를 불렀는데 부르는 사람도 듣는 사람도 모두 울음바다였다고 한다. 만약 그녀마저 이 노래를 부르지 않았다면 백부전과 함께 영원히 잊혀졌을 것이다. 요새 이 노래를 전수할 사람을 물색했더니 도무지 젊은 사람들은 배우려고 하지 않는다. '내가 죽으면 이 노래는 끊어지는디…'

상위, 대음, 상관, 현천마을 등 산동면 전체가 노랑물감을 칠한 것처럼 별세계다. 그중에서도 가장 위쪽 마을인 위안리 상위마을이 가장 꽃이 많고 아름다운 경치를 자랑한다. 이렇게 마을이 높은 곳에 자리한 이유는 임진왜란 때 왜적을 피해 피난민들이 터를 잡았기 때문이다. 한때 100여 가구가 부대끼며 살았는데 지금은 30여 가구밖에 남지 않았다. 안타깝게도 한국전쟁을 겪으면서 이념의 올가미에 걸려 많은 사람들이 고초를 당한 곳이기도 하다. 전쟁을 겪으면서 마을 사람들이 하나둘씩 떠나기 시작하였고 빈집만 자꾸 늘어났다. 남은 사람들은 폐허가 된 그 척박한 땅에 다른 작물을 도저히 심을 엄두가 나지 않아 가장 자라기 쉬운 산수유나무를 심기 시작했다. 집은 헐렁한 돌담으로 둘러쳐 있다. 사람들이 많았을 때는 아이들로 북적거렸을 텐데 지금은 산수유나무 가지만 힘겹게 돌담을 넘나들고 있다. 산수유는 굽이치는 지리산 자락에도, 집 마당에서도, 물가에서도 잘도 자란다. 산수유는 '대학나무'라고 부를 정도로 소득이 높다. 산수유열매를 팔고 있는 아주머니는 6남매를 모두 대학에 보냈다고 연신 자랑을 늘어놓는다. 올망졸망 술병들이 자식처럼 탐스럽다.

Travel Info

가는 길 서울 → 경부고속도로 → 천안논산간고속도로 → 익산장수고속도로 → 순천완주고속도로 → 구례화엄사IC → 산동마을

맛집 옛날집(닭백숙, 061-783-3886, 산동면 좌사리 908), 평화식당(비빔밥, 061-782-2034, 구례읍내), 예원(산채정식, 061-782-9917, 화엄사 입구), 백제회관(산채정식, 061-783-2867)

잠자리 신선호텔(061-783-6644, 지리산온천단지), 지리산송원리조트(061-780-8000, 지리산온천단지), 지리산가족호텔(061-783-8100, 지리산온천단지), 지리산온천관광호텔(061-783-2900, 지리산온천단지)

주변 볼거리 노고단, 천은사, 사성암, 화엄사, 지리산온천, 섬진강 벚꽃길, 다무락마을

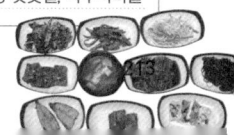

213

지리산에 숨겨둔 나의 애인

연곡사 동부도

Travel Guide

추천시기 사계절　**여행성격** 가족, 답사, 단체　**추천교통편** 자가용, 단체버스

추천일정 1일 구례화엄사IC − 연곡사 − 석주관 칠의사의 묘 − 운조루

　　　　2일 화엄사 − 구례오일장 − 사성암 − 다무락마을

주소 전남 구례군 토지면 내동리 1017　**전화** 061-782-1177　**웹사이트** 구례군청 culture.gurye.go.kr

2인비용 교통비 10만원, 식비 8만원, 숙박비 5만원, 여비 3만원

우리나라 최고의 부도가 어디냐고 묻는다면 여주 고달사지부도, 화순 쌍봉사철감선사부도 그리고 구례 연곡사동부도를 손꼽고 싶다. 이 세 부도는 금·은·동메달을 가릴 수 없을 정도로 명작이다. 섬진강변을 지나칠 때면 쌍계사는 지나쳐도 연곡사는 반드시 들리게 되는데, 지리산에 숨겨둔 애인이 애타게 손짓하고 있기 때문이다.

연곡사동부도(국보 제53호)는 나말여초 조각예술의 백미로, 밀랍으로 빚어도 만들어낼 수 없을 만큼 정교하다. 정 한 번 잘못 내리치면 작품이 아니라 쓸모없는 돌덩이가 되어버리지만 1cm의 오차도 없이 완벽하다. 바위를 떡 주무르듯 다루는 고려인의 손재주에 그저 탄복만 할 뿐이다.

하대석은 용이 꿈틀거리고 있으며 중대석 굄돌에는 사자가 웅크리고 있다. 중대석 8면의 무시무시해야 할 팔부신중은 새색시처럼 애교가 넘친다. 수줍은 미소를 머금은 여인의 자태가 어찌나 예쁘던지 한동안 내

마음이 무장해제당하고 말았다.

상대석으로 올라가면 겹겹이 피어오른 16장의 연꽃잎을 볼 수 있다. 임신부처럼 배가 볼록한 팔각기둥, 그 사이 8면에는 극락조 가릉빈가가 춤추고 있다. 스님의 사리를 모신 탑신에는 열반과 해탈의 세계로 들어가는 감실이 보이고, 각 면을 사천왕이 호위하고 있다. 8개의 기와지붕, 유연한 처마선, 서까래와 부연 그리고 물 흐르듯 유려한 기왓골과 막새가 눈물이 찔끔 날 정도로 섬세하다. 지붕돌 아랫면에는 구름 문양이 새겨져 있고 상륜부는 날개를 퍼덕이며 비상하려는 전설의 새 가릉빈가 4마리가 사방을 향해 날고 있다. 그러나 지상을 박차고 극락세계로 날아야 할 새는 아쉽게도 머리가 모두 잘려나갔다.

피비린내가 진동했던 피아골의 처절한 흔적으로 보면 된다. 연꽃 장식의 앙화, 복발, 보륜은 계단 논처럼 차곡차곡 얹혀 있다. 바로 옆 동부도비(보물 제153호) 역시 명작이다. 비신은 온데간데없고 용머리와 이수만이 남아 있다. 비신은 임란 때 파괴되었다고 하는데 거북등은 6각형의 귀갑 문양이 아니라 날개를 새겨 넣은 것이 특징이다. 하늘을 날아다니는 돌거북을 상상해본다. 이렇듯 형식에 얽매이지 않는 파격미가 동부도비의 매력이다.

100m쯤 떨어진 곳에 자리한 북부도(국보 제54호)는 구조, 형태, 크기 등이 동부도를 빼닮았다. 석재가 붉은 빛을 띤 사암이어서 핑크빛 공주라고 이름 지어주었다. 서부도(보물 제154호)는 주인이 있다. 소요대사의 사리를 모시고 있는데 옆에 부도비를 세우지 않고 몸돌에 비석 문양을 새겼다. 이는 조선부도의 특징이기도 하다. 주변에 석종형 부도와 함께 공존하고 있다. 전대의 명작과 비교해 조각수법이 엉성하고 비례도 맞지 않는다. 후대로 갈수록 불교예술의 쇠퇴를 볼 수 있다. 연곡사의 부도기행의 밎은 바로 시대의 흐름에 따라 조각수법의 변모를 확인할 수 있어 마치 부도 학습장을 방불케 한다는 점이다. 찬란한 불교문화의 꽃을 피운 통일신라 그리고 지방분권시대의 고려, 숭유억불의 조선. 연곡사의 부도는 이런 시대정신을 고스란히 반영하고 있다.

연곡사는 신라 진흥왕 연기조사가 창건했다고 전해진다. 연기조사는 화엄사를 완공한 후 이곳을 지나다 연못이었던 법당자리에서 제비가 노니는 것을 보고 기이하게 여겨 도량을 앉혔다고 한다. 그렇기에 사찰 명에 '제비 연(燕)' 자를 썼다. 하긴, 대웅전 뒷자락 지리산 봉우리들이 날아오르는 제비 형상처럼 보인다. 임란과 구한말 의병의 아지트였고 한국동란 때는 빨치산 토벌 명목으로 사찰이 폐허가 되고 만다. 구한말 의병장인 고광순 순절비를 볼 수 있으며 현각선사부도비(보물 제152호)에서는 용의 생동감을 맛볼 수 있다. 처마밭에 서 있어 더욱 푸근한 연곡사삼층석탑(보물 151호)도 볼거리다.

Travel Info

친절한 여행팁 **피아골계곡** 섬진강가 외곡리 검문소에서 지리산 속내로 하염없이 들어가야 연곡사에 닿는다. 섬진강에서 피아골 입구까지 무려 15리나 될 정도로 깊숙한데 지리산 계곡 중 가장 폭이 좁고 긴 계곡이다. 초입 섬진강이 〈엄마야 누나야 강변 살자〉라는 노래처럼 강변 분위기가 난다면 이곳은 강원도 산간마을을 그대로 옮겨놓은 것 같다. 지독한 가난으로 이마에 굵은 주름을 새겨 놓듯이 산비탈의 논두렁 역시 차곡차곡 좌우의 획을 긋고 있다. 이 계단 논이야말로 피아골의 역사와 질곡을 말해주는 흔적이다. 지주들의 수탈과 일제의 만행에 못 이긴 민중들이 이 첩첩산중까지 찾아와 화전을 일구며 손바닥만 한 땅에서 나온 곡식으로 삶을 이어나갔다. 하늘을 찌를 듯한 계단식 논은 아름답기보다 처절하게 보인다.

가는 길 서울 → 경부고속도로 → 천안논산간고속도로 → 익산장수고속도로 → 순천완주고속도로 → 구례화엄사IC → 19번 국도 → 외곡 → 연곡사

맛집 섬지가든(참게탕, 061-782-5576, 토지면 외곡리), 지리산대통밥(대통밥, 061-783-0997, 화엄사), 지리산식당(버섯전골, 061-782-2066)

잠자리 신선호텔(061-783-6644, 지리산온천단지), 지리산리틀프린스펜션(061-783-4700, 화엄사), 지리산산사랑펜션(061-783-6090, 화엄사), 화엄각펜션(061-782-9911, 화엄사)

주변 볼거리 노고단, 천은사, 사성암, 화엄사, 산동 산수유, 섬진강 벚꽃길, 다무락마을

심청전의 뿌리, 효녀 홍장 이야기를 찾아가다
섬진강 기차마을

Travel Guide

추천시기 3~8월　**여행성격** 가족, 연인, 단체　**추천교통편** 자가용, 기차	
추천일정 1일 섬진강 기차마을 – 심청테마마을 – 압록유원지 – 자전거하이킹	
2일 조태일시문학관 – 태안사 – 대황강자연휴식지 – 옥과미술관	
주소 전남 곡성군 오곡면 오지리 720-16　**전화** 061-363-9900　**웹사이트** gstrain.co.kr	
2인비용 교통비 10만원, 식비 5만원, 숙박비 5만원, 여비 5만원	

영화 〈태극기 휘날리며〉에서 장동건과 원빈 두 형제가 한국전쟁 때 국
군에게 강제 징집되는 장면이 생생하다. 나무로 지어진 역사와 투박한
나무의자가 놓인 대합실, 작은 유리창이 뚫린 매표구와 기차시간표를
적어 놓은 청색칠판 등 50년 전의 모습을 고스란히 보여주고 있는 이곳
은 곡성 기차마을이다. 옛 곡성역 광장에는 1960년대 거리 모습을 재현
해 놓은 영화 세트장이 조성되어 있다. 〈토지〉〈야인시대〉〈경성스캔
들〉 등이 촬영되었던 곳으로, 세트장을 거닐며 드라마 속 감동을 되새
겨보는 것도 좋다.
구 곡성역은 전라선의 한 역이지만 전라선이 직선화되면서 구 곡성역~
가정 간이역 10km 구간이 폐선되었다. 곡성군은 이 철길을 사들여 섬
진강 기차마을로 재단장했다. 기차마을의 최고 인기는 하얀 증기를 내
뿜으며 섬진강변을 달리는 증기기관차다. KTX는 시간과 싸우지만 시
속 30km의 증기기관차는 느림을 향해 천천히 달린다. 차창 밖으로 파

심청전의 원류, 효녀 홍장 이야기 ••• 충청도 대흥현에 살던 맹인 원량은 처를 잃고 홍장이라는 딸과 함께 살고 있었다. 홍장은 정성을 다해 아버지를 모시니 그 효행이 바다 건너 중국까지 소문날 정도였다. 어느 날 흥법사 성공스님이 부처님의 계시라면서 시주를 간청했고, 논밭 한 뙈기 없었던 원량은 홍장을 딸려 보내니 그 이별은 고을사람들은 물론 산천초목까지도 슬프게 했다. 성공스님을 따라나선 홍장이 소랑포에서 쉬고 있을 때 진나라 황제가 황후간택을 위해 파견한 사신 일행을 만났다. 용모를 살피니 절세미인으로 사신들은 진나라 황후가 되어달라고 간청했다. 홍장은 예물로 가져온 금은보화를 모두 스님께 드렸다. 성공스님은 홍장에게 받은 예물로 큰 불사를 마치게 된다. 사신들을 따라 진나라로 건너가 황후가 된 홍장은 선정을 베풀고 덕을 행했지만 고국에 두고 온 부친이 늘 마음에 걸렸다. 정성을 다해 관음상을 만들어 바다 건너 동국으로 보냈다. 석선에 실린 관음상은 표류 끝에 낙안포에 나온 성덕처녀의 수중에 들어갔고, 그녀는 관음상을 업고 고향인 옥과로 가서 지금의 관음사를 창건했다. 한편 아버지 원량은 딸과 헤어져 너무 슬픈 나머지 엄청나게 흘린 눈물 때문에 갑자기 눈이 떠졌다고 한다. 서기 300년 곡성 땅은 철의 주산지였으며, 고대국가 형성의 중요한 자원이었던 철을 확보하기 위해 중국 상인이 섬진강을 드나들었다고 한다. 무역선이 드나드는 과정에서 곡성의 효녀가 중국 양쯔강 어귀의 보타섬으로 건너가 귀인이 되었다는 민간전설을 뒷받침하고 있다. 원래 홍장 이야기는 곡성 관음사의 관음신앙으로, 호남지역에 구전으로 전승되다가 1729년에 목판본 『옥과현성덕산관음사사적』이 대량 유포되면서 대중 속으로 파고 들어가 훗날 심청전으로 거듭났다고 한다. 심청이야기마을이 곡성군 오곡면에 조성되었는데 옛날 이름은 쇠쟁이 마을로, 예로부터 철이 많이 생산되었다고 한다. 기와집 6개 동과 초가집 12개 동으로 이루어진 민속촌으로 민박체험을 할 수 있다. 한옥 모양의 심청연수원(061-363-9910)에서는 각종 체험이 가능하다. (곡성군청 홈페이지 참조)

노라마처럼 펼쳐지는 섬진강 풍경에 빠지다 보면 어느덧 종착역인 가정역에 닿게 된다. 하차하면 붉은색 두가현수교를 건너 코스모스 가득한 섬진강의 풍경을 감상해도 좋고 천문대를 구경해도 좋다. 다시 기차마을로 돌아오면 철로자전거인 레일바이크가 기다린다. 연인과 가족들이 섬진강을 따라 신나게 페달을 밟으며 강변의 정취에 흠뻑 빠져들 수 있다. 기차마을 레일바이크는 왕복 1.6km밖에 되지 않지만, 침곡역에서 가정역까지 가는 섬진강 레일바이크(40분, 1만 5000원)는 편도

5.1km로 길기 때문에 마음껏 레일 위를 달릴 수 있다. 곡성-구례-하동까지 17번 국도는 지네처럼 휘감아 도는 길로, 최고의 드라이브 코스로 손꼽히니 함께 달려도 좋다.

전북 진안과 장수 팔공산에서 발원한 섬진강은 남해까지 212km를 흘러간다. 지리산의 경계표시를 하듯 강은 휘감아 돈다. 곡성을 지나 '압록'이란 곳에서 보성강의 물줄기를 받아들이며 제법 넉넉한 강의 모습을 갖추고, 구례를 거쳐 화개장터를 기웃거리며 하동을 거쳐 남해로 빠져나간다. 영·호남을 가로지르는 화합의 물줄기는 상상만으로 가슴이 설렌다. 한여름 섬진강의 꽃은 보성강과의 합류지점인 압록유원지다. 드넓은 백사장이 펼쳐져 있어 여름 피서지로 제격이며 모기가 없어 가족단위 캠핑장소로 각광을 받고 있다. 강변에는 압록의 별미인 참게탕, 은어회, 매운탕을 맛볼 수 있어 식도락 여행을 겸할 수 있다.

가정마을에서 두계나루터까지 최고의 자전거코스가 기다리고 있다. 빨간 구름다리 두가현수교를 건너면 잔디광장이 이어지고 청소년 야영장이 나온다. 이곳에서 자전거를 빌려 타고 페달을 밟으며 섬진강의 풍경을 가슴에 담을 수 있다. 강변순환코스는 대략 30분이면 족하고 두계나루터까지 다녀올 수 있다. 두계마을은 외갓집체험마을로 인기 있는데, 흙으로 만든 장승과 굽은 돌담, 고풍스러운 옛집이 있는 산골마을로 순박한 인심이 자랑이다. 여름에는 다슬기 잡기, 감자 캐기, 옥수수 따기 물총놀이 체험, 고택체험 등 흥미진진한 체험거리가 가득하다.(민박 7실 90명, 문의 061-362-6773)

Travel Info

가는 길 서울 → 경부고속도로 → 천안논산간고속도로 → 익산장수고속도로 → 순천완주고속도로 → 서남원IC → 곡성

맛집 새수궁가든(참게탕, 061-362-8352, 압록유원지 근처) 용궁산장(매운탕, 061-363-5371, 압록유원지), 황룡회관(생돈심, 061-363-1903, 곡성읍내), 심청골기차마을(다슬기수제비, 061-363-1103, 기차마을)

잠자리 두계외갓집체험마을(070-7724-5587), 화이트빌리지(061-363-7531), 심청이야기마을(061-363-9910, 한옥펜션), 곡성군청소년야영장(061-362-4186)

서석대 주상절리를 보며 무등산 폭격기를 떠올리다

무등산

추천시기 4~6월, 12~2월 **여행성격** 가족, 연인, 단체 **추천교통편** 기차, 시내버스

추천일정 1일 옛길 1구간(무진고성-청풍쉼터-충장사-원효사) - 옛길 2구간(원효사-중봉-서석대)

2일 옛길 3구간(풍암정-충효동도요지-광주호호수생태원-환벽당-식영정-소쇄원)

주소 광주광역시 북구 무등로 2030

전화 062-365-1187 **웹사이트** mudeungsan.gjcity.net

2인비용 교통비 5만원, 식비 4만원, 숙박비 5만원, 여비 5만원

Travel Guide

옛길 2구간은 원효사에서 무등산 서석대까지 오르는 등산로로, 사람의 손때가 묻지 않은 자연 그대로의 모습을 하고 있어 '무아지경의 길'로 통한다. 새소리, 바람소리, 물소리에 마음을 내맡기면 그만이다. 20분 쯤 걸었을까, 돌에서 철을 뽑았던 제철유적지가 반긴다.

바위에 '주검동'이라는 암각 글자가 새겨져 있어 임란 때 김덕령 장군이 무기를 만들었던 장소임을 말해준다. 천천히 숨 고르기를 하며 경사진 길을 오르면 제법 폭이 넓은 물통거리가 나온다. 그 옛날 나무꾼들이 땔감이나 숯을 구워 나르던 산길로, 1960년대에는 무등산의 군인들이 보급품을 날랐던 길이다. 눈을 잔뜩 뒤집어쓴 산죽길을 따라 오르면 널찍한 치마바위가 나온다. 옛길 37번은 보급품 종착지로 당시의 흔적인 쇠바퀴, 쇠파이프, 드럼통 등 40년 전 군부대의 흔적들을 볼 수 있다. 사력을 다해 계단을 오르면 하늘이 열리면서 무등산과 광주 일대가 시원스레 펼쳐진다. 중봉 쪽으로 시선을 던지면 수천 평의 억새군락이 바람에 하늘거리고 가운데 'S' 자 굽잇길이 근사한 그림을 그려내고 있다. 임도에서 서석대까지는 눈으로 다져진 돌계단길이다.

하늘은 코발트빛을 띠고 있으며 나무는 밍크코트를 걸친 듯 상고대를 잔뜩 뒤집어쓰고 있다. 무등산 옛길의 하이라이트는 서석대다. 눈과 얼음으로 덮인 수직기둥은 수정병풍을 하고 있어 빛이 더해지면 보석처럼 반짝인다. 서석대는 한반도 육지 땅에서는 가장 큰 주상절리대로, 용암이 지표 부근에서 냉각되면서 물리적 풍화로 형성된 중생대 백악기 화산활동의 산물이다.

서석대를 멋지게 감상할 수 있도록 마주하는 곳에 전망대가 서 있다. 눈꽃터널을 지나 200m쯤 오르면 '11.87km 완주를 축하합니다'라는 옛길 종점 푯말이 환영인사를 건넨다. 북쪽에 내장산이, 남쪽으로는 월출산이 조망된다. 지도 한 장 펼쳐놓고 남도의 산하를 손가락으로 짚어보는 재미가 쏠쏠하다. 1100m 서석대 정상에 표지석이 서 있다. '광주의 기상이 이곳에서 발원되다'라는 웅장한 글씨가 가슴을 짜릿하게 한다.

장불재로 하산하면 기묘한 바위가 하늘 향해 서 있는 입석대를 마주한다. 오각, 육각, 팔각형의 돌기둥이 열 지어 서 있는 모습이 마치 그리스의 신전 같은 분위기를 자아낸다.

서석대, 입석대는 천연기념물 제465호로 지정되어 있다. 남한 최대의 주상절리대로, 정교하고 아름다운 입석이 가히 절경이다. 무등산 옛길 2구간은 길 보호를 위해 스틱 사용을 금하고 있고, 올라가는 것만 허용하며 옛길로 다시 내려가는 것은 막고 있어 하산하려면 임도길을 이용해야 한다. 임도를 따라 무등산의 자태를 감상하며 타박타박 내려와도 좋고 장불재를 거쳐 중머리재를 지나 증심사로 내려와도 괜찮다.

완만한 평지길인 옛길 1구간은 산수오거리를 시작해 무진고성−청풍쉼터−충장사−원효사까지 7.75km로, 오감을 열어두고 가족과 함께 천천히 거니는 '황소걸음길'이다. 광주시내가 한눈에 조망되는 무진고성, 김삿갓이 화순 적벽 가는 길에 잠시 들렀다고 하는 청풍쉼터, 임란 때

팔도 의병대장인 충장공 김덕령을 기리는 사당인 충장사, 원효대사가 무등산의 수려함에 감탄해 기도했던 원효사까지 숲길 등이 이어지며 7.75km 2시간이면 족하다. 옛길 3구간은 충장사를 시작으로 샘바위-풍암정-도요지-김덕령장군생가-호수생태원-환벽당-가사문학관까지 5.6km, 대략 2시간이 소요되며 정철의 성산별곡, 사미인곡 등 수많은 가사문학을 꽃피운 지역을 둘러보게 된다.

Travel Info

친절한 여행팁 **무등산 옛길** 옛길은 광주시내에서 시작되고 원점회귀형이 아니므로 굳이 차를 가져가는 것보다 대중교통을 이용하는 것이 편하다. 광주역이나 광주시외버스터미널 앞에서 20~30분마다 한 대씩 운행하는 시내버스를 이용하면 옛길 2구간 초입인 원효사까지 갈 수 있다. 주말이면 증편된다. 옛길은 총 3구간으로 하루에 3구간 전체를 둘러보기는 무리다. 이틀에 걸쳐 걷는 것이 좋은데, 서석대 눈꽃을 볼 수 있는 2구간에 중점을 두고 시간이 남으면 원효사부터 쉼터까지 1구간을 거꾸로 내려오는 것도 방법이다. 폭설이 내린 다음 날 아침에 찾으면 수정병풍 같은 서석대와 무등산 눈꽃을 볼 수 있다.

가는 길 경부고속도로 → 천안논산간고속도로 → 호남고속도로 → 동광주IC

맛집 신성산장(토종닭·산채비빔밥, 062-265-8778), 산해가든(닭요리, 062-266-6679), 장성오리탕(오리탕, 062-526-1504, 광주역 인근), 형제송정떡갈비(떡갈비, 062-944-0595, 송정동)

잠자리 무등파크호텔(062-226-0011, 지산동), 히딩크모텔(062-528-0071, 광주역), 몰디브모텔 062-226-2460, 대인동)

주변 볼거리 충민사, 국립 5·18 민주묘지, 금남로 공원, 빛고을국악전수관, 소쇄원, 증심사

입에서 살살 녹는 한우

장흥 토요장터

Travel Guide

추천시기 사계절　**여행성격** 가족, 연인　**추천교통편** 시외버스, 자가용

추천일정 1일 장흥 토요장터 – 우드랜드 – 소등섬 – 정남진 – 한재공원 – 이청준 생가
2일 천관산 – 방촌유물전시관 – 장흥댐 – 보림사

주소 전남 장흥군 장흥읍 예양리 158

전화 장흥군청 061-863-7071　**웹사이트** 장흥군청 travel.jangheung.go.kr

2인비용 교통비 10만원, 식비 8만원, 숙박비 5만원, 여비 5만원

장흥은 물산이 풍부한 고장이다. 득량만 뻘에는 키조개와 낙지가 득실하여 일제강점기 때는 '금량만'이라고 부를 정도로 풍요로웠다. 그런 물산이 집결하는 장흥장은 한때 나주 영산포의 홍어시장, 함평의 학다리 우시장과 더불어 전남의 3대 시장으로 뽑혔다. 그러나 농촌인구가 줄어들고 대규모 할인점이 들어서면서 장흥의 재래시장은 소규모 장터로 전락했고 근근이 명맥만 유지했다. 그러다가 민관이 합심하여 장터를 다시 살렸고, 장흥 토요장은 호남 제일 장의 영광을 되찾았다. 인근 목포나 영암뿐 아니라 멀리 경상도 진주에서도 남도의 풋풋한 먹을거리를 찾아 일부러 장흥을 찾아옴 정도로 남도 최대의 장터다.

단순히 물산을 사고파는 공간이 아니라 잊혀가는 주억까지 장바구니에 담을 수 있기에 주말에는 3만 명의 인파가 북적거린다. 약쑥, 냉이, 달래, 표고버섯, 생약초 등이 가득해 겨우내 입맛을 잃은 식도락가에게 기쁨을 준다. 개천가에는 닭, 오리, 흑염소, 토끼, 강아지가 새 주인을 기다리고 있다. 절구통만 한 토종닭도 즉석에서 잡아주는데, 주인은 닭을 팔 생각이 없는지 구석에 자리 잡고 앉아 친구들과 소주잔을 돌리며 있다. "팔면 좋고 안 팔리면 닭과 정들어서 좋지."

정육점 통유리에는 방금 잡은 소가 대롱대롱 매달려 있다. 하얀 칠판에는 오늘은 관산읍 외동리 김○○의 소를 잡았노라고 큼지막하게 쓰여 있다. 소고기 한 근을 저렴하게 구입할 수 있는데, 값도 싸지만 당일 잡은 신선함은 따라갈 수 없다. 먹음직스럽게 썬 고기를 들고 인근 식당에 가져가 상차림비만 주면 상추와 함께 입에서 살살 녹는 한우를 맛볼 수 있다. 버섯을 좋아하면 버섯식당, 야채를 좋아하면 야채식당, 구미에 맞는 식당을 고르면 된다. 허름한 보리밥집에 들러 온갖 나물을 넣고 고추장에 비벼 먹는 것도 좋고, 어물전 주인이 맛보기로 건네준 꼴뚜기를 씹는 맛도 장터가 주는 재미다. 장흥 특산물인 매생이국도 먹어보고, 때깔 좋은 생선을 감상하며 어슬렁거리는 호사도 즐겨본다. 대장간 앞에는 추억의 뽑기가 있고, 각설이 엿장수 공연도 70년대 풍물시장의 추억을 되새기기에 충분하다. 깎는 재미, 덤으로 얻어먹는 재미야말로 재래식 시장이 주는 선물이다. 막걸리 한 사발 기울였더니 취기가 돈다. 메인무대에서 장터에 걸맞은 무명가수들이 신나는 노래를 부르면 어르신들이 흥에 겨워 무대 앞에서 어깨춤을 들썩이며 하나가 된다. 장터 앞 탐진강변에서는 줄배타기, 민물고기 잡기, 투호놀이, 도자기 만들기 등의 체험행사를 할 수 있다.

장흥의 남쪽 끄트머리 회진면 한재공원은 무려 3만 평이 할미꽃 군락지다. 유채나 동백처럼 화려한 꽃을 기대하면 곤란하다. 거센 바닷바람과 싸우며 땅에 붙어 있기 때문에 눈을 크게 뜨거나 바짝 엎드려야 할미꽃을 찾을 수 있다. 한 뼘 정도 되는 작은 꽃이 바람에 일렁이는 모습은 한 편의 시다. 털끝까지 생명력이 미쳐 꽃은 가냘프게 떨고 있다. 진목마을이 고향인 이청준 작가, 김영남 시인은 이 잡초 같은 꽃을 보면서 감성을 키워나갔고, 고개 숙인 꽃을 보며 겸손을 배웠는지 모른다. 정상

에 오르면 어머니 같은 바다 득량만과 금당도, 금일도, 생일도 등 완도
의 섬들이 눈에 들어온다. 고개를 넘으면 바로 한승원이 태어난 신상리
가 나온다. 이 넉넉한 바다를 보며 태어나고 자란 것만으로도 반은 시
인이다. '은빛으로 번쩍거렸고, 금빛 칠을 해 놓은 것 같았고' '쪽빛 물을
들여 놓은 것 같았'다는 시인의 감성으로 회진 앞바다를 음미해보자.

회진면 대리에 안전한 낚시공원이 조성되어 있다. 공원을 연결한 낚시
교와 바다에 떠 있는 부잔교식 낚시터, 육상낚시터, 콘도식낚시터 등
다양한 낚시터를 갖추고 있다. 특히 바다 위에 둥둥 떠 있는 콘도식 낚
시터는 가족이 오붓하게 즐길 수 있도록 취사시설이 갖춰져 있다. 청정
해역 득량만의 들머리에 위치해 소록도와 금당팔경 등 아름다운 다도
해 조망이 가능하고 감성돔 낚시 포인트로 알려져 가을철이면 씨알 좋
은 감성돔의 짜릿한 손맛을 즐기기 위해 전국에서 많은 낚시꾼이 몰려
든다. 억불산 자락 우드랜드는 하늘에 치솟은 편백숲 100ha에 걸쳐 군
락을 이루는 산림 휴양관광지로, 아토피 치료에 특효가 있어 관광객이
많이 찾는다. 우드랜드에서 억불산 정상까지 총 3736m의 계단 없는 말
레길이 조성되어 있는데 말레는 '대청'의 장흥 사투리다.

Travel Info

가는 길 서해안고속도로 → 목포IC → 2번 국도 → 해남 → 강진 → 장흥

맛집 바다하우스(바지락 회, 061-862-1021, 수문항), 여다지회마을(키조개, 061-862-1041, 안양면 사촌리), 정남진음식사랑식당(한우요리, 061-864-9876, 토요시장 내), 신녹원관(한정식, 061-863-6622)

잠자리 옥섬워터파크(061-862-2100, 안양면 수문리), 스위스모텔(061-864-3111, 장흥읍내), 천관모텔(061-807 8860, 관산읍), 피아노모텔(061-864-8800, 장흥읍내), 진송관광호텔(061-864-7775, 장흥읍내)

주변 볼거리 보림사, 유치슬로시티, 장흥댐, 우드랜드, 장천재, 천관산도립공원, 방촌마을, 정남진, 소등섬

065 전남 해남

바위에 별 모양의 공룡발자국이 찍혔어요
해남 공룡박물관

Travel Guide

추천시기 5~10월 **여행성격** 가족, 단체 **추천교통편** 승용차, 버스, 단체버스

추천일정 1일 목포IC – 우수영 – 우항리공룡박물관 – 녹우당

2일 대흥사 – 두륜산케이블카 – 땅끝 – 미황사

주소 전남 해남군 황산면 우항리 191번지 **전화** 061-532-7225

웹사이트 uhangridinopia.haenam.go.kr

2인비용 교통비 10만원, 식비 8만원, 숙박비 5만원, 여비 3만원

공룡을 본 사람은 아무도 없다. 대신 공룡발자국, 공룡알, 공룡뼈 등 그
흔적을 통해 공룡을 상상할 뿐이다. 하지만 이런 상상력이야말로 공룡
과 친해질 수 있는 계기가 아닐까. 일가친척 이름은 못 외어도 아이들 입
에서는 그리스신화에 나오는 신들의 이름과 발음조차 어려운 공룡 이름
이 술술 나온다. 그 이유는 신화나 공룡 이야기 자체가 흥미 있고 무한한
상상력만 동원한다면 바로 자신의 이야기가 될 수 있기 때문이다.
공룡이 살던 시기에 남해안 일대는 바다가 아니라 커다란 호수였다. 중
생대 백악기에는 경상도에만 3개의 큰 호수가 형성돼 있었고 그중 하
나는 남해안과 일본 땅에 걸쳐 있을 정도로 엄청난 규모였다. 고성당항
포–상족암–남해 창선의 가인리–여수 사도–해남 우항리까지 이어지
는 공룡벨트는 바로 공룡들의 신나는 놀이터였다. 특히 우항리에서는
국내 최대 크기이자 가장 선명한 공룡발자국을 만날 수 있다. 진흙이

군은 이판암에는 수천만 년 전 이곳 호수 주변에 서식했던 동물들의 발자국이 찍혀 있다. 공룡·익룡·물새의 발자국화석이 한 지역에서 발견된 경우는 세계적으로도 유례를 찾기 어렵다고 한다. 호수 부근에 화산활동이 격렬하게 일어나자 그 화산재가 쌓여서 퇴적암층을 이룬 것이다. 특이하게 퇴적물이 수평으로 쌓이지 않고 경사를 이룬다.

이곳 화석은 크게 세 개의 보호각으로 덮여 있는데 가장 먼저 만나는 것이 '조각류공룡관'이다. 초식동물의 긴 목을 형상화한 터널은 자연채광을 잘 활용하였다. 이곳엔 총 263개의 공룡발자국이 있는데 그중 90%가 조각류(초식공룡) 발자국이며 10%는 육식공룡인 수각류 발자국이다. 용각류(초식공룡)의 보행열도 볼 수 있으며 발자국 크기와 진행방향을 통해 당시 공룡의 행동을 유추해낼 수 있다. 발자국화석은 모양에 따라 구분하는데, 역사다리꼴은 육식공룡이며 타원형은 초식공룡이란다.

두 번째 만나는 전시관은 '익룡조류관'이다. 건물이 공룡의 등뼈처럼 디자인되었으며 지붕은 목조 격자망 구조이고 천장을 그물망처럼 엮었다. 이곳에서는 날아다니는 공룡인 익룡과 물갈퀴새의 발자국을 가까이에서 관찰할 수 있는데 앞발은 사람의 귀 모양을, 뒷발은 발 모양을 닮았다. 우항리 지역은 아시아에서는 최초로 익룡발자국(20~35cm)이 발견되었는데 크기 및 규모가 세계 최대이다. 이 발자국의 주인은 해남군의 지명을 따서 '해남이크누스 우항리엔시스(Haenamichnus uhangriensis)'로 명명되는 영광을 안았다. 이 익룡의 날개는 무려 12m에 달하며, 발자국화석이 443개나 발견되어 세계에서 가장 많은 익룡발자국 수를 자랑한다. 또한 익룡조류관에서는 연흔(물결자국)을 볼 수 있다. 이는 물이나 파도에 의해 퇴적물이 쌓이면서 퇴적물의 표면에 요철수소가 만들어진 것이다. 이곳이 백악기 때 호수였음을 말해주는 흔적이다. 화석도 좋지만 보호각의 미적인 부분도 살펴볼 만하디. 통유리 사이로 갈대가 보이고 그 너머에 금호호가 자리 잡고 있다. 운 좋으면 수십만 마리의 가창오리떼도 볼 수 있다.

세 번째 전시관은 '대형공룡관'이다. 대형 공룡의 몸통을 돔 구조로 형상화했다. 세계 유일의 별모양 발자국도 보인다. 공룡이 밟고 있는 퇴적물의 점성 때문에 별모양이 생긴 것으로 추정되며, 아직까지 발자국 주인이 누군지 밝혀지지 않았다. 그 크기도 52~95cm로 거대하다. 입구에는 마멘치사우루스의 복제 화석이 서 있어 아이들이 좋아한다. 코끝에서 꼬리 끝까지 21m, 목 길이 11m, 몸무게 27톤으로 추정하며 1957년 사천성에서 발견되어 현재 베이징 박물관에 전시되어 있다. 대형공룡관을 나와 왼쪽으로 가면 우리나라에서 가장 큰 공룡발자국을 볼 수 있다. 이곳에서 갓난아이를 목욕시킬 수 있을 정도로 크다. 공룡알도 볼 수 있다. 이 작은 알에서 깨어나고 자라 20톤의 공룡이 되어 호수를 쿵쾅거리며 걸었을 것이다. 이해를 돕기 위해 음성안내기(MP3) 50대와 영상안내시스템 5대를 갖추고 있다.

066 | 전남 완도

윤선도의 유토피아가 실현된 섬
보길도

추천시기 사계절 **여행성격** 가족, 연인, 단체 **추천교통편** 자가용, 선박, 단체버스
추천일정 1일 완도 화흥포항 – 동천항 – 보길도 – 우암 송시열 글쓴바위 – 세연정 – 동천석실
2일 예송리 일출 – 격자봉등산(곡수당 – 큰길재 – 수리봉 – 격자봉 – 누룩바위 – 보옥리)

주소 전남 완도군 보길면 **전화** 완도군청 061-550-5151 **웹사이트** www.보길도닷컴.com
2인비용 교통비 20만원, 식비 15만원, 숙박비 5만원, 여비 5만원

Travel Guide

보길도는 동백섬이다. 파도소리, 새소리를 듣고 자란 동백은 유난히 붉다. 단정한 꽃송이들은 봄을 알리는 전령사다. 세연정에서 동천석실 가는 길에 발을 놓기 어려울 정도 많은 동백이 이어지며 망끝전망대와 보옥리 공룡알해변에도 동백이 지천이다.

통리해수욕장은 수심이 얕아 청소년 수련장소로 유명하며, 모래가 밀가루처럼 곱다. 목섬, 남도, 기도, 갈마섬이 둥둥 떠 있고 동쪽에 소안도가 방파제처럼 길게 놓여 있어 해변이 아늑하고 포근하다. 중리해수욕장은 백사장 뒤로 곰솔숲이 빼곡해 산책하기 좋고, 바다에 낚싯대를 드리우며 세월을 낚기에 이만한 풍경이 없다. 하루 두 번, 간조 때면 목섬까지 섬이 연결되어 굴이나 해조류를 딸 수 있다. 보길동초등학교는 교문을 나서면 바로 중리해수욕장과 연결된다. 내가 만난 가장 멋진 초등학교다.

통리에서 예송리로 넘어가는 고갯길은 조심해야 한다. 멋진 경관에 한

눈팔다가는 벼랑 아래 용궁으로 빠지기 십상이다. 복생도가 나룻배처럼 떠 있고 그 너머로 영화 〈그 섬에 가고 싶다〉의 촬영지였던 당사도가 긴 자태를 드러내고 있다. 샛배우재를 넘으면 벼랑 끝에 정자가 하나 서 있는데 예송리 해변 전체를 품을 수 있는 전망포인트다. 예송리 해변의 갯벌은 작고 새카만 갯돌이 자랑이다. 파도에 맞춰 오묘한 화음을 내는데 유심히 살펴보니 몽돌이 하트를 닮았다. 억만 겁의 세월이 만들어낸 사랑의 속삭임을 놓치지 마라. 1.4km나 뻗어있는 상록수림을 거닐어도 좋고 폐교가 된 예송초등학교에 들어가 동백을 감상하면서 학창시절을 회상해도 좋다.

섬 동쪽 끄트머리로 가면 송시열의 글썬바위가 숨어 있다. 윤선도와 송시열은 동시대를 살아간 대학자였다. 당파를 달리해 죽자사자 싸웠건만 부질없는 짓이었다. 제주도로 향하다가 보길도에 들른 것도 똑같다. 윤선도는 보길도에 터를 잡고 유토피아를 실현했고, 83세 노파 송시열은 숙종 때 왕세자의 상소를 올린 것이 화근이 되어 제주도로 귀향 가던 중 풍랑을 만나 보길도로 피신해 자신의 구구절절한 심경을 바위에 새겼다. 세월에 깎여 글자를 알아보기 어렵지만 그 애절함은 손끝으로 전해온다.

부용정에서 원형이 가장 잘 보존된 세연정은 담양 소쇄원, 영양 서석지와 더불어 우리나라 3대 정원으로 손꼽는다. 절제와 규제 속에 자연을 개조하고 조화로운 인공을 가한 과학정신은 오늘날 건축에도 시사하는 바가 크다. 개울의 보(판석보)를 막아 논에 물을 대는 원리, 크고 작은 바윗돌을 음양의 조화에 따라 배치한 점, 회수담으로 들어오는 물길의 파동을 잠재우기 위해 거북바위를 배치한 점 등 기발한 착상과 슬기에 무릎을 칠 만하다. 세연정 주변은 굵은 동백나무를 비롯한 갖가지 상록수가 빼곡한데 꽃향기를 맡으며 사부작사부작 거닐기에 좋다.

낙서재는 고산 윤선도가 살았던 집터로, 고산이 81세의 일기로 눈을 감은 장소이다. 그는 낙서재 건너편 안산의 산허리, 경관 좋은 암반에 집을 지었다. '하늘로 통하는 집'이라는 뜻의 동천석실(東天石室)은 고산이 '부용동 제일의 질승'이라 칭송했던 공부방으로, 낙서재와 격자봉을 비롯해 부용동 일대가 거침없이 펼쳐진다. 고산이 신선임을 자치하며 선경을 누리고자 했음을 알 수 있다. 서쪽 뾰족산 가는 해안도로(12km)는 보길도 최고의 드라이브코스다. 번잡한 청별항과는 달리 한적한 어촌 풍경을 만날 수 있다. 모래섬, 상도, 미역섬, 옥매도, 갈도를 지나면 보길도 서쪽 끝인 망끝전망대가 반긴다. 그 옛날 마을 아낙들이 고깃배가 무사히 들어오는지 근심스런 눈빛으로 바라보았다고 하여 '망끝'이란 이름을 얻었다. 이곳은 윤선도가 뭍으로 드나들었던 곳으로, 〈어부사시가〉의 창작배경지로 추정되는 곳이다. 망끝을 지나면 공룡알해변이 나온다. 수박통만 한 돌들이 촘촘하게 박혀 있는데 오로지 파도의 힘만으로 이런 묵직한 바위를 만든 것이다. 곡수당─큰길재─수리봉─격자봉─누룩바위─보죽산 등산코스는 주변 섬과 바다를 발아래 두고 걷는 길이며 보길도에 숨어 있는 유토피아다. 총 3시간이 소요된다.

Travel Info

친절한 여행팁 노화도로 가는 배편 완도 화흥포항(061-553-8188, www.soannh.com)에서 노화도 동천항까지 가는 카페리호가 하루 12회 왕복운항하며 35분이 걸린다. 해남 땅끝 갈두항(061-533-4269, www.haegwang.kr)에서 노화도 산양항 사이를 하루 17회 운항하며 30분이 소요된다. 노화도와 보길도는 보길대교로 연결되어 있다. 차량을 승선할 수 있으며 보길버스(061-553-7077)가 섬 내를 수시로 운행한다.

가는 길 서해안고속도로 → 목포IC → 2번 국도 → 해남 → 13번 국도 → 완도 → 77번 국도 → 화흥포

맛집 바위섬횟집(전복요리, 061-555-5613), 보길도의아침(해물된장찌개, 061-553-6722), 현경참전복고기나래(진복죽, 061-552-6866)

잠자리 해그림펜션(061-553-7083, 중리해수욕장), 황토한옥펜션(061-553-6370, 예송리), 청기와민박(061-553-6303, 세연정)

주변 볼거리 완도타워, 청산도, 주도, 청해진지, 완도수목원, 해신세트장

절집이라기보다는 근사한 시 한 편
선암사

Travel Guide

추천시기 3~6월, 10~11월 **여행성격** 가족, 연인, 단체 **추천교통편** 자가용, 기차, 시티투어버스

추천일정 1일 송광사IC – 송광사 – 선암사 – 낙안읍성 – 낙안온천

2일 순천만 – 드라마촬영장 – 와온해변 – 순천왜성

주소 전남 순천시 승주읍 죽학리 산 802번지 **전화** 061-754-5247 **웹사이트** www.seonamsa.net

2인비용 교통비 10만원, 식비 8만원, 숙박비 5만원, 여비 3만원

호남의 명산 조계산에 자리 잡은 선암사는 한국 절의 정취를 가장 잘
보여주는 천년고찰이다. 사계절 어느 때 찾아도 속세를 떠난 듯한 분위
기를 가지고 있다. 우리나라에서 가장 아름다운 무지개다리인 승선교
(보물 제400호)는 청아한 소리를 내며 흐르는 계곡물에 그림자를 담그
며 선녀가 하늘을 날아가는 모양을 하고 있다. 소박하면서 유려한 전각
20여 동이 유기적으로 연결되어 있으며 나무와 꽃이 가장 많은 사찰로
손꼽혀 근사한 정원을 연상케 한다. 햇볕이 잘 스며들기 위한 T자형 건
물구조와 시원스런 창을 지닌 해우소까지 극락을 절집으로 재현한 곳
이 바로 선암사다.

주차장에서 일주문까지 1km 숲길은 마음을 정화해주는 정수길이다.
잔잔한 계류와 바위를 부술 듯한 폭포까지, 오솔길을 걷노라면 물소리
의 화음에 감동 받는다. 승선교 아치 사이로 강선루가 하늘을 날 것 같
은 자세를 취하고 있어 사진작가들이 즐겨 찾는 곳이다. 일주문에 들어

서면 분수한 절집이라기보다는 수도원처럼 고요한 분위기가 전해진다. 아무래도 사하촌에서 하루를 묵고 새벽에 절집을 찾아야 제맛이 닌디.

일주문은 지붕 아래 다포양식이 화려하다. 웅장한 대웅전도 볼만하지만, 양쪽에 자리한 설선당과 심검당은 스님들의 손때가 잔뜩 묻어 있어 더욱 정감이 간다. 하도 화재가 많이 발생해 건물 벽에 물을 상징하는 '水', '海'를 투각해 화마를 제압하고 있다. 봄날 홍매화도 유명하지만 선암사의 여름꽃은 상사화다. 꽃과 잎이 만나지 못하는 슬픈 사랑의 전설. 절집에 유난히 상사화가 많은 것은 속세와의 절연을 의미하는 것이 아닐까.

원통전 올라가는 길은 계단이 절묘하다. 불조전과 팔상전이 지붕을 맞대고 있으며 그 사이로 목구멍처럼 길이 놓여 있다. 길 끝자락에 T자형 건물인 원통전이 당당한 자태로 서 있다. 선암사 전각 중에서 가장 변칙적이고 도발적인 형태가 아닐까 싶다. 특이하게도 정면에 퇴칸을 조성해 마루에서 신도들이 기도할 수 있도록 배려했다. 후사가 없는 정조는 원통전에서 100일 기도를 해 아들을 낳았는데 그가 바로 순조다. 왕세자를 낳게 해주었으니 이 전각이 얼마나 중요했겠는가. 그 후 선암사는 왕실의 보호를 받을 수 있게 되었다. 원통전 위쪽으로 응진전 영역으로 들어가는 문이 나온다. '호남제일선원'이라는 현판 글씨에 고개를 끄덕여본다.

응진전 영역도 볼만하다. 미타전 바로 옆에 평상이 놓여 있는데 스님이나 순례자들이 쉬어가기 딱 알맞은 쉼터다. 축대에 맞춰 다리 높낮이를 다르게 한 것이 재미있다. 뒤쪽 산신각은 T자형 복도식으로 지붕이 응진전과 붙어 있고 응진전과 벽안당도 연결되어 있다. 벽안당(碧眼堂), 왜 하필 '파란 눈의 집'이란 이름을 가졌을까? 이는 인도승 달마대사가 파란 눈을 가진 것도 있지만, 열심히 수행하는 선승을 의미한다고 한다. 달마전은 무기교의 그윽함이 참 좋다. 아무런 장식노 없는데 오로지 기둥을 이용한 벽의 분할이 기가 막히다. 풀썩 주저앉아 마음을 비우기에 좋은 공간이다. 무량수각에는 웃통을 벗은 스님이 돋보기를 쓰고 경전을 읽고 계신다. 스님을 향한 애틋한 마음은 상사화가 말해주고 있다. 약수터에서 청량수 한 잔을 들이켜니 가슴이 짜릿하다.

송광사 가는 길에 서부도밭이 자리 잡고 있다. 자연스러운 선암사만큼 이나 부도 역시 행렬을 맞추지 않고 자유분방하게 자리 잡고 있다. 10분쯤 산을 오르면 조계산생태체험야생학습장이 반긴다. 봄부터 가을까지 꽃이 피는데 여름에는 벌개미취 군락을 볼 수 있다. 내친김에 조계산에 오른다. 선암사-굴목이재-송광사까지는 6.6km로 3시간이 소요된다. 한국을 대표하는 양대 사찰을 잇는 산티아고길이 아닐까 싶다. 조계산은 소설 『태백산맥』에서 빨치산의 주요 은신처로도 나온다. 산사람들은 조계산 바위굴에 은신하면서 토벌군과 전투를 벌였을 것이다.

Travel Info

친절한 여행팁 **순천시티투어** 순천여행은 기차나 고속버스를 타고 와 시티투어를 이용하는 것이 내용도 알차고 주차비, 기름값, 입장료 등 비용을 절약할 수 있다. 70년대 달동네의 추억을 되새길 수 있는 드라마세트장, 한국불교를 대표하는 송광사와 선암사, 살아 있는 민속마을 낙안읍성, 세계적인 환경보고인 순천만까지 순천의 알짜배기 코스 덕에 시티투어는 항상 만원이다. 매일 운행하며 전화나 온라인으로 사전예약을 받는다.

(문의: tour.suncheon.go.kr, 061-749-3107, 09:50~17:30, 1만원 내외)

가는 길 서울 → 경부고속도로 → 천안논산간고속도로 → 익산장수고속도로 → 순천완주고속도로 → 남해고속도로 → 송광사IC

맛집 길상식당(산채비빔밥, 061-754-5599, 선암사), 수정식당(산채정식, 061-753-7100, 선암사), 대원식당(한정식, 061-744-3582, 순천시청)

잠자리 순천낙안민속자연휴양림(061-754-4400, 낙안면 동내리), 순천전통야생차체험관(061-749-4202, 선암사 내), 낙안읍성전통민박체험(061-754-3474), 하얏트모텔(061-755-2110, 가곡동)

주변 볼거리 드라마촬영장, 고인돌공원, 전통야생차체험관, 송광사, 와온해변

대한민국 자연생태교과서
순천만

Travel Guide

추천시기 3~6월, 10~11월　**여행성격** 가족, 연인, 단체　**추천교통편** 자가용, 시티투어버스

추천일정 1일 송광사IC - 송광사 - 선암사 - 낙안읍성 - 낙안온천

2일 순천만 - 드라마촬영장 - 와온해변 - 순천왜성

주소 전남 순천시 순천만길 513-25　**전화** 061-749-4007　**웹사이트** www.suncheonbay.go.kr

2인비용 교통비 10만원, 식비 8만원, 숙박비 5만원, 여비 3만원

어머니 품 같이 넉넉함을 갖춘 순천만은 5400만㎡로 국내 최대의 갈대밭 군락지다. 붉디붉은 칠면초, 갯벌을 박차고 나온 짱뚱어, 뒤뚱거리는 농게와 철새들의 군무. 그야말로 순천만은 눈앞에 펼쳐진 자연생태교과서다. 김승옥의 「무진기행」의 무대로 알려진 순천만은 2006년 연안습지 최초로 람사르협약에 등록되어 세계적으로 보존 가치가 인정된 생태보고다. 이 의미 있는 곳을 무작정 둘러보는 것보다는 순천만자연생태관에서 사전 공부를 하고 탐방에 나서는 것이 좋다. 1층에는 순천만을 대표하는 흑두루미가족 대형 조형물이 서 있으며, CCTV를 통해 순천만 현장을 실시간 볼 수 있다. 2층 전시실은 갯벌의 생성과정과 갯벌에 관한 정보를 닮고 있는데 마치 관람객이 모형 갯벌 위를 거니는 것처럼 꾸며졌다.

아치형 목조다리인 무진교를 건너면 갈대숲탐방로가 시작된다. 일렁이는 파도 모양의 갈대 춤사위와 사각사각 갈대들이 맞대는 소리가 숨이 탁 멈춰버릴 정도로 느낌이 좋다. 갈대 줄기와 뿌리는 빨대처럼 텅 비어 있는데 이런 통기형 구조 덕에 갯벌 속에 산소가 공급되어 갯벌이 썩지 않고 유지된다. 겨울이 되면 갈대는 바람과 파도에 부서져 갯생명의 먹잇감이 되니 갈대야말로 갯벌을 정화시키는 숨은 공로자다. 1.2km의 탐방로는 촉감 좋은 나무데크가 깔려 있어 〈갈대의 순정〉이란 노래를 흥얼거리게 해준다. 흥미진진한 생태 이야기가 적힌 안내판이 곳곳에 서 있어 아이들이 마음껏 뛰어놀면서 살아 있는 자연교과서를 펼치게 된다. 쇠오리, 개개비 등 작은 새들을 직접 볼 수 있으며 농게, 칠게, 짱뚱어가 생동감 넘치는 갯벌 풍경을 만들어낸다. 겨울에는 220여 종의 진

Travel Story

갯벌의 초음속 비행기 짱뚱어 ··· 몸길이는 15cm, 머리통이 유난히 크고 작은 눈은 머리 꼭대기에 붙어 있으며, 눈 사이가 좁아 우스꽝스러운 얼굴을 하고 있다. 입술은 두툼하고 그 안쪽에 촘촘한 이빨을 감추고 있으며 온몸에는 점박이 문신까지 있어 강단이 있어 보인다. 물속에서는 여느 물고기처럼 아가미 호흡을 하지만 특이하게도 공기 중에서 피부호흡을 하므로 펄 위를 자유롭게 기어다닌다. 화가 나면 등지느러미를 공작처럼 펼치기도 한다. 꼬리지느러미를 이용해 하늘로 펄쩍 뛰어오르는 모습은 장관인데, 이는 짝짓기 철에 수컷이 암컷을 유혹하는 몸부림이다. 깨끗한 갯벌에서만 자라는 짱뚱어는 양식이 되지 않고 오로지 홀낚시를 이용해 한 마리씩 잡아야 한다. 11월에서 4월까지 갯벌 깊숙이 들어가 겨울잠을 자는데, '짱뚱어'라는 이름도 '잠둥어'에서 유래되었다고 한다. 동면 전에 영양분을 충분히 비축해야 하기 때문에 여름에 잡은 짱뚱어야말로 가장 실하고 기름져 전국의 미식가들을 불러 모은다. 소리가 나거나 위험을 느끼면 재빨리 구멍 속으로 숨어들어 손으로는 잡기에 벅차다. 아무리 빠른 손놀림으로 낚아채도 '갯벌의 초음속비행기'인 짱뚱어를 따라잡을 수 없다. 하늘을 향해 치솟는 파워에 민첩함까지 겸비하고 있어 짱뚱어를 먹는다는 것은 그 스테미너까지 함께 먹는다고 보면 된다. 짱뚱어를 삶아 채에 곱게 거른 후 우거지와 갖은 양념을 넣고 된장을 풀어 한약처럼 5시간 이상을 푹 고와내면 짱뚱어탕이 되는데 비리지 않고 걸쭉하면서도 깔끔하다고 한다. 순천만 자연생태관 들어가는 초입과 별양면사무소 인근에 오랜 역사를 가진 짱뚱어탕 집이 몰려 있다. 맛의 고장답게 꼬막, 게장, 생선구이, 튀김 등 먹음직스런 밑반찬이 한 상 가득 올라온다. 전골은 짱뚱어를 갈지 않고 통째로 끓여 나와 살을 발라 먹는 재미가 있으며, 구이는 입안에 살살 녹는 육질도 좋지만 뼈와 머리를 바싹 구우면 과자처럼 고소해 술안주로 최고다. 짱뚱어회는 한 마리당 두 점밖에 나오지 않아 현지 아니면 맛보기 어렵다.

귀한 철새가 순천만을 찾는다. 흑두루미, 검은머리갈매기, 노랑부리저 어새 등 세계적인 희귀 새가 하늘을 수놓으면 탄성이 절로 나온다.

해질 무렵 갈대숲을 제대로 감상하려면 용산전망대에 오르는 것이 좋 다(왕복 1시간 소요). 부드러운 산자락 위로 붉은 노을이 비단처럼 펼쳐 지고 그 아래로 'S' 자 물길이 수많은 생명을 낳으며 바다를 향하고 있 다. 침식과 퇴적을 반복하면서 만들어낸 흔적인 'S' 자형 수로는 어머니 마음처럼 넉넉하게 보인다. 그 옆은 둥그런 갈대 군락이 섬처럼 떠 있 어 '미스터리서클'처럼 신비감마저 든다.

순천만의 속살을 보려면 생태체험선을 이용하는 것이 좋다(왕복 6km, 40분 소요, 승선료 4000원, 한 시간 간격으로 운행, 061-749-4059). 대대항을 출발한 배는 'S' 자 물길 끝까지 유유히 항해하며 철새들을 가 까이서 만난다. 수로와 갈대 사이를 달리는 갈대탐방열차(승차료 1000 원, 왕복 2.6km, 한 시간 간격으로 운행)에 오르면 순천만을 에워싸고 있는 갈대숲과 넉넉한 들녘을 편안히 앉아 감상할 수 있다. 순천문학관 까지 운행되어 김승옥, 정채봉 작가의 문학세계를 볼 수 있으며 프랑스 낭트정원을 둘러볼 수 있다.

내 마음에 주단을 깔고
오동도

Travel Guide

추천시기 2~6월, 9~10월　**여행성격** 가족, 연인　**추천교통편** 자가용, 버스, 시티투어버스	
추천일정 1일 동순천IC － 오동도 － 여수엑스포장 － 진남관 － 만성리 검은모래해변	
2일 향일암 － 방답진선소 － 은적암 － 전남해양수산과학관 － 국가산단 야경포인트	
주소 전남 여수시 수정동 산-11　**전화** 061-690-7303　**웹사이트** www.odongdo.go.kr	
2인비용 교통비 10만원, 식비 10만원, 숙박비 5만원, 예비 3만원	

썩어도 준치다. 아무리 다른 곳 동백이 좋다 한들 여수 오동도의 연륜을
따라갈 수 없다. 오동도 동백은 붉은 주단을 깔아놓은 듯한데 이렇게 동
백꽃이 머리채 나뒹구는 모습은 시련을 운명으로 받아들인 우리 어머
니의 얼굴이다.

오동도 정상인 등대 가는 길은 서방파제 끝길, 잔디광장 뒷길, 용굴 가
는 길, 야외음악당 가는 길 등 총 4코스다. 광장－맨발산책로－시누대
터널－등대－해돋이명소－등대－동굴－산책로 순으로 움직이면 섬 전
체를 아우를 수 있다. 광장에는 파란 바다를 배경 삼은 청동조형물이 근
사하게 서 있고 종려나무, 야자수 등 남국의 식물들이 이국적인 분위기
를 만들어내고 있다. 아이들과 왔다면 모형 거북선과 판옥선 앞에서 이
순신 장군의 영웅담을 들려줘도 좋다. 음악분수는 연인들과 아이들의
사랑을 독차지한다. 클래식과 가요의 리듬에 맞춰 춤을 추는데 파란 바
다와 윤기나는 동백숲과 잘도 어울린다. 오동도 카멜리아 뒤편에 놓인

맨발산책길에 들어서면 봄의 전령사인 동백을 만난다. 좀 더 걸으면 후박나무, 돈나무, 해송, 시누대 등이 가득한 난대림이 반긴다. 오동도 내최대 동백군락지 때문에 자꾸만 발길이 디디어진다. 빼곡한 동백숲 덕에 고개를 들면 하늘 한 점 보이지 않고, 땅은 낙화 덕에 도무지 흙이 보이지 않기 때문이다. 가장 오래된 동백은 수령이 400년 이상이다. 강렬한 빛깔의 동백은 꽃이 필 때와 질 때 두 번을 보아야 제격이다. 2월에 30%가 피고, 3월 중순이면 절정을 이룬다. 목이 부러지듯 뚝뚝 떨어지는 것을 보면 서글프기도 하고 비장한 여인네의 정조마저 연상된다. 후박나무숲을 지나면 대나무의 일종인 시누대가 시커먼 터널을 이루고 있다. 이순신 장군은 질 좋은 시누대를 잘라 화살을 만들어 왜적과 싸웠다고 한다. 터널 끝을 지나면 갯바위로 이어지고 그 아래에 용굴과 코끼리바위가 숨어 있다.

8층 높이, 등대 정상에 오르면 여수, 남해, 하동 등 남해바다를 조망할 수 있고 거대한 여수엑스포장을 가장 좋은 각도에서 볼 수 있다. 내려가

Travel Story

입이 즐거운 여수 맛기행 ··· 가막만, 여자만 청정해역에서 잡은 싱싱한 해산물 덕에 여수에 가면 늘 행복하다. 다양한 해산물을 한꺼번에 접하겠다면 각종 생선회와 어패류, 해물튀김, 매운탕 등 40여 가지 요리를 맛볼 수 있는 여수해물한정식을 권한다. 3인 이상이라면 1인당 2만원 정도에 먹을 수 있다. 음식 가짓수, 오묘한 맛, 저렴한 가격에 세 번 놀라게 된다. 돌산대교 근처 수협공판장 2층에 자리 잡은 한일관 엑스포점(061-643-0006)은 주차하기도 편하고 창문 너머로 바다를 볼 수 있어 운치가 있다. 돌산대교 근처 돌산문화횟집(061-644-8889)은 오로지 손낚시로만 낚아 올린 자연산 횟감이 특징이다. 장군도를 바라보며 소주 한잔 걸치기에 그만이다. 7공주장어구이(061-663-1580)는 7명의 딸과 어머니가 장어 하나에 승부를 건 집이다. 장어탕(7000원)에는 장어가 어찌나 많이 들어있던지 장어만 건져 먹어도 배가 부르다. 여수시청 인근 남경수산(061-686-6654)에서는 가막만, 여자만의 보물인 전복을 이용한 요리를 맛볼 수 있다. 듬성듬성 썰어낸 전복회, 찜, 볶음, 탕까지 다양한 전복요리에 눈이 휘둥그레진다. 구백식당(061-662-0900)에서는 '샛서방고기'라는 금풍생이 구이를 맛볼 수 있다.

는 계단에 등대와 바다에 대한 자료를 전시하고 있어 아이들 자연교육에 도움이 된다. 산책로를 따라 타박타박 내려오면 서쪽 방파제가 나온다. 오동도 일대를 둘러보는 유람선을 타면 여수엑스포장은 물론 바다위에서 상록수림을 볼 수 있다.

진남관에 서면 거대한 규모에 압도당한다. 임금이 머무는 궁궐을 제외하고 지방에 세워진 단층 목조건물 중에서 가장 크다. 길이 75m, 높이 14m, 정면 15칸, 측면 5칸의 총 75칸 규모에, 둘레가 2.4m인 기둥만 68개나 된다. 중앙 관리를 영접하는 객사의 용도인 진남관(鎭南館)은 '남쪽을 진압한다'라는 의미가 있으며 전라좌수영의 본영이다. 앞마당에는 왜군의 공격을 막고자 의인전술의 일환으로 석인 7기를 세워 놓았지만 지금은 문인상 하나만 달랑 서 있다. 무인상이 아닌 문인상이며, 바다가 아닌 진남관을 향해 있는 것으로 보아 지금 위치가 본래 자리는 아니었을 것으로 보인다. 측면으로는 히죽히죽 웃는 거북에 철로 만든 공덕비가 서 있다. 왜병을 무찌른 여수 사람들의 여유로운 미소가 아닌가 싶다. 박물관에는 조선 수군의 활약상과 수군의 옷이 전시되어 있다.

Travel Info

친절한 여행팁 **여수국가산단 야경뷰포인트** 여수에서 17번 국도를 타고 순천으로 빠져나오기 전 우측 해산마을 뒷산에 여수국가산단 야경뷰포인트전망대가 서 있다. 공장의 불빛이 수증기와 어우러져 장관을 이룬다. 산단에는 GS칼텍스정유, LG화학, 한화석유화학, 제일모직, 금오석유화학 등 120여 개 업체가 입주해 있다. 17번 국도 LG화학 남문 입구에서 100m쯤 데크를 따라 걸으면 야경 전망대가 나온다. 움직이는 상들리에처럼 보인다.

가는 길 서울 → 경부고속도로 → 천안논산간고속도로 → 익산장수고속도로 → 순천완주고속도로 → 남해고속도로 → 동순천IC → 여수

맛집 경도회관(갯장어, 061-666-0044, 경호동), 구백식당(금풍생이구이, 061-662-0900, 교동) 수정식당(산채정식, 061-753-7100, 선암사), 두꺼비식당(게장백반, 061-643-1880, 봉산동)

잠자리 다이아모텔(061-663-3347, 교동 550), 뜨레모아(061-644-0081, 돌산읍 율림리), 리오모텔(061-642-2582, 봉산동), 맨하탄모텔(061-692-0002, 학동)

주변 볼거리 여수엑스포장, 만성리 검은모래해변, 향일암, 방답진선소, 은적암

홍도야 우지 마라, 33경 비경이 있다

홍도

Travel Guide

추천시기 5~10월 **여행성격** 가족, 단체 **추천교통편** 기차, 고속버스, 쾌속선
추천일정 1일 목포항 – 홍도 – 홍도유람선 – 홍도해수욕장
　　　　　2일 흑산도 육로순환관광 – 흑산도 해상관광 – 목포여객선터미널 – 목포역 – 서울

주소 전남 신안군 흑산면 홍도리 169 **전화** 061-246-3700 **웹사이트** 신안군청 tour.shinan.go.kr
2인비용 교통비 20만원, 식비 10만원, 숙박비 5만원, 여비 3만원

홍도는 목포항에서 서남쪽으로 115km, 흑산도에서 22km 떨어져 있는 절해고도다. 입구부터 바위섬이 솟아 있고 어선들이 점을 이루고 있어 가히 '남해의 소금강'이라 불러도 손색이 없다. 해질녘에 섬 전체가 붉게 보인다 하여 '홍도'라는 이름을 얻었으며 본 섬을 비롯해 20여 개의 부속 섬으로 이루어져 있다.

홍도는 33가지 비경을 품고 있다. 이를 감상하기 위해서는 유람선에 올라타는 것이 좋다. 시계방향으로 섬을 한 바퀴 도는데 20여km로 대략 2시간 30분이 소요된다. 특히 유람선 가이드가 관광객의 혼을 빼놓을 정도로 흥미진진한 이야기를 풀어놓는다. 기암괴석을 요정으로, 어떨 때는 장군으로 만들어버린다. 비경마다 흥미 있는 전설과 이야기를 담고 있어 홍도가 더욱 신비롭게 보인다.

홍도 해상 제1경은 남문 바위다. 홍도의 남쪽에 위치한 섬으로 소형 선박이 내왕할 수 있도록 구멍이 뚫려 있어 홍도의 관문이라는 별칭을 얻고 있다. 이 석문을 지나는 사람은 일 년 내내 더위를 먹지 않으며 재앙이 없고 소원이 성취된다고 한다. 작은 고깃배는 풍어를 위해 일부러 이 남문 바위를 지나 바다로 향한다고 한다. 촛대바위, 삼각바위 등 잠시도 여유를 주지 않고 비경이 이어진다. 웅크리고 앉아 바다를 보고 있는 원숭이바위와 그리스 신전처럼 배흘림기둥을 한 기둥바위는 사람이 몰래 만들지 않았는지 의심이 들 정도로 정교하다. 제2경은 실금리굴이다. 유배 온 선비가 속세를 떠나 아름다운 선경을 찾던 중 망망대해에서 섬을 발견했는데, 주변에 온갖 풀이 자라고 폭풍우를 피할 수 있는 동굴을 찾아낸 것이 바로 실금리굴이다. 선비가 이곳에서 일생 거문고를 타며 여생을 즐겼다 하여 '거문고굴'이란 이름도 가지고 있다. 배가 동굴 안쪽까지 진입하기 때문에 눈을 감으면 거문고의 아름다운 선율이 들리는 듯하다. 바람이 불면 바위가 떨어질 것 같은 아치바위는 세찬 바람을 어떻게 버티고 살아왔는지 궁금하다. 변산반도의 채석강을 보는 것처럼 겹겹이 책을 쌓아 놓은 바위도 보인다. 제6경은 부부바위로, 들창코의 못생긴 마누라가 남편이 미워서 등을 돌리고 있지만 남편은 그런 부인의 등을 감싸고 있다. 예쁜 첩은 그런 남편을 물끄러미 바라보고 있다. 거북바위는 홍도를 지키는 수호신으로, 용왕신을 맞이하고 악귀를 쫓는다고 한다.

만물상은 서해 최고의 자연예술 조각공원으로, 아침저녁 빛에 따라 시시각각 다른 색깔과 모습을 보여준다고 해 만물상이란 이름을 얻었다. 석화굴은 천장에 석순이 100년에 1cm씩 자란다고 하는데 석양 무렵 돌이 햇빛에 반사되면 오색찬란한 꽃이 핀다고 해서 '꽃동굴'이라는 별칭을 가지고 있다.

홍도 1구는 편의시설이 잘 갖추어져 있고 2구는 한적한 바다풍경이 볼만한데 2구 마을 앞에 홍도에서 가장 아름다운 섬들이 모여 있다. 1구에서는 남대문이 외지인을 맞이하고 있다면, 2구에는 북대문 격인 독립문이 손짓하고 있다. 서울에 있는 독립문과 아주 흡사하게 생겼는데 북쪽에 있어 북문 또는 구멍바위라고 부른다. 물이 맑고 해저경관이 뛰어나 스쿠버들의 천국으로 알려져 있다. 홍도 제4경인 탑섬은 헤아릴 수 없이 많은 탑이 솟아 있어 홍도초등학교 아이들이 봄, 가을 소풍 가는 곳이다. 꼭대기에 편히 휴식할 수 있는 평지가 있다. 7남매의 슬픈 전설이 깃든 슬픈여 앞바다는 코발트빛을 띄고 있다. 유람선이 멈추면 바다는 임시 회 시장으로 바뀐다. 즉석에서 횟감을 썰어주는데 맛이 기가 막히다.

홍도초등학교 옆으로 깃대봉 가는 산책로가 놓여 있다. 오랫동안 육지와 떨어져 때 묻지 않는 자연을 고스란히 간직하고 있다. 해돋이, 해넘이를 보고 싶다면 산 중턱이 전망포인트다. 홍도 풍란은 깊은 바위틈이나 고목등걸에 여러 개의 뿌리가 엉겨 붙어 자란다. 풍란전시관에 가면 홍도풍란, 무엽란, 나도풍란, 석곡충란 등 다양한 홍도 풍란을 감상할 수 있다. 풍란은 7월에 꽃이 피는데 꽃의 향기가 바다 멀리까지 풍겨 폭풍우를 만난 어선이 풍란 향기를 따라 피신했다고 한다. 이 밖에 홍도에는 더덕, 둥굴레, 삼지구엽초 등 코를 자극하는 약초가 가득하다. 홍도해수욕장은 길이 800m, 폭 50m로 몽돌이 깔린 아담한 해변이다.

Travel Info

친절한 여행팁 홍도 쾌속선 목포에서 홍도까지 쾌속선이 하루 3차례(07:50, 13:20, 14:00) 운행하며, 2시간 30분이 소요된다. 나오는 배(10:30, 16:00, 16:30)도 3차례다. 이왕이면 흑산도 일주코스를 일정에 넣는 것이 좋다.

가는 길 서해안고속도로 → 목포IC → 목포여객선터미널

맛집 대한횟집(061-246-3757), 광주횟집(061-246-3340), 홍도횟집(061-246-4113), 청해수산(061-246-4848)

잠자리 홍도여관(061-246-2500), 광성장여관(061-246-2094), 흑산비치호텔(061-246-0090)

주변 볼거리 목포 유달산, 갓바위, 흑산도, 가거도

243

Part 5
경상도

향긋한 사과꽃 내음에 발이 묶이다
죽령 옛길

Travel Guide

추천시기 4~5월, 10~11월 **여행성격** 가족, 연인, 단체 **추천교통편** 자가용, 단체버스
추천일정 1일 풍기IC – 소백산역 – 죽령 옛길 – 희방사 – 풍기온천 – 선비촌 숙박
2일 소수서원 – 금성단 – 순흥향교 – 성혈사 – 부석사

주소 경북 영주시 풍기읍 **전화** 영주시청 054-639-6062 **웹사이트** 영주시청 www.yeongju.go.kr
2인비용 교통비 10만원, 식비 8만원, 숙박비 5만원, 여비 3만원

죽령 옛길(해발 689m)은 소백산 연화봉과 도솔봉 사이 잘록한 지점에
자리 잡고 있다. 소백산맥에 나란히 자리한 죽령과 문경새재, 추풍령이
영남지방과 기호지방을 통하는 삼형제 관문이라면 죽령은 그 맏형 격
이다. 1910년까지도 경상도 동북지방의 여러 고을 사람들이 서울을 왕
래하려면 죽령 고개를 넘어야 했기에 청운의 뜻을 품은 과객, 공무를
띤 관원, 물산을 유통하는 장사꾼으로 고갯길이 늘 번잡했고 길손들의
숙식을 위한 주막, 마방으로 가득 찼다.
그러다가 1941년 백두대간을 가로지르는 터널이 뚫리고 중앙선 기차가
다니면서 그 화려했던 흔적들은 사라졌다. 옛 영화가 아쉬운지 소백산
역(구 희방사역) 입구에 당시 생활상을 볼 수 있도록 객주와 주막 등 초
가집을 재현해 놓았다. 삼국시대로 거슬러 올라가면 온달장군의 포효
소리를 들을 수 있다. '죽령 이북의 잃은 땅을 회복하지 못하면 돌아오
지 않겠다'라는 기록을 보면 이 고개가 군사적으로 얼마나 중요한 요충

지인지 짐작된다.

소백산역을 중심으로 과거와 현재를 잇는 길이 펼쳐진다. 쭉 내뻗은 중앙고속도로, 단양 넘어가는 5번 국도, 또아리터널을 지닌 중앙선 철도, 고즈넉한 죽령 옛길까지 2000년 역사의 대동맥을 한자리에서 볼 수 있다. 소백산역에서 죽령주막까지 옛길은 고작 2.5km밖에 되지 않지만 흥미진진한 생태관찰코스가 있어 자연과 벗 삼으며 선인들의 발자취를 더듬어볼 수 있다.

가을에 찾으면 주렁주렁 매달린 사과를 보면서 밭을 가로지르게 되는데, 이때는 길에 사과 향이 머문다. 고갯마루까지 왕복 2시간이면 족한데, 시간 여유가 있다면 월인석보와 훈민정음 원판을 보관했던 희방사와 850m 고지에 자리한 희방폭포를 연계해 둘러보면 좋다. 오늘날에도 고개 정상에 주막이 자리해 경상도와 충청도를 굽어보면서 막걸리 한잔 들이키는 호사를 누릴 수 있다.

우리나라 최초의 사액서원인 소수서원은 유교가 중국에서 들어왔을 때의 전학후묘 형식이 아니라 동쪽에 학교, 서쪽에 사당을 두어 우리식 배치를 따르고 있다. 스승의 숙소인 직방재와 일신재를 우선 배치했고, 스승의 그림자마저 밟을까 저어하여 학생 기숙사인 학구재와 지락재는 그 뒤쪽에 두었다. 건물 높이도 일신재보다 한 단쯤 낮게 둠으로써 이곳이 인격수양의 도장임을 말하고 있다.

소수서원을 적시는 죽계천을 건너면 단종 복위 실패로 참화를 겪어 없어졌던 선비촌을 만난다. 넉넉한 부지에 조선시대 저잣거리서부터 고래등 같은 기와집, 전통초가, 정자, 물레방아, 대장간, 곳곳까지 76채의 건물을 옛 모습 그대로 재현해 놓았다. 12채의 전통가옥에서 한옥 숙박체험을 할 수 있으며 붓글씨, 탁본, 다례, 짚공예, 부스럼 깨기, 예절교육 등 전통체험을 하면서 선비들의 생활상을 배울 수 있다.

선비촌 맞은편 '금성단'은 금성대군을 비롯한 순절의사들을 기리기 위한 제단이다. 단종 복위를 도모했다는 죄로 유배된 금성대군은 이곳에서 뜻을 같이하는 부사 이보흠을 만나 함께 단종 복위를 도모하다 관노의 밀고로 비운의 칼을 받는다.

이 때문에 선비촌인 순흥고을은 피바다가 되었고 그로부터 200여 년
이 지나서야 명예를 회복할 수 있었다. '위리안치지'는 외부와 접촉하지
못하도록 가시나무로 둘러싸인 집으로, 조선시대 정치범들의 감옥으로
보면 된다. 수양대군의 왕위 찬탈을 반대한다는 이유로 유배되었던 금
성대군이 처형 직전까지 이곳에 갇혀 살았으며, 이 장소는 조선 형벌을
연구하는 데 귀한 자료다. 1000년 수령의 은행나무인 압각수는 잎사귀
모양이 마치 오리발 같아 생긴 이름으로, 순흥도호부가 복설되면서 잎
이 무성하게 자랐다고 한다.

Travel Info

친절한 여행팁 여행의 피로는 풍기온천에서 풍기에서 옥녀봉자연휴양림까지 도로
양편은 사과밭으로, 4월 말에서 5월 초순이면 알싸한 사과꽃 향기를 맡을 수 있다.
풍기역 앞 인삼시장에서는 수삼과 홍삼을 저렴하게 구입할 수 있다. 소백산 풍기온
천은 유황, 불소 등 우리 몸에 좋은 물질이 온천수에 용해되어 있어 신경통이나 피
부미용에 탁월하다. 인삼향 짙은 사우나실을 갖추고 있다.

가는 길 중앙고속도로 → 풍기IC → 5번 국도 → 풍기온천 → 희방사역

맛집 서부냉면(냉면, 054-636-2457, 풍기읍내), 순흥전통묵집(묵밥, 054-634-
4614, 순흥면 읍내리), 정도너츠(생강 도넛, 054-636-0067, 풍기읍 산법리 342),
풍기인삼갈비(054-635-2382, 풍기읍내)

잠자리 영주소백산옥녀봉자연휴양림(054-639-7490~3, 봉현면 두산리), 선비촌
(054-638-6444, 순흥면 청구리), 풍기호텔(054-637-8800, 풍기읍), 희방모텔
(054-638-8000)

주변 볼거리 풍기온천, 풍기인삼시장, 소수서원, 선비촌, 성혈사, 부석사

072   **경북 예천**

윤장대를 돌리면 극락 갑니다
용문사

Travel Guide

추천시기 사계절   **여행성격** 개인, 연인, 단체   **추천교통편** 자가용, 버스
추천일정 1일 용문사 – 초간정 – 금당실마을 – 예천천문우주과학공원 – 석송령 – 예천읍내
2일 개심사지오층석탑 – 선몽대 – 회룡포 – 삼강주막 – 용궁순대

주소 경북 예천군 용문면 내지리 39l   **전화** 054-655-1010~1   **웹사이트** www.yongmoonsa.org
2인비용 교통비 8만원, 식비 6만원, 숙박비 5만원, 여비 3만원

전국에 용문사라는 이름을 가진 절집이 3곳 있는데 양평은 용의 머리,
예천은 용의 심장, 남해는 용의 꼬리로 남한 전체가 용의 형상을 하고
있다. 그중에서도 예천 용문사는 용의 맥박을 움직이게 하는 심장 역할
을 맡고 있다.

용문사에서 가장 오래된 전각인 대장전(보물 제145호)은 고려 명종 3년
때 건물로, 측면에 풍판을 달지 않고 부재를 그대로 보여주고 있어 거
조암의 영산전이나 수덕사 대웅전의 측면을 보는 듯하다. 물고기를 물
고 있는 귀면상은 화재를 막는 벽서의 기능을 한다고 하니 눈여겨봐야
한다. 그 안에 소장된 세계 유일의 윤장대는 용문사의 보석이다.

대장경을 용궁에 소장했다는 인도 고사를 반증하듯 용이 나타난 이곳
에 대장전을 짓고 부처님의 힘으로 호국을 축원하기 위해 윤장대를 조
성했다고 한다. 한 쌍의 윤장대는 그 크기나 모양은 같으나 창호의 형
태가 서로 달라 음양의 이치를 보여주고 있다. 천장과 마루에 축이 고

249

정되어 있으며, 윤장대를 돌리면 부처님의 법이 사방으로 퍼져 우리나라 지세가 고르게 되고 난리가 없고 비바람이 순조로워 풍년이 든다고 한다. 수험생이 한 번 돌리면 과거급제를 하고 죽은 자를 위해 돌리면 극락왕생한다고 한다. 이 고장에 유독 판검사가 많이 나오는 이유 역시 윤장대 덕이라며 자랑한다.

대장전에 봉안된 목각탱(보물 제989호)은 우리나라 후불 목각탱 중에서 가장 오래된 작품으로, 탱화가 아니라 목각부조로 양각된 것이 특징이다. 좌우에 구름광선을 표현하고 있고 중앙 본존불은 보상당초문으로 꾸며졌으며 키 모양의 광배를 가지고 있다.

자운루 누각 아래에는 시래기가 대롱대롱 매달려 있는데 스님들의 겨울 반찬이다. 자운루는 임란 때 승병들을 위한 짚신공장이었다고 한다. 국내에서 가장 큰 소조사천왕상도 눈여겨볼 만하다. 불교유물전시관은 현대식과 전통양식을 혼합한 건물로 수많은 탱화와 영정 등 불화와 불상, 제례의식 도구, 전적류 등 유물 200여 점과 윤장대를 실제 모형과 같이 제작, 설치해 놓았는데 일반인도 돌려볼 수 있다.

금당실 마을에 들어가면 좀처럼 출구를 찾을 수 없을 정도로 미로다. 새우젓 장수가 들어와 뱅뱅 맴돌다가 마을사람에게 새우젓 한 국자 퍼주고 빠져나왔다는 일화가 전해질 정도로 복잡하다. 조선 태조 때는 도읍지 후보였으며 이중환의 택리지에도 십승지지 중 하나로 등장한 곳이기도 하다. 임란 때나 6·25전쟁에도 전화를 입지 않았으니 풍수명당임을 증명해주고 있다.

제기차기, 투호 등 전통놀이체험을 할 수 있으며 부침개, 인절미, 팥죽도 쒀먹을 수 있도록 전통음식체험이 가능하다. 인근 병암정은 일제강점기 예천지역의 대표적 독립운동가인 권원하와 관련된 건물로서 19세기 후반의 건축양식과 형식 등을 볼 수 있으며 정자는 물론 바위, 연못, 석가산 등 전통 조경 요소를 고스란히 갖추고 있다. 드라마 〈황진이〉의 배경지 병풍바위 위에 절묘하게 서 있어 볼 만하다.

물의 고장 하면 으레 충주호가 있는 단양이나 제천, 임하호가 있는 안동을 꼽는데 그것은 엄밀히 따지면 근세기 댐이 만들어지면서 생긴 인공호수다. '단술 예(醴)'와 '샘 천(泉)'을 쓰는 예천이야말로 진정한 물의 고장이다. 대지에서 날달한 식혜가 흘리나올 정도로 풍요의 고장이니 젖과 꿀이 흐르는 가나안 땅으로 보면 된다. 명나라 장수가 물맛을 보고 극찬한 주천이 있고, 옷샘, 용정 등 좋은 물이 쏟아져 나온다. 금강산 온정리 온천에 견줄만한 예천온천의 수질은 전국 최상급이며 특히 피부미용과 피부병에 탁월한 효과가 있다고 한다.

퇴계 선생이 거닐던 길을 따라서

퇴계오솔길(예던길)

Travel Guide

추천시기 4~8월, 10~11월 **여행성격** 가족, 단체 **추천교통편** 자가용, 단체버스

추천일정 1일 청량산 - 퇴계오솔길 - 도산서원 - 퇴계종택 - 이육사문학관

2일 산림과학박물관 - 월영교 - 안동민속박물관 - 임청각

주소 경북 안동시 도산면 가송리

전화 안동시청 054-856-3013 **웹사이트** 안동관광 new.tourandong.com

2인비용 교통비 10만원, 식비 8만원, 숙박비 5만원, 여비 5만원

퇴계 이황 선생은 이상향을 청량산에서 찾았다. 아버지를 일찍 여의고 유년시절 글을 배운 곳이 바로 청량사 옆 청량정사다. 그는 웅장한 산세와 낙동강을 보면서 시적 감흥과 호방함을 배웠을 것이다.

예던길은 퇴계가 청량산을 오갈 때 걸었던 길로, 예던은 '걷던'의 고어다. 퇴계종택을 나서 이육사문학관을 거쳐 단천교부터 강을 따라가게 되며 절벽에 낙동강을 볼 수 있는 전망대가 나타난다.

전망대부터 농암종택까지가 예던길의 하이라이트인데 아랫마을 땅주인이 제방을 쌓아달라고 요구하며 출입을 막는 바람에 동양 최고의 철학자의 길은 끊기고 만다. 월명암, 학소대, 벽력암 등 퇴계가 극찬했던 명소에서 시를 읊고 싶었건만 '출입금지'라는 푯말이 가로막고 있어 발길을 돌려야 했다. 그것이 안타까운지 안동시에서 건지산을 휘감아 돌고 십재를 넘는 퇴계오솔길을 조성했다.

그러나 산길은 30분이면 갈 거리를 2시간이나 용을 써야 한다. 지역이 기주의가 퇴계선생을 전문 산악인으로 만들어버린 것이다.

사람의 발길이 섞어서인지 등산로는 한적하다. 낙엽이 쌓여서 길은 푹신했다. 임도를 따라가다 강 쪽으로 내려오면 학소대가 나온다. 학소대는 수직으로 솟은 절벽으로, 학이 노닐었던 곳이다. 학소대 절벽에 서면 산을 휘감아 도는 낙동강이 보인다. 급경사길을 따라 아래로 내려가면 옹달샘이 나타나고 길은 낙동강 예던길과 합류한다. 근처에 공룡발자국이 있으니 놓치지 말자. 낙동강을 따라 걸으며 자연과 동무하였을 퇴계 선생의 체취를 맡아본다.

이 길은 퇴계의 제자는 물론 수많은 시인묵객들이 순례자처럼 거닐며 스스로 퇴계처럼 큰 인물이 되길 꿈꾸던 곳이다. 병풍 같은 단애에 부딪힌 물은 퇴계의 붓글씨마냥 꿈틀거리며 휘돌아간다. 이렇게 낙동강에 취해 걷다 보면 농암정사가 나타난다.

'농암(聾巖)'은 귀머거리 바위라는 뜻으로, 사생결단으로 헐뜯는 정치판을 떠나 바위처럼 귀를 막고 살겠다는 농암 선생의 의지가 담겨 있다. 그걸 말해주듯 농암은 중앙에 가지 않고 한직으로만 겉돌았다. 하긴, 안빈낙도가 이곳에 있으니 진흙탕 싸움터로 가고 싶지 않았을 것이다. 농암정사 나무의자에서 바라본 절벽은 산수화 그 자체다. '4대강 사업' 한다고 굴착기로 강을 파헤쳤지만 다행히 이곳은 그런 위협에서 벗어나 자연 그대로의 모습을 간직하고 있다.

반쪽짜리 예던길에 만족하지 못했다면 그 안타까움은 가송리 예던길로 풀면 된다. 이 길은 가사마을 노인들이 예안장터에 가던 길로, 걷는 맛이 그만이다. 길은 천연 폭포를 지나 바위절벽을 탈 수 있도록 나무데크가 조성되어 있다. 용모가 빼어난 여인네 얼굴 형상의 바위도 만난다. 암벽 틈으로 부처손이 자라 이곳이 청정지역임을 말해주고 있다. 10분쯤 걸으면 전망대에 닿는데 월명담의 새파란 물색이 내려다보인다. 인근 봉화 청량산이 단풍여행객으로 북적거려 몸살을 앓는다면 이곳은 청량산 단풍에 결코 뒤지지 않은데다 사람을 마주치기 어려울 정도로 한적하고 운치 있다. 길은 부엽토로 다져져 있어 푹신한데 하늘 한 점 보기 어려울 만큼 숲이 우거졌다.

왕복 2시간 코스지만 체력이 좋다면 장구목을 거쳐 전망대로 하산하는 등산로를 이용해도 좋다. 절벽 위 전망대에 오르면 '갈 지(之)' 자로 흘러가는 낙동강을 보게 된다. 그 뒤쪽으로 청량산이 아른거린다. 정면으로 농암종택이 손에 잡힐 듯 가까이 있다. 원점회귀형으로 돌아갈 수 있지만 물살이 그리 세지 않다면 바지를 걷고 낙동강을 건너도 좋다.

Travel Info

친절한 여행팁 안동의 맛, 헛제삿밥·간고등어·안동찜닭 안동지방에는 예로부터 제사를 지낸 후 제사 음식으로 비빔밥을 해먹는 풍습이 있었는데 평상시에도 제사 음식과 똑같이 해 먹는 음식이 바로 헛제삿밥이다. 각종 나물을 비빈 밥과 어물, 육류를 끼운 산적과 탕국이 곁들여진다. 안동찜닭은 감자, 시금치, 대파 등의 야채와 한입 크기로 토막 친 닭고기, 당면이 어우러져 매콤하면서도 달콤한 맛이 조화를 이룬다. 한편, 영덕에서 들여온 고등어를 상하지 않도록 염장한 것이 안동 간고 등어다.

가는 길 경부고속도로 → 영주IC → 36번 국도 → 봉화 → 918번 지방도 → 청량산 → 가송리

맛집 대자연식당(안동찜닭·매운탕, 054-852-3222, 농암종택), 몽실식당(매운탕, 054-856-4188, 도산서원), 양반밥상(간고등어정식, 054-855-9900), 까치구멍집 (헛제삿밥, 054-821-1056, 안동댐)

잠자리 농암종택(054-843-1202, www.nongam.com, 한옥체험), 퇴계종택(054-856-3013, 도산면 토계리), 군자마을(054-852-5414, www.gunjari.net)

주변 볼거리 청량산, 도산서원, 이육사문학관, 도산온천, 산림과학박물관, 안동민속 박물관

이보다 화려한 작약밭이 또 있을까
의성 신물질연구소

Travel Guide

추천시기 4~11월　**여행성격** 가족, 연인, 단체　**추천교통편** 자가용, 단체버스
추천일정 1일 남안동IC – 고운사 – 애플리즈 – 사촌마을 – 경상북도기술원 신물질연구소
　　　　　2일 공룡발자국화석 – 경덕왕릉 – 탑리오층석탑 – 산운마을 – 빙계계곡 – 탑산약수온천

주소 경북 의성군 의성읍 상리리 133-3
전화 신물질연구소 054-832-9669　**웹사이트** 의성군청 tour.usc.go.kr
2인비용 교통비 10만원, 식비 8만원, 숙박비 5만원, 여비 3만원

의(義)와 예(禮)의 고장으로 알려진 의성은 꽃동네라 불러도 손색이 없다. 4월 초면 사곡면 화전리는 노란 산수유가 가득한데 구례 상유마을에 결코 뒤지지 않는다. 그 뒤로 개나리가 바통을 잇고 5월에 접어들면 작약꽃, 모란이 붉은빛을 뽐낸다. 7월부터는 목화가, 9월엔 메밀꽃이, 11월은 산수유열매, 12월 눈꽃까지, 의성의 사계절은 꽃세상이다.

그중에서 의성을 상징하는 대표 꽃은 작약으로, 5월 말쯤 경상북도기술원 신물질연구소를 찾으면 2만㎡ 국내 최대의 작약재배단지를 만날 수 있다.

이곳에서는 홑꽃인 의성작약을 비롯해 7종의 신품종을 육성하고 있다. 홍약, 적약, 백약 등 색깔도 다양하지만 국화처럼 소담한 겹꽃작약은 관상용으로 인기를 끌고 있어 외국에 수출까지 한다. 강렬한 선홍빛에 노란 수술이 유난히 짙어 마음을 빼앗기기 좋은데, 연인의 데이트코스

255

로 이만한 꽃밭이 없다. 아이 머리통만큼 꽃이 커서 대충 카메라만 들이대도 맘에 드는 사진 몇 장은 건질 수 있다. 아가씨의 입술처럼 붉어 '사랑꽃'으로 불리는 작약은 진통제, 해열제로 사용되는데 꽃모양도 크고 함지박처럼 넉넉해 '함박꽃'이란 이름을 얻고 있다. 5월 10일에서 20일경이 절정인데 미리 연락을 하면 개화시기를 알 수 있다.

이곳보다 규모는 작지만 금성산 고분군에서도 큼직한 작약밭을 볼 수 있다. 경사면에 작약을 심어 놓아 파란 하늘을 배경 삼아 사진을 찍을 수 있다. 삼한의 조문국의 왕릉인 경덕왕릉을 중심으로 260여 기의 고분이 밥그릇을 엎어 놓은 듯 오밀조밀하게 펼쳐졌는데 그 사이로 산책하는 재미가 그만이다.

'한국의 불가사의 계곡'으로 알려진 빙계계곡은 U자형 협곡을 가지고 있어 경치도 좋지만 화산지형의 독특한 지질형태를 살펴볼 수 있다. 맑은 계류와 큼직한 바위가 조화를 이루고 있으며 일찍이 경북팔승의 한 곳으로 손꼽히고 있다. 계곡 가운데 큰 바위에 새겨진 '빙계동(氷溪洞)'이란 글씨는 임란 때 이곳을 거친 명나라 장수 이여송의 친필로 알려져 있다. '빙계 8경' 중 제1경인 '빙혈'은 산기슭 바위 아래 4~5명이 들어설 수 있는 방 한 칸 넓이의 공간으로, 한여름에 들어가면 바위에 희끗희끗 붙어 있는 얼음을 볼 수 있다.

봄부터 찬 기운이 들기 시작해 하지가 되면 얼음이 얼어 평균 영하 4도를 유지하다가 입추부터 얼음이 녹기 시작해 동지 때는 영상 3도까지 올라가 김이 모락모락 피어오른다. 바깥 계절과 정반대 온도가 신비스럽기만 하다. 제2경인 '풍혈'은 좁은 바위 사이로 천연 에어컨 바람이 나와 시원한 냉풍욕을 즐길 수 있다.

제6경인 빙산사지오층석탑(보물 제327호)은 언덕 위 등대처럼 서 있어 이곳에 서면 협곡을 감싸 안은 물길을 내려다볼 수 있다. 이밖에 용의 머리가 부딪쳐 파인 곳으로 알려진 제8경 '용추'도 놓치기 아까운 볼거리다. 의성특산물인 산수유 열매를 얹은 산수유전과 엄나무 닭백숙, 산수유즙으로 국물을 낸 산수유칼국수는 빙계계곡에서 맛볼 수 있는 별미다.

폐교를 개조한 산운생태공원은 백악기 화산에 대한 기록과 의성의 문화유물을 소개하고 있다. 공원 뒤편에는 운곡당, 섬우당 등 전통 고가옥 40동이 있어 고즈넉한 산책코스로 좋다. 금성면 제오리에는 중생대 백악기시대의 공룡발자국 300여 기가 화석을 이루고 있어 아이들이 좋아하는 곳이다.

우리나라의 공룡발자국 화석이 주로 남해안 일대에 몰려 있는데 이곳은 내륙에서 발견됐다는 점이 특이하며, 좁은 면적에 발자국이 밀집된 것이 특징이다. 전탑과 목조건물 양식까지 고루 갖춘 탑리오층석탑(국보 제77호)은 화강암으로 만든 석탑이면서 전탑의 수법을 모방한 목조건물의 양식을 보여주고 있다.

Travel Info

친절한 여행팁 의성의 마늘 먹거리 의성 마늘은 육즙이 많고 매콤한 것이 특징이다. 의성에는 마늘을 먹여 키운 돼지고기와 소고기 식당이 여럿 있다. 마늘목장(054-834-9292, 의성읍내) 삼겹살은 지방질과 콜레스테롤 함유량이 적고 육질이 신선하고 쫄깃하여 혀끝에 살살 감긴다. 사과와인을 곁들인다면 금상첨화. 탑산약수온천과 가까운 봉양면에는 마늘한우거리가 형성되어 있다. 의성읍내에 있는 순연각(054-832-8582)에서는 통마늘로 맛을 낸 짜장면을, 서원한정식(054-834-0054)에서는 마늘돌솥밥과 한정식을 맛볼 수 있다. 단촌면사무소 옆 삼미식당(054-833-0107)은 통마늘과 청양고추를 넣어 만든 마늘통닭으로 유명한 집이다.

가는 길 서울 → 영동고속도로 → 원주분기점 → 중앙고속도로 → 의성IC → 의성

맛집 시집못간암닭(닭백숙, 054-832-2402, 빙계계곡), 의성마늘소(마늘소, 054-833-7171, 봉양면), 경북한우참숯갈비(한우, 054-834-4141)

잠자리 탑산약수온천모텔(054-834-5030, 봉양면 구산리), 금봉자연휴양림(054-833-0123, www.gum-bong.go.kr), 명품모텔(054-832-4450, 의성읍 후죽리)

주변 볼거리 비안향교, 관수루, 고운사, 사촌마을, 탑리오층석탑, 빙계계곡, 탑산약수온천

신호등이 단 하나밖에 없는 오지
영양군 둘러보기

Travel Guide

추천시기 4~5월, 10~11월   **여행성격** 가족, 연인, 단체   **추천교통편** 자가용, 단체버스

추천일정 1일 두들마을 – 봉감모전오층석탑 – 선바위관광지 – 서석지

2일 주실마을 – 검마산자연휴양림 – 반딧불이천문대 – 금강송군락지 – 일원산자생화공원

주소 경북 영양군   **전화** 영양군청 054-680-6067   **웹사이트** 영양군청 www.yyg.go.kr

2인비용 교통비 10만원, 식비 5만원, 숙박비 5만원, 여비 2만원

영양군은 통틀어서 교통 신호등이 단 하나다. 그만큼 사람의 발길이 드문 곳이다. 하지만 이곳에도 산과 산 사이에 손바닥만 한 땅이 있다면 어김없이 사람의 손길이 닿아 있다. 척박한 땅덩이를 일구고 살아온 이곳 사람들의 삶이 감동을 준다.

봉감모전오층석탑(국보 제187호)을 처음 보는 순간 그 웅장함에 숨이 멎을 뻔했다. 11m 높이의 탑이 산태극과 물태극이 절묘하게 만나는 곳에 서 있었다. 규격화된 벽돌이 아니다. 층마다 쌓은 돌의 크기가 제각각으로. 그걸 반듯하게 층을 맞춰 올린 선인들의 손재주에 감탄해본다. 만약 돌 크기가 벽돌처럼 똑같다면 얼마나 지루했을까?

서석지는 석문 정영방이 광해군 때 조성한 우리나라 최고의 정원이다. 인간이 정원을 만들었다기보다 자연에 인간이 들어앉았을 정도로 자연스럽다. 문을 정면에 만들지 않고 측면에 냈으며 칸막이까지 세워, 들어가는 이나 맞이하는 이가 서로 인기척을 낼 마음의 준비를 하도록 배

러했다. 경정의 마루에 앉아 연못을 바라보면 신선세계에 들어온 듯하다. 물 위에 둥둥 떠 있는 60개의 바위는 나름대로 의미를 지닌 채 도인의 세계를 만들어내고 있다. 바라보기 위한 정원이 아니라 자연에 빨려 들어가기 위한 정원으로, 한여름 연꽃이 가득할 때 절경이다.

일월산에서 흘러나온 반변천이 동천과 합류하는 곳이 바로 남이포다. 이곳의 경치는 웅장할 뿐 아니라 기기묘묘하다. 남이포는 남이장군이 역모를 도모한 아룡과 자룡을 격퇴하고 전승기념으로 자신의 얼굴을 새겨 넣은 곳이며, 선바위는 산을 잘라 물줄기를 돌려 마지막에 칼질한 바위다. 강변에 서 있는 것만으로 가슴이 짜릿한데 강 건너 남이포 절벽 따라 산책할 수 있도록 산책로를 조성해 놓았다.

남이포 앞에 있는 분재수석야생화전시관은 분재 130점, 양생화 5000본, 수석 50점이 여행객을 기다리고 있다. 정성 가득한 분재를 바라보기만 해도 자연에 흠뻑 빠져든다. 수석전시관에는 유일하게 영양에만 나온다는 폭포석이 눈길을 사로잡는다. 폭포 물줄기는 하얀 돌을 본드로 붙여 놓은 것 같다.

조선 상류 집안의 정자와 살림집을 볼 수 있는 곳이 '학초정'이다. 야트막한 산을 배경으로 사뿐히 정자가 앉아 있다. 허리를 구부리고 정자에 기댄 소나무가 그 연륜을 말해주기에 충분하다. 학초정은 솟을대문과 정자, 살림집으로 이루어져 있다. 정자 마루엔 겨울에 쓸 무말랭이가 따사로운 햇살을 받고 있었다. 마루에 올라 유유히 흘러가는 반변천을 바라보면 한 폭의 수채화가 펼쳐진다.

조지훈 생가가 있는 주실마을에 들어섰다. 그의 시만큼이나 아름다운 숲 속 한가운데 조지훈 시비가 자리 잡고 있다. 나무 벤치에 앉아 주변을 둘러보면 누구나 시 한 수 읊고 싶을 것이다. 조지훈은 한국 현대시의 완성자이며 근대시이 전후반기를 연결해주는 대시인으로, 지조를 목숨보다 소중히 여겼다.

일제강점기 때 조선어학회 사건으로 일경의 심문을 받자 비굴하게 사느니 비승비속으로 사는 것이 훨씬 낫다고 하여 세상을 등지고 오대산

월정사로 들어갔을 정도로 자존심을 지켰다. 그의 지조론의 정신적 토대는 바로 주실마을이다. 마을은 한양조씨의 집성촌으로, 구성원 모두가 일가친척이다. 전통마을이면서도 80년 전부터 양력설을 쇠고 있다. 신문물을 일찍 받아들인 마을은 인재양성을 위해 월록서당을 지어 선조들의 교육열을 이어받았다.

조지훈 뿐 아니라 의병장 조승기, 국립중앙도서관장을 지낸 조근영, 한글맞춤법 통일안 입안자 조헌영 박사, 경북도지사를 지낸 조준영, 여류 시인 조애영 등 이 조그만 동네에서 30명이 넘는 박사들과 수많은 장군들을 배출했다. 풍수지리적으로 볼 때 일월산의 맥이 집결하는 곳이다.

Travel Info

가는 길 경부고속도로 → 영동고속도로 → 중앙고속도로 → 서안동IC → (영덕 방향) → 진보 → 영양

맛집 수비관광농원식당(흑염소불고기, 054-682-2681, 수비면 신원리), 낙동식당(민물매운탕, 054-682-4070, 입암면 신구리), 맘포식당(한우, 054-683-2339, 영양읍 서부리), 하얀비가든(산채정식, 054-683-3355)

잠자리 검마산자연휴양림(054-682-9009, 수비면 신원리), 아이엠모텔(054-683-0024, 영양읍 서부리), 궁전장여관(054-682-6964, 영양읍)

주변 볼거리 두들마을, 봉감모전오층석탑, 서석지, 선바위관광지, 현동삼층석탑, 화천동삼층석탑, 조지훈생가(주실마을), 수하계곡

코발트빛 바다를 벗 삼아 걷는
영덕 블루로드

Travel Guide

추천시기 4~5월, 10~11월 **여행성격** 가족, 연인, 단체 **추천교통편** 자가용, 버스
추천일정 1일 영덕 블루로드(석리-축산항 6.7km) – 고래불해수욕장 – 괴시리전통마을
– 신돌석 장군 유적지
2일 삼사해상공원 일출 – 강구항 – 창포말등대 – 해맞이공원 – 신재생에너지공원
주소 경북 영덕군 강구면 **전화** 054-730-6514 **웹사이트** blueroad.yd.go.kr
2인비용 교통비 12만원, 식비 10만원, 숙박비 5만원, 여비 3만원

영덕 블루로드는 강구항을 출발해 축산항을 거쳐 고래불해수욕장에 이르는 해안도보길로, 삼척의 관동대로와 더불어 동해 최고의 바다 산책길이다. 산길, 바닷길, 역사길 등 3가지 코스로 짜여 있으며 전체 (50km)를 걸으려면 2박 3일은 족히 걸린다. 그러나 바닷길 코스 중 엑기스격인 석리어촌마을에서 축산항까지 6.7km 해안길만 골라 걸어도 동해트레일의 진수를 맛보기에 충분하다. 원래 해안간첩을 막기 위한 군초소길이었지만 철조망을 걷어내면서 관광객이 자유롭게 드나들게 되었다. 오랜 세월 동안 사람의 손때가 덜 탔기에 사색과 명상을 하면서 걷기에 좋다. 기암괴석의 바윗길, 해송 아래의 흙길, 파도가 넘실거리는 백사장길, 포근한 어촌마을길까지 흥미진진한 코스가 이어져 트레킹 내내 웃음이 가시지 않는다. 경치 좋은 곳마다 나무 벤치가 놓여 있어 옥빛 바다와 하얀 포말을 원 없이 감상할 수 있다. 중간에 대게 원

261

조마을인 차유마을에 들르면 대게원조비와 팔각정을 만난다. 고려 29대 충목왕 때 정방필이 영해부사로 부임해 대게의 산지인 이곳을 순시했는데 영해부사 일행이 수레를 타고 고개를 넘어왔다고 해서 수레 '차(車)', 넘을 '유(踰)'를 써서 차유마을이 되었다고 한다. 마을을 지나면 다시 해안 절경을 발아래 두고 파도소리를 음미하며 바윗길을 오르내리게 된다. 기암절벽 아래 작은 해변을 지나 근래 완공된 현수교를 건너면 죽도산에 이른다. 이름에 걸맞게 산은 온통 대죽으로 이루어져 있다. 죽도산 정상은 해안 지역에서 가장 높아 주변 일대에 큼직한 동해 지도가 펼치는 듯하다. 죽도산 둘레길을 휘감아 돌면 물가자미 집산지인 축산항이 나온다. 대게활어타운 고층 횟집에 들어서면 축산항과 바다를 내려다보며 펄떡이는 횟감을 맛볼 수 있다. 영덕 사투리로 '미주구리'라고 불리는 물가자미회는 지방이 적고 칼슘과 단백질이 풍부해 뼈를 다친 환자나 수술 환자들의 특효약 대접을 받는 생선이다. 시원한 물회로 먹거나 매콤한 초고추장에 버무려 술안주로 곁들이면 좋다. 뼈째 오돌오돌 씹히는 맛이 일품이어서 겨우내 잃었던 입맛을 되찾아준다.

강구항부터 축산항까지 강축해안도로는 '한국의 아름다운 길 100선'에 뽑힐 정도로 대한민국 최고의 바닷길을 자랑한다. 'S' 자로 휘감아 도는 바닷길을 따라 차를 몰면 황홀한 경치에 마음을 빼앗겨 도무지 속력을 낼 수 없다. 급기야 대게발이 등대를 감싸고 있는 창포말등대에 이르러서는 차를 세우게 된다. 등대 안쪽 나선형계단을 올라 등대의 중간쯤 오르면 바다를 시원스레 볼 수 있는 전망대가 반긴다. 난간을 부여잡고 사방을 둘러보면 끝없이 펼쳐진 수평선과 하얀 포말로 덧칠해놓은 해안선이 가슴을 확 트이게 한다. 등대를 빠져나와 나무계단을 따라 내려가면 거친 바람과 싸워 이긴 야생화 꽃밭이 펼쳐진다. 4월이면 노란 수선화가 짙푸른 바다와 보색을 이루며 하얀 등대와도 어우러진다. 그밖에 패랭이꽃, 해국, 벌개미취 등 야생화 15종, 30만 본의 꽃이 피고 진다. 하늘에서 놀고 있는 물고기 조각 작품을 감상해도 좋고 바다에 관련된 시를 음미하며 눈을 지그시 감아도 좋다. 야간에는 무지개 조명이 등대를 비추고 아치형 터널에 조명까지 비춰 연인들의 데이트 장소로 그만이다.

풍력발전단지에 들어서면 "윙윙" 굉음을 내며 돌아가는 풍력발전기의 위용에 입이 딱 벌어진다. 24기의 풍력발전기에서 생산된 전기는 영덕군민 2만 가구 전체가 사용할 수 있는 양이란다. 봉우리 전망대에 오르면 단지 전체는 물론 낙동정맥의 웅장한 산세를 조망할 수 있으며 코발트 바다가 가슴을 짜릿하게 해준다. 입구에는 윤선도 시비가 세워져 있으며, 삼국시대부터 변방의 위급한 상황을 알려주는 변반산 봉수대까지 조성되어 있어 답사여행지로도 손색이 없다. 최근에 문을 연 영덕신재생에너지관(054-730-7021)은 체험을 통해 놀고 즐기면서 청정에너지의 원리를 터득하는 곳이다. 태양광자동차, 해바라기 에너지정원, 태양의 힘으로 자라는 잎, 수소자동차체험등 흥미진진한 체험거리가 가득해 아이들이 자연스레 신재생에너지의 원리를 터득하게 된다. 옥상에는 태양광 집열판이 놓여 있어 태양에너지 생성을 가까이서 볼 수 있게 했다.

Travel Info

가는 길 중앙고속도로 → 서안동IC → 34번 국도 → 영덕 → 7번 국도(포항 방면) → 강구항

맛집 성일수산(대게찜, 054-732-5206, 강구항), 청궁대게회타운(054-733-5686, 강구항), 대게종가(054-733-3838), 진일대게(054-734-1205, 창포말등대), 태화식당(물가자미, 054-732-7144, 축산항), 명품식당(해물탕, 054-734-3398, 영덕읍내)

잠자리 영덕칠보산자연휴양림(054-732-1607, 병곡면 영리), 동해해상호텔(054-733-4466, 강구항), 나라골보리말(054-734-0301, 청수면 인량리)

주변 볼거리 삼사해상공원, 고래불해수욕장, 축산대게원조마을, 부경온천, 괴시전통마을

주왕산의 숨겨진 비경

절골계곡

Travel Guide

추천시기 4~11월　**여행성격** 가족, 연인, 단체　**추천교통편** 자가용, 버스, 단체버스

추천일정 1일 주왕산 등산(대전사-1·2·3폭포-내원마을-큰골-대문다리-절골계곡)-주산지

　　　　　2일 민속박물관 - 현비암 - 찬경루 - 송소고택 - 양수발전소 - 신성계곡

주소 경북 청송군 부동면 상의리　**전화** 054-873-0101　**웹사이트** juwang.knps.or.kr

2인비용 교통비 15만원, 식비 8만원, 숙박비 5만원, 여비 5만원

설악산, 월출산과 함께 우리나라 3대 암산이라 불리는 주왕산은 병풍
처럼 늘어진 기암괴석과 황홀한 폭포들을 품고 있어 '영남의 소금강'으
로 불린다. '뫼 산(山)' 자 형상의 기암 아래 대전사가 자리 잡고 있으며,
편안한 산책길로 들어서면 계곡 양쪽에 전설이 깃든 신비스러운 석벽
들이 도열해 있다. 워낙 경치가 뛰어나 택리지의 저자 이중환은 주왕
산을 일러 '모든 돌로써 골짜기 동네를 이루어 마음과 눈을 놀랍게 하는
산'이라고 칭송한 바 있다.

급수대 바위 정상에는 신라 왕손 김주원이 살았다는 대궐터가 있는데,
꼭대기에서 두레박으로 물을 퍼 올렸다고 해서 급수대라는 이름을 얻
었다. 산수화에 등장할 만한 학소대와 병풍바위에는 슬픈 전설이 서려
있다. 그 옛날 이곳에 청학과 백학 한 쌍이 사이좋게 살고 있었는데 어
떤 포수가 백학을 쏘아 잡은 후 청학이 며칠을 슬피 울다 날아갔다고
한다. 왼쪽 바위는 학이 머물렀다고 해서 학소대라 불렀고 오른쪽 바위

는 병풍을 세워놓은 것 같아 병풍바위라고 불렀다.

떡 찌는 시루를 빼닮은 시루봉은 신선에 관련된 선실을 품고 있다. 눈보라가 몰아치는 겨울, 어떤 도시가 이 바위 위에서 도를 닦고 있었는데 너무 측은한 나머지 신선이 내려와 불을 지펴주었다고 한다. 그런 연유 때문일까. 멀리서 바라보면 마치 마음씨 좋은 할아버지처럼 보인다. 계곡의 속내 깊숙이 들어가면 3개의 폭포가 연이어 등장해 보석처럼 반짝이는 옥구슬을 쏟아내고 있다.

대전사부터 시작해서 1·2·3 폭포를 지나 내원동 마을까지 평지 수준의 산책코스가 이어져 노약자들도 쉽게 산행에 나설 수 있다. 10월 말부터 11월 초까지 형형색색의 단풍으로 물들어 1년 중 가장 많은 등산객이 주왕산을 찾는다. 계곡을 따라 폭포까지 갔다면 하산은 주왕산자연관찰로를 이용하면 좋다. 학소대, 급수대, 망월대 전망대 등 기묘한 풍경과 야생 동식물을 직접 관찰할 수 있는데 한적해서 좋다. 자연관찰로를 이용하면 주왕암과 주왕굴 그리고 무장굴까지 둘러볼 수 있다.

주왕산의 속살이라고 불릴 만큼 원시 비경을 간직하고 있는 절골계곡은 주왕산 남동쪽에 있는 계곡으로, 북적거리는 주왕산 주 계곡보다 한적한 산행을 즐길 수 있는 것이 매력이다. 그 옛날 절이 있었다고 하는데 지금은 절의 흔적을 찾을 수 없고 '절골' 이라는 이름 하나만 달랑 건졌다. 죽순처럼 우뚝 솟은 기암괴석과 울창한 수림으로 둘러싸여 있어 마치 별천지와 같은 분위기를 자아내고 있다.

암벽을 사이에 두고 골바람을 맞으며 주왕산 깊은 속내로 들어가는 절골은 맑은 물과 시원한 바람으로 한여름에도 등골이 오싹할 정도로 짜릿하다. 수량이 풍부해 물에 비친 기암괴석이 일품인데 가을에는 오색 홍엽을 담은 물그림자를 감상하기에 최고다. 인파로 신음하는 대전사 코스보다는 한적한 산행을 할 수 있다. 절골에서 가메봉을 거처 제3폭포를 지나 대전사까지 13km, 6시간이 소요되는네, 단풍 속에 기암괴석이 만들어낸 풍경의 여운이 오래간다. 계곡 입구에 너른 사과밭이 있어 사과밭에서 사과를 직접 사서 맛볼 수 있다.

1720년 8월 조선 경종 때 준공된 저수지인 주산지는 물속에 박혀 있는 30여 그루의 왕버들고목이 반영되어 쌍둥이처럼 얼굴을 맞대고 있는 것이 특징이다.

새벽 물안개가 깔리면 꿈속의 풍경처럼 황홀한데 이를 카메라에 담으려는 사진작가들로 늘 북적거린다. 김기덕 감독의 영화 〈봄, 여름, 가을, 겨울 그리고 봄〉의 주 배경지로 나왔으며 영화의 내용처럼 속세의 묵은 때를 씻고 마음을 정화하기에 더없이 좋은 장소다. 주산지를 내(內)와 외(外)가 공존하는 공간이라고 표현하며 인간의 평범하지 않은 삶을 계절의 흐름과 불교의 윤회사상에 빗댄 방식으로 풀어가는 영화로 제41회 대종상영화제에서 최우수작품상, 청룡영화상 최우수작품상 등을 수상하기도 했다.

Travel Info

가는 길 중앙고속도로 서안동IC → 안동 → 34번 국도 → 임하댐 → 진보 → 31번 국도 → 청송 → 주왕산

맛집 청솔식당(산채정식, 054-873-8808, 주왕산), 서울식당(달기약백숙, 054-873-2177, 달기약수), 대구관식당(달기약백숙, 054-873-3952, 달기약수), 신촌식당(닭불고기, 054-872-2050, 신촌약수)

잠자리 청송자연휴양림(054-872-3163, 부남면 대전리), 주왕산관광호텔(054-874-7000, 청송읍), 송소고택(054-874-6556, 대인동, www.송소고택.kr)

주변 볼거리 보광사, 현비암, 방호정, 얼음골, 절골, 주산지, 목계솔밭, 야송미술관

대한민국 폭포전시장
내연산 12폭포

Travel Guide

추천시기 7~8월, 10~11월　**여행성격** 가족, 연인　**추천교통편** 자가용, 버스

추천일정 1일 보경사 – 12폭포 – 내연산 – 경상북도수목원

　　　　　2일 죽도시장 – 호미곶 – 국립등대박물관 – 구룡포 – 오어사

주소 경북 포항시 북구 송라면 중산리 622

전화 포항시청 054-245-6063　**웹사이트** 포항시청 www.ipohang.org

2인비용 교통비 15만원, 식비 8만원, 숙박비 5만원, 여비 3만원

10년 전이다. 영덕에서 포항 가는 시외버스 안. 차창 밖으로 펼쳐진 동해바다에 흠뻑 빠졌다. 장사해수욕장, 화진해수욕장을 지나자 갑자기 '보경사'라는 안내판이 나타났다. 무엇에 홀렸는지 갑자기 배낭을 잡아채고 버스에서 내려버렸다. '보경.' 혹시 가물가물한 나의 옛 애인의 이름이 아닐까. 지금도 잘 모르겠다.

보경사는 웅장하고 수려한 중남산과 좌우로 뻗어난 내연산 연봉에 둘러싸여 있으며, 12폭포를 거치면서 정화된 물이 사찰을 감싸 안고 있다. 신라 진평왕 때 진나라에서 유학 다녀온 지명 스님이 '동해안의 명산에서 명당을 찾아 팔면보경을 묻고 그 위에 불당을 세우면, 왜구의 침략을 막고 장차 삼국을 통일하리라'라고 하자 왕이 기뻐하며 절을 지을 곳을 찾아 나섰다. 포항을 거쳐 해안선을 따라 올라가는데 오색구름이 덮인 산을 보고 찾은 곳이 내연산이다. 이곳에 연못을 메우고 팔면보경을 묻고 절을 창건하여 보경사라 명했다. 보배 '보(寶)', 거울 '경(鏡)'을 써서 보경사가 되었다고 하는데 어딘가 묻혀 있을 거울을 찾아 이곳저곳을 기웃거려본다. 경내에는 원진국사부도(보물 제430호)와 원진국사비(보물 제252호)가 남아 있고 고즈넉한 탑을 제외하고는 특출난 볼거리를 찾을 수 없다. 대신 비구니 사찰답게 정갈하며 깔끔하다. 주변 수림이 울창해 솔향을 맡으며 산책하기에 좋다.

내연산(710m)은 청하골짜기를 따라 40리에 걸쳐 이어진 포항의 명산이다. 내연산 말고도 문수산(622m), 향로봉(930m), 삿갓봉(718m), 천령산(775m) 등의 높은 준봉들이 반달 형상으로 둘려 있으며 그 사이로 청하골이 흐르는데, 무려 12개의 폭포를 품고 있어 내연산을 폭포 전시장이라 불러도 손색이 없다.

보경사를 시작으로 계곡을 벗 삼아 돌길로 된 등산로를 따라 1.5km쯤 오르면 제1폭포인 쌍생폭포가 나타난다. 규모는 크지 않지만 물길이 양옆으로 떨어져 쌍둥이폭포를 연상케 하는데 한여름 머리를 들이대며 물맞이하기에 좋다. 이 폭포를 지나면 보현폭포(제2폭포), 삼보폭포(제3폭포), 잠룡폭포(제4폭포), 무봉폭포(제5폭포)가 줄줄이 사탕처럼 이어진다. 그러나 숲이 무성한데다 여름철을 제외하고는 수량도 부족해 그냥 지나치는 폭포도 여럿 있으니 유심히 살펴봐야 한다. 잠룡폭포 주변은 영화 〈남부군〉에서 빨치산 대원들이 남녀노소 가릴 것 없이 모두 발가벗고 목욕하는 장면으로 나왔던 곳으로, 주변 경관이 뛰어나다. 제

5폭포인 무룡폭포를 지나선 수직 절벽지대가 이어지는데 선일대, 신선대, 관음대, 월명대 등 6폭 병풍을 한 폭씩 펼쳐내는 듯하다. 그 끝자락에 청하골 열두 폭포 중 가장 경관이 빼어난 관음폭포가 여주인공처럼 등장한다. 높이 30m, 길이 40m에 이르는 거폭으로, 수량마저 풍부해 귀가 아플 정도로 낙숫물 소리가 크다. 햇살이 내리비치면 오색영롱한 무지개까지 볼 수 있어 진경산수화의 완성품으로 여겨진다. 폭포 옆에 학소대라는 절벽이 단애를 이루고 있으며 관음굴이 해골의 콧구멍마냥 뚫려 있다. 관음폭포 위 구름다리 아래서 내려다본 소의 모습이 맑다 못해 시퍼렇다. 다리를 건너면 살포시 숨어 있는 연산폭포를 만나게 된다. 그 웅장한 물소리에 온몸이 서늘해진다. 내친김에 계곡에 은거하고 있는 은폭, 시명폭, 복호폭까지 12개의 폭포순례를 해도 좋지만 보경사에서 연산폭포까지 8개 폭포만 둘러봐도 폭포의 진수를 만끽하기에 부족함이 없다. 피서철 산을 찾아도 좋지만 온 산을 붉게 물들인 가을에 산을 오르면 남다른 감동을 받을 것이다. 보경사에서 연산폭포까지 대략 2시간(왕복 6km)이 소요되며 등산로가 잘 닦여 있어 어린아이나 노인들도 손쉽게 오르내릴 수 있다.

Travel Info

친절한 여행팁 하옥계곡과 경북수목원 하옥계곡은 동사동계곡에서 새태양지계곡까지 12km 구간의 청정계곡으로, 사시사철 맑은 물이 흐르고 있어 계곡 야영지로 손꼽히며 숲이 우거져 삼림욕까지 겸할 수 있다. 인공조림과 다양한 수목을 관찰할 수 있는 경상북도수목원과 함께 묶어 둘러보면 좋다. 수목원 전망대에 오르면 동해는 물론 호미곶까지 한눈에 조망된다.

가는 길 경부고속도로 → 대구포항간고속도로 → 대현IC → 7번 국도 → 송라 → 보경사

맛집 천령산가든(산채비빔밥, 054-261-4330, 내연산), 보경식당(손칼국수, 054-262-3664, 내연산), 선비고을가든(산채더넉, 054-261-9998)

잠자리 연산온천파크(054-262-5200, 내연산 입구), 파인비치호텔(054-262-5600, 칠포해수욕장), 포항스테이인호텔(054-274-8300, 남구 해도동 415-1)

주변 볼거리 경상북도수목원, 죽도시장, 호미곶, 국립등대박물관, 구룡포, 오어사

한국인이라면 반드시 밟아야 할
남산 트레킹

Travel Guide

추천시기 4~6월, 10~11월　**여행성격** 개인, 가족, 단체　**추천교통편** 버스, 기차, 단체버스

추천일정 1일 삼릉 – 선각육존불 – 상선암 – 금오봉 – 용장사삼층석탑 – 석조여래좌상 – 배리삼존불상
　　　　2일 칠불암 – 신선암마애불좌상 – 불곡석불좌상 – 탑골마애불 – 보리사석불좌상

주소 경북 경주시 배동 73-1

전화 경주국립공원 054-741-7612　**웹사이트** 경주국립공원 gyeongju.knps.or.kr

2인비용 교통비 15만원, 식비 7만원, 숙박비 5만원, 여비 3만원

한국인이 평생소원으로 여길 정도의 여행지는 어디일까? 나는 경주 남산을 손꼽고 싶다. 남산은 40여 개 골짜기에 100여 곳의 절터, 60여 구의 석불, 40여 기의 탑을 가지고 있어 '지붕 없는 노천 박물관'이라 해도 손색이 없다. 유네스코가 이곳을 세계문화유산으로 지정한 이유이기도 하다. 워낙 유물이 풍부하고 광대하게 펼쳐져 있어 남산을 구석구석 둘러보려면 열흘도 부족한데 그중에서도 엑기스 격인 삼릉계곡에서 용장사를 거쳐 하산하는 코스(4시간)를 택한다면 남산 맛보기로는 충분하다.

출발지 삼릉은 새벽에 찾는 것이 좋다. 김중만 사진작가가 소나무를 즐겨 찍는 장소로, 안개 깔린 솔밭에 햇살 한줄기 내리비칠 때가 최고다. 남산에서 가장 먼저 반기는 부처는 바로 목 없는 좌상이다. 머리가 잘려나가고 손과 무릎이 파손되었지만 의연함을 잃지 않고 있다.

머리가 없어 등신불만큼이나 강렬하게 보인다. 그래도 온전히 남아 있는 옷 주름과 매듭만으로 나른 불상을 압도한다. 과연 부처님은 어떤 얼굴일까? 이런 상상이야말로 남산 답사의 매력이다.

목 없는 좌상에서 바윗길로 약 40m를 오르면 관음보살이 새겨진 돌기둥을 만난다. 오른손엔 정병을 들고 있으며, 옅은 미소를 머금고, 시선은 서쪽 서방정토를 향하고 있다. 유심히 살펴보면 입술이 붉은 빛깔을 띠고 있는데 자연암석의 붉은색을 그대로 이용해 조각하여 신비감마저 든다.

다시 200m쯤 오르면 개울 건너 커다란 암벽에 선각한 2개의 삼존불을 만난다. 보통은 바위면을 다듬어 매끈한 표면에 송곳으로 선각하지만 이곳은 바위면을 다듬지 않고 자연석에 자유로운 필치로 그림을 그렸다. 이런 솜씨로 비단에 그림을 그렸다면 모나리자 이상의 명작이 나왔을 것이다.

부처님께 꽃을 한 아름 바치는 여인, 제자는 앉아 있고 부처는 서 있는 겸손의 자세 등 거대한 캔버스에 극락정토를 그려내려는 신라 사람들의 염원을 볼 수 있다. 바위 위에는 빗물이 흐르지 않도록 홈이 나 있는데, 1500년 동안 그림이 훼손되지 않은 이유가 여기에 있다.

삼릉골석불좌상은 완벽한 성형수술로 다시 태어난 불상이다. 예전엔 얼굴에 시멘트가 발려 무척 무섭고 흉측하게 보였는데 지금은 잘생긴 부처로 거듭났다. 딱 벌어진 어깨는 힘이 서려 있고 눈을 지긋하게 감으며 앞산을 바라보고 있다.

상선암에서 조금 올라가면 남산 불상 중 가장 크고 부처님 머리 조각이 우수한 '마애석가여래대불좌상'을 볼 수 있다. 높이 5.3m, 너비 3.5m나 되는 거대불이다. 머리에서 어깨까지는 깊게 조각해서 돋보이게 한 반면 몸은 얕게 새겨져 있어 일명 '터미네이터 부처'라는 별칭을 얻고 있다. 자연과 인공이 절묘하게 맞아떨어지는 신라의 조각수법을 보여준다.

방랑시인처럼 능선을 오르내리다 보면 금오산 정상에 닿는다. 생각할수록 남산은 깊은 산이다. 이 산 전체를 불국토로 만들려는 신라인의 의지, 그 장대하고 기발한 발상에 감탄이 끊이지 않는다. 금오산 정상 아래쪽으로 험한 바윗길을 400여m쯤 내려가면 암반 위에 아스라이 서 있는 용장사삼층석탑이 눈물이 찔끔 날 정도로 감동을 선사한다.

천 년 넘도록 탑은 이 자리를 지키며 경주 땅을 굽어보고 있었다. 2중 기단을 따로 만들지 않고 자연 암석 위에 바로 상층기단을 세웠으니 세계에서 가장 큰 탑이라 불러도 된다. 탑 아래 10m 쯤 내려가면 가부좌를 튼 마애여래좌상이 바위에 새겨져 있는데 이목구비가 뚜렷하고 선이 유려하다. 특히 줄무늬 법의는 거위털 아웃도어 잠바 문양이다. 1500년 전 유행했던 옷을 지금 젊은이들이 즐겨 입고 있다는 생각에 웃음이 난다.

목이 없는 용장사석불좌상은 3층의 대좌 위에 앉아 있다. 시커먼 이끼까지 껴 비장함마저 전해진다. 마치 손과 다리가 잘려나간 로마의 토르소처럼 강렬하다. 기단부의 대좌는 자연석을 사용했으며 간석과 대좌가 탑의 지붕돌 모양처럼 차곡차곡 쌓여 있다. 둥근 탑은 화순 운주사의 떡탑을 보는 듯하다. 김시습의 용장사터까지 둘러보고 계곡의 물소리를 들으며 하산하면 용장마을이 나온다. 이곳에서 시내버스를 타면 주차장이 있는 삼릉계곡까지 갈 수 있다.

Travel Info

가는 길 경부고속도로 경주IC → 35번 국도 → 포석정 → 삼릉

맛집 삼릉고향칼국수(손칼국수, 054-745-1038, 남산 삼릉), 구로쌈밥(쌈밥, 054-749-0600, 천마총), 황남맷돌순두부(해물순두부, 054-771-7171, 천마총), 요석궁(한정식, 054-772-3347, 오릉)

잠자리 경주토함산자연휴양림(054-772-1254, 양북면 장항리), 푸른산유스호스텔(054-746-1811, 불국사), 유럽마을펜션(054-775-1489, 북군동)

주변 볼거리 나정, 포석정, 보리사, 선덕여왕릉, 사천왕사, 불국사, 석굴암, 괘릉

대가야 관광 1번지
고령 지산동 고분군

Travel Guide

추천시기 4~6월, 9~10월 　**여행성격** 개인, 가족, 단체 　**추천교통편** 버스, 자가용, 관광버스
추천일정 1일 고령IC – 주산 – 지산동 고분군 – 대가야박물관 – 우륵기념관
　　　　2일 반룡사 – 개실마을 – 양전동 암각화 – 산림녹화기념숲

주소 경북 고령군 고령읍 대가야로 1203
전화 고령군청 054-950-6060 　**웹사이트** 고령군청 tour.goryeong.go.kr
2인비용 교통비 10만원, 식비 5만원, 숙박비 5만원, 여비 3만원

고령은 대가야의 도읍지이며 우리나라 최초로 토기, 철기, 가야금 문화를 꽃피웠던 곳이다. 4세기경까지만 해도 신라와 대등한 세력을 자랑했던 가야는 하루아침에 멸망해 버렸다. 역사는 패배자에게 매몰찼다. 〈삼국사기〉는 아예 가야사를 빼버렸고 철저히 외면으로 일관했다. 그러는 사이 일본은 가야지역에 '임나일본부'라는 것을 두어 한반도 남단 식민지배를 주장하며 역사를 왜곡하기에 이른다. 가야가 어떤 나라이며 왜 멸망했는지 아무런 기록이 남아 있지 않고, 오로지 묵묵히 서 있는 고분과 질박한 토기만이 지난날 가야의 영화를 말해줄 뿐이다.

금관이 신라와 다르고 토기가 백제와 다른 데서 알 수 있듯, 가야는 영호남과 북방 맹주들 틈바구니에서 그들만의 문화를 장소해내고 있었다. 경주나 부여처럼 평지에 산수를 두르고 경치 좋은 곳에 조성된 고분이 아니라, 산 능선을 따라 수백 기의 고분을 구슬처럼 꿰놓았다. 하늘로 향하는 성스런 공간이라는 설이 있고, 경작지가 부족해 고분이 산으로 올라왔다고 주장하는 학자도 있다. 능선에서 내려다보면 고령읍내가 한눈에 조망되는데, 고령이 죽은 자와 산 자가 함께 공존하는 땅임을 알 수 있다. 가야고분은 산성을 배후에 두고 정면에 도시와 평야, 강이 한눈에 내려다보이는 능선의 정상부에 봉토를 쌓아 올린 것이 가장 큰 특징이다. 지름 20m가 넘는 대형 봉분 주변에는 나무에 달린 과실처럼 작은 무덤이 매달려 있다. 산자락 능선을 따라 200여 기의 고분이 자리 잡고 있다. 한적하게 고분군을 거닐다 보면 어머니의 젖가슴마냥 편안함을 느끼게 된다. 특히 이른 아침 발아래 고령읍내에 운무가 깔릴 때와 해질 무렵 노을이 물들 때가 가장 아름답다.

대가야왕릉전시관은 우리나라 최초로 확인된 순장묘인 지산동 44호분의 발굴 당시 모습을 고스란히 재현해 놓았다. 주석실 이외에도 순장을 위한 32개의 부석실과 순장된 사람들을 볼 수 있도록 꾸며졌다. 순장은 대개 지위가 높은 권력자가 죽었을 때 노예나 신하를 함께 묻었던 고대의 장례 풍습으로, 왕을 호위했던 귀족이나 무사 그리고 사랑하는 여인

Travel Story

왜 신라금이라고 하지 않고 가야금이라고 했을까? ... 바로 대가야 출신의 우륵이 있었기 때문이다. 우리나라 3대 악성인 우륵은 대가야 가실왕의 명을 받아 우리나라 전통악기를 대표하는 가야금을 제작하게 된다. 가야금곡 12곡을 작곡했는데 현재는 그 곡명만 알 수 있다. 오동나무에 명주실 12줄을 이어 만든 가야금은 오른손으로 음을 뜯고 왼손으로 바깥쪽을 움직여 소리를 조절한다. 가야금의 위쪽은 하늘을, 평평한 아래쪽은 땅을 상징하며, 그 속이 빈 것은 하늘과 땅 사이의 공간을 뜻한다고 한다. 12현은 일 년 열두 달을 의미한다고 하니 가야금 소리는 우주의 소리나 다름없다. 고령읍 쾌빈리의 금곡은 '정정골'로 알려져 있다. 이는 악성 우륵이 제자들과 함께 가야금을 연주한 곳으로, 그 소리가 정정하게 들렸기 때문에 붙여진 이름이다. 언덕에는 우륵영정각과 가야금 모양의 우륵기념탑이 우뚝 서 있다. 우륵박물관은 우륵과 가야금에 얽힌 이야기로 꾸며졌으며 고유의 악기 체험을 즐길 수 있고 가야금 제작 과정도 볼 수 있다.

들도 함께 순장된 것으로 추정된다.

왕릉전시관 바로 아래에 자리 잡은 대가야박물관은 대가야의 역사와 문화를 중심으로 구석기시대부터 근대에 이르기까지 고령지역의 역사와 문화를 접할 수 있는 공간이다. 직선적인 신라 토기와 달리 가야의 토기는 부드러운 곡선미가 볼만하다. 신라의 토기가 굽의 홈이 교차되어 있는 반면 가야토기는 홈이 일직선으로 내려온 것이 특징이다. 국제적으로 명성을 얻은 가야의 철은 중국과 왜에 수출까지 했는데 박물관에 가면 당시의 철갑투구와 갑옷을 만날 수 있다. 비슷한 철갑옷이 일본의 고분에도 출토되었다. 어린이체험학습실은 단순히 눈으로 보는 곳이 아니라 다양한 체험을 통해 가야 문화를 쉽게 접할 수 있도록 꾸며졌다.

Travel Info

친절한 여행팁 개실마을 개실마을은 영남 사림학파의 중심인물인 점필재 김종직 선생의 후손들이 350년간 살아온 집성촌이다. 무오사화 때 화를 면한 김종직의 후손들이 이곳에 정착하면서 종가의 대를 이어오고 있다. 50여 가구 100여 명의 주민은 20촌 이내의 친척이어서 그 끈끈함을 오늘날까지 이어오고 있다. 유교문화와 양반 전통이 고스란히 살아 있고 예절과 효행을 목숨만큼이나 소중히 여기며 종손의 말 한마디가 곧 법인 그런 마을이기도 하다. 한옥이 만들어낸 기와선을 감상하며 정겨운 돌담길 따라 마을을 산책하다 보면 고즈넉함과 기품이 서려 있는 점필재 종택을 만난다. 안채, 사랑채, 고방채는 물론 점필재 선생의 신주를 모시는 사당까지 있어 영남 전통한옥의 구조와 아름다움을 볼 수 있다. 봄이 되면 개실마을은 딸기향으로 가득하다. 전국 최고의 품질을 자랑하는 쌍림딸기의 새콤달콤함을 맛보고 직접 딸기밭에 들어가 딸기를 수확할 수 있다.

가는 길 서울 → 경부고속도로 → 대구 → 88고속도로 → 고령IC

맛집 황금터숯불촌(한우갈비, 054-956-1666), 대통대맛(샤브샤브, 054-956-3012, 고령읍 헌문리), 옛촌(갈치정식, 054-955-0986, 고령읍 장기리 213), 고령덕곡한우마을(한우, 054-954-1141, 덕곡면 예리 290-2)

잡자리 개실마을민박(054-956-4022, 개실마을), 그린모텔(054-956-7006, 고령읍 쾌빈리), 무인셀프스카이파크모텔(054-956-4546, 고령읍), 꿈의궁전(054-956-2777, 운수면)

주변 볼거리 지산동고분군, 대가야왕릉전시관, 대가야박물관, 우륵박물관, 양전동암각화, 반룡사, 대가야문화학교

275

태고의 신비를 온몸으로 체험하다
울릉도 성인봉 등반

Travel Guide

추천시기 사계절 **여행성격** 가족, 연인, 단체 **추천교통편** 배, 단체버스

추천일정 1일 도동약수공원 – 독도박물관 – 독도전망대 – 촛대암해안산책로

2일 울릉도 육로관광(통구미–남양–태하성당–현포고분–나리분지) – 성인봉등반

3일 울릉도 해상관광(도동–구암–태하–공암–삼선암–관음도) – 봉래폭포 – 내수전전망대

주소 경북 울릉군 도동리 **전화** 울릉군청 054-790-6454 **웹사이트** 울릉군청 www.ulleung.go.kr

2인비용 교통비 30만원, 식비 15만원, 숙박비 10만원, 여비 10만원

삶이 힘들고 바쁜 일상에서 벗어나고 싶을 때 원시의 섬 울릉도 가는 배에 올라타라. 도둑, 공해와 뱀이 없고 바람, 향나무, 미인과 물, 돌이 많은 삼무오다(三無五多)의 섬으로, 수백만 년 전 자연이 빚어놓은 모습을 고스란히 간직하고 있다. 울릉도 관광은 크게 육로관광과 해상관광 그리고 성인봉 등반으로 나뉘는데, 최소한 2박 3일 이상 넉넉한 일정을 잡는 것이 좋다.

천부항에서 나리분지 오르는 길은 울릉도에서 가장 험악한 도로다. '강원도 기사가 울릉도 기사를 보고 혀를 내두른다'라는 말이 결코 허풍은 아닌 것 같다. 이리저리 기우뚱거리다 보면 어느새 깔딱고개가 나오고 그 고갯마루를 넘어서면 울릉도에서 유일한 평지가 반긴다. 척박한 바위섬에 이렇게 푹신하고 너른 공간을 품고 있는 것이 신기할 따름이다. 그 속살에 울릉도 민초들이 터전을 잡고 있는데 한때는 500여 명의 주

민이 부대끼며 밭을 일구고 살았다고 한다. 분화구 안에 사람이 사는 곳은 이곳 나리분지가 세계에서 유일하다고 하는데 전통 너와집과 투막집을 기웃거리다 보면 울릉도 사람들이 바람과 폭설에 얼마나 치열하게 싸웠는지 알게 된다.

울릉도까지 와서 성인봉에 오르지 않는다면 울릉도의 반은 놓친 셈이다. 아침에 도동항을 출발해 육로관광을 마치고 나리분지의 토속식당에서 산채비빔밥을 먹은 뒤 성인봉 정상에 올라 도동항으로 하산하면 딱 하루 코스다. 나리분지에서 2시간쯤 쉬엄쉬엄 발품을 팔면 성인봉 정상에 오르는데 육지에서는 보기 어려운 너도밤나무, 솔송나무, 섬피나무, 두메오리나무 등 울릉도에만 자생하는 나무도 만난다. 해무를 먹고 자란 고비, 고사리 등 양치식물이 어린아이 몸집만큼 커 마치 영화 〈쥐라기공원〉에 들어선 기분이다. 태고부터 한 번도 훼손되지 않는 원시림에서 자란 섬백리향과 울릉국화의 향기는 자꾸만 발걸음을 더디게 만든다. 알봉분지를 지나면 급경사 계단이 이어진다. 쉬엄쉬엄 오르다 보면 하늘이 열리고 사방이 탁 트인 성인봉(984m) 정상에 닿는다. 정상에는 섬 전체를 관망할 수 있도록 전망대가 설치되어 있다. 도동항이나 안평전으로 하산하는 코스 역시 숲과 산길이 적절히 안배되어 지루할 틈이 없다. 그저 네댓 시간의 산행이 짧게만 느껴진다.

도동선착장에서 저동항까지는 기가 막힌 해안 산책로가 조성되어 있다. 깎아지른 절벽을 뚫어 산책로를 조성했는데 은은한 할로겐조명이 운치를 더해 새벽 시간이나 해질 무렵 산책하기에 그만이다. 중간에 소라, 멍게를 파는 야외 주점이 있어 파도소리를 안주 삼아 소주잔을 기울이는 호사도 괜찮다. 행남등대에 오르면 저동항의 절경과 오징어배의 불빛이 눈을 환하게 한다. 57m에 달하는 나선형 계단은 해안산책로의 하이라이트다. 수직의 해안절벽을 빙글빙글 돌아서 오르내리는 계단으로, 그 꼭대기에서 내려다본 기암괴석과 코발트 바다빛깔이 환상적이다. 울릉도 행정관청이 몰려 있는 저동항은 해돋이 명소로 유명한데, 봄가을 촛대바위 위로 떠오르는 일출 장면은 눈물을 쏙 뺄 정도로 절경이다.

도동에 숙소를 정했다면 산책 삼아 찾을 수 있는 곳이 약수공원이다. 오색약수처럼 톡 쏘는데다 쇳물 맛이 나는데 빈혈, 류머티즘 질환에 효험이 있다고 한다. 근처에 안용복 장군 충혼비와 울릉도 시비가 우뚝 서 있다. 안용복은 평민의 신분으로 홀로 일본에 건너가 울릉도와 독도가 조선 땅임을 국서로 확약받아 오늘날 독도 분쟁에 큰 역할을 해냈다. '동해 먼 심해선 밖의 한 점 섬 울릉도'를 노래한 청마 유치환의 시를 음미하며 선인들의 울릉도 사랑을 배워본다. 국내 유일의 영토박물관인 독도박물관에는 독도가 우리 땅임을 말해주는 지도와 고문서로 가득 차 있고, 박물관 옆에 있는 케이블카에 몸을 싣고 망향봉전망대에 오르면 성인봉의 늠름한 자태, 도동항의 전경, 일망무제의 동해바다 그리고 200리 떨어진 독도를 맨눈으로 볼 수 있다.

Travel Info

친절한 여행팁

울릉도행 쾌속선

포항 → 울릉(도동) 썬플라워호 / 09:40 / 정원 920명 / 울릉 출발 14:40

묵호 → 울릉(도동) 오션플라워호 / 10:00 / 정원 445명 / 울릉 출발 17:30

묵호 → 울릉(도동) 씨플라워호 / 09:00 / 정원 423명 / 울릉 출발 17:30

강릉 → 울릉(저동) 시스타호 / 09:00 / 정원 443석 / 울릉 출발 17:30

울릉관광유람선

울릉도 섬 일주: 비수기 09:00, 14:50 / 성수기 08:00, 10:00, 15:00, 17:00 / 도동항 출발 / 문의 054-791-4477

죽도: 09:00, 14:50 / 도동항 출발 / 문의 054-791-4488

가는 길 영동고속도로 강릉IC 또는 묵호IC → 강릉항 또는 묵호항

맛집 산마을식당(산채전문점, 054-791-4643, 나리분지), 나리촌(산채, 054-791-6082, 나리분지), 신애분식(따개비국수, 054-791-0095), 대운횟집(생선회, 054-791-7988)

잠자리 추산일가펜션(054-791-7788, 북면 추산리 491), 울릉비취호텔(054-791-2335, 도동 1리), 울릉호텔(054-791-6611, 도동)

주변 볼거리 죽도, 송곳봉, 공암, 관음도, 독도, 도동약수공원, 행남해안산책로, 촛대바위, 행남등대

울릉도의 살가운 정을 느끼다
울릉도 육로관광과 해상관광

Travel Guide

추천시기 사계절　**여행성격** 가족, 연인, 단체　**추천교통편** 배, 단체버스
추천일정 1일 도동약수공원 – 독도박물관 – 독도전망대 – 촛대암해안산책로
　　　　　2일 울릉도 육로관광(통구미–남양–태하성당–현포고분–나리분지) – 성인봉등반
　　　　　3일 울릉도 해상관광(도동–구암–태하–공암–상선암–관음도) – 봉래폭포 – 내수전전망대

주소 경북 울릉군 도동리　**전화** 울릉군청 054-790-6454　**웹사이트** 울릉군청 www.ulleung.go.kr
2인비용 교통비 30만원, 식비 15만원, 숙박비 10만원, 여비 10만원

울릉도 해안선을 그리고 있는 해안도로는 육지도로와는 사뭇 다르다. 360도 회전하는 나선식 고가도로가 하늘을 태극문양으로 돌아가고 있고 신호등 달린 1차선 터널까지 육지인에게는 신기한 볼거리다. 아슬 아슬한 절벽 위로 길이 놓이는 것은 물론이고 두꺼운 바위도 척척 뚫어 도로를 이어간다. 고난도 기술에, 자재마저 육지로부터 실어 와야 했기에 단위당 건설비는 국내 최고란다.

울릉신항이 될 사동을 지나면 상큼한 어감을 지닌 통구미가 나온다. 칼날 같은 벼랑 위를 기어가는 거북바위가 있고 수백 년 된 향나무가 성채처럼 벼랑을 둘러져 있는 모습이 이채롭다. 울릉도 최남단 동네인 남양은 고대 우산국의 전설을 품고 있다. 신라 이사부에게 항복한 왕이 투구를 벗어 던진 것이 투구봉이다. 비파의 선율이 들릴 것 같은 비파산, 장군의 얼굴 형상을 한 얼굴바위, 예쁘장한 각시바위, 우람찬 사자바위,

남근바위 등 동화나 설화 속 인물과 형상이 바위로 드러나 있다. 태극 모양으로 휘감아 도는 수층교를 지나 힘겹게 고개를 넘으면 만물상이 쪽빛 바다와 어우러져 그림을 만들어내고 있다.

울릉도 가장 서쪽에 있어 육지와 가까운 태하항은 평지처럼 완만해 한 때 군청의 소재지였다. 지금은 터가 좁아 저동항이 행정의 중심지가 되었다. 울릉도 수호신인 동남동녀를 모신 성하신당은 어선의 무사안전과 풍어를 기원하고 있는데 사당 안을 비단옷, 이불, 사탕 등 신혼방처럼 꾸며 놓았다. 바다 쪽으로 성큼 걸어가면 거센 파도가 바위를 뚫어 놓은 황토굴이 나오는데 겹겹이 쌓인 붉은 흙이 볼만하다. 대풍감 등대까지 태하향목관광모노레일(054-791-7914)을 이용하면 정상을 수월하게 오를 수 있다.

육지로 향하는 배를 띄우기 위해 바람 불기를 기다렸다는 대풍감해안절벽과 수백 년 된 향나무 군락은 남태평양의 여느 섬 못지않은 절경이다. 한국의 10대 비경 중 하나라고 하니 놓치지 말자. 다시 열두 굽잇길을 따라 현포령을 넘으면 풍력발전기가 나온다. 섬사람을 그토록 괴롭혔던 바람을 자원으로 바꿔 놓은 상징물이다. 현포전망대에 서면 공암과 송곳봉이 내려다보인다.

송곳처럼 하늘로 치솟은 송곳봉은 풍수지리 상 울릉도의 기가 집결된 곳으로, 보기만 해도 위엄이 서려 있다. 그 앞에 앉아 있는 돌부처는 독도를 바라보며 국운을 기원하고 있다. 현포, 추산, 나리, 천부까지 이어지는 북면은 울릉도에서 가장 웅장하고 신비로운 풍경을 간직하고 있다. 세 선녀의 전설을 품은 삼선암, 2개의 해식동굴이 뚫려 있는 관음도 등 기암절벽이 멈추지 않는다.

섬목과 내수전 사이는 차로가 놓여 있지 않지만 대신 선인들의 발자국이 만들어낸 옛길을 걷는다면 울릉도를 완전일주하게 된다. 옛길은 해국과 나리꽃이 지천이며 어린아이 몸집만 한 관중이 무성해 숲 트레킹의 진수를 맛보게 된다. 그 끝자락에 있는 내수전전망대에 오르면 보석처럼 반짝이는 저동항의 야경이 육로여행의 피날레를 장식한다.

해상유람선은 섬을 시계방향으로 돌기 때문에 되도록 오른쪽에 자리 잡아야 병풍 같은 기암절벽을 자세히 감상할 수 있다. 사자바위, 거북바위, 용바위, 국수바위, 곰바위, 만물상 등 동화 속 주인공이 철렁거리는 바다 위에 얼굴을 드러낸다.

울릉도의 얼굴이자 상징인 코끼리 바위는 장작을 패어 차곡차곡 쌓아올린 것이 마치 코끼리 피부처럼 보인다. 상선암은 울릉도 해상관광의 하이라이트다. 울릉도의 풍광에 반한 세 선녀가 하늘로 올라갈 시간을 놓쳐 옥황상제의 노여움을 사 바위로 굳어졌는데 제일 늦장을 부린 막내바위는 풀조차 자라지 않는 벌을 받았다고 한다. 한때 해적의 은신처로 알려진 관음도는 큼직한 굴 2개가 뚫려 있는데, 굴에서 떨어지는 물방울을 받아 마시면 장수한다는 얘기가 전해진다.

Travel Info

친절한 여행팁 울릉도 특산품 울릉도 오징어는 6월에서 다음 해 1월까지 울릉도 근해에서 잡아 깨끗한 해안에서 태양으로 건조해 색깔이 투명하고 붉은색을 띤다. 눈이 많이 내리는 섬 특유의 기후와 지질이 맞물려 눈 속에서 싹을 틔우고 자라난 울릉도 산나물은 맛과 질이 우수해 약초로 불린다. 삼나물, 고비, 명이, 울릉미역취, 전호, 땅두릅 등 종류도 다양하다. 울릉도 호박엿은 무공해 울릉도 호박이 30% 이상 들어가 덜 끈적거리며 치아에 달라붙지 않고 뒷맛이 고소하다. 울릉약소는 섬 바다(일명 돼지풀)를 먹고 자라기 때문에 육질이 좋고 약초 특유의 향과 맛이 배어 있다.

가는 길 영동고속도로 강릉IC 또는 묵호IC → 강릉항 또는 묵호항
맛집 99식당(약초해장국, 054-791-2287, 도동), 향우촌식당(울릉약소, 054-791-0686, 도동), 보배식당(홍합밥, 054-791-2683, 도동), 다애식당(홍합밥, 054-791-1162, 도동)
잠자리 성인봉모텔(054-791-2677, 노동), 울릉대아리조트(054-791-8800, 저동), 울릉마리나관광호텔(054-791-0020, 사동)
주변 볼거리 죽도, 송곳봉, 관음도, 독도, 도동약수공원, 행남해안산책로, 촛대바위, 행남등대

현대자동차공장을 둘러보려면 시티투어버스를 타라

울산시티투어

Travel Guide

추천시기 사계절	**여행성격** 가족, 단체	**추천교통편** 기차, 버스, 자가용

추천일정 1일(수) 울산시청 – 현대자동차 – 대왕암공원 – 현대중공업 – 외솔기념관 – 울산시청

2일(목) 울산시청 – 선바위 – 박제상유적지 – 울산대곡박물관 – 울산암각화박물관 – 석남사

주소 울산광역시 남구 중앙로 201　**전화** 052–7000–052　**웹사이트** www.ulsancitytour.co.kr

2인비용 교통비 15만원, 식비 8만원, 숙박비 5만원, 여비 5만원

울산은 우리나라에서 7번째로 큰 도시이며 서울의 1.7배로 넓은 면적을 가지고 있다. 평균임금 4만불로 거제시와 더불어 전국 제일의 부자동네다. 그 중심에 현대자동차, 현대중공업과 SK유화 등 자동차, 석유화학단지가 있다. 한국경제의 상징이자 오늘날 울산 경제를 좌우하는 공장 규모가 얼마나 대단한지 궁금하다면 울산시티투어를 이용해보자.

시티투어버스는 가장 먼저 현대자동차 역사를 한눈에 볼 수 있는 홍보관을 둘러보게 된다. 대한민국 고유모델 1호인 포니를 시작으로 내구성이 뛰어나 택시로 명성을 얻었던 프레스토가 전시되어 있다. 1992년 경찰차의 추적을 물리치고 고속도로를 질주한 로드니 킹이 백인 경찰들에게 집단 구타당한 장면이 비디오에 찍혀 LA 흑인폭동의 단초를 제공했는데, 그때 로드니 킹이 고속도로를 달린 차가 바로 현대 엑셀이다. 초기 엑셀은 네모난 각이 졌는데 세월이 흘러 부드러운 곡선형으로 바뀌었다. 1985년을 전후해 흰색, 검은색에서 빨간색, 초록색 등 원색이

등장했다. 경제적인 여유가 자동차 색을 화려하게 변신시켰다. 차체가 큰직한 스텔라는 관공서의 장들이 주로 이용했으며 유라시아 대륙을 횡단해 화제를 모았던 갤로퍼는 지금도 길에서 볼 수 있다. 현대자동차 최고의 베스트셀러 차량인 쏘나타는 1985년 스텔라를 개조해 만든 것으로, 오늘날 쏘나타 하이브리드까지 27년간 현대를 먹여 살리고 있다.

다시 버스에 탑승해 여의도의 1.5배나 되는 공장 구석구석을 돌아보면서 완성차가 되는 과정을 배운다. 500만 평(1652만 8000㎡) 규모에 연간 170만 대. 13초마다 자동차 한 대씩 찍어낸다고 하니 붕어빵보다 빨리 나온다. 단일 공장으로는 세계 최대를 자랑하는 현대자동차는 3만 4000명이 2교대 근무를 하며 구내에 은행, 식당 24곳, 우체국, 병원이 있으며 구내 셔틀버스가 27대 운행되고 공장 내에 교통신호등과 자체 경찰까지 있다고 한다. 견학은 소형차제작공장에 들어가 컨베이어 벨트 위에서 사람이 부품을 조립하는 과정을 보게 된다. 차체를 찍어내는 프레스, 용접 등 어려운 공정은 거의 로봇이 하고 사람은 4~5명이 한 조가 되어 차체에 부품을 단다. 한쪽에 걸린 사이클 타임은 59초. 그 시간 내에 조립해야 하는데 이 시간이 노사협상의 주요 안건이란다.

현대자동차는 수출전용부두를 가지고 있다. 야드마다 국기가 걸려 있어 전 세계로 수출된다. 수천 대가 선적을 기다리고 있는데, 개미가 집을 찾아 들어가는 것처럼 긴 줄을 이어가고 있다. 공장에서 갓 출고된

출고를 기다리는 자동차들

자동차를 드라이버가 이곳 선착장에 옮기면 항만부두 노동자가 배에 옮겨 싣는다. 얼마나 촘촘히(5cm), 안전하게 싣느냐가 관건인데 선적 후 일본은 2~3일, 미국 동부는 파나마 운하를 거쳐 4주가 소요된다.

시티투어버스가 다음으로 찾아간 곳은 세계 최대의 조선소인 현대중공업이다. 하늘 높이 치솟은 9000톤급의 골리앗 크레인이 가장 먼저 눈에 들어온다. 한때 저 크레인은 화염병과 가스통이 난무했고 분신자살이 있었던 적도 있었다. 육해공에서 진압을 해 거의 전쟁터나 다름없는 곳이었다. 그러나 훗날 무분규를 이루어냈고 사상 최대의 실적을 이끌어냈다. 고도의 정밀을 요하는 LNG선은 끝이 보이지 않을 정도로 거대한데, 가스를 1/60 압축하기 때문에 선체 위에 반구형의 조형물을 붙이는 고난도의 작업을 해야 한다. 82m 길이의 골리앗 크레인은 철판을 이어붙인 블록을 선체에 옮기는 데 사용된다. 철판야적장에는 엄청난 크기의 철판이 깔려 있는데 거대한 전기자석기중기가 그 육중한 철판을 자유자재로 들고 나른다. 바퀴가 140개나 되는 트랜스포터도 눈길을 끈다. 가장 놀라운 배는 32만 톤의 원유운반선으로 길이 338m, 63빌딩을 옆으로 눕힌 것보다 더 길다. 배 한 척에 1년을 넘게 매달린다. 도크에 배를 조립하는데, 배가 완성되면 높이 12.8m의 도크에 물이 가득 채워지고 그 부력으로 배가 뜬다. 바닷물을 채우는 데 5시간이 걸리고 물을 빼면 도크에는 고등어가 가득해 고등어 파티를 한단다. 배 한 척을 도장하는 데 30만ℓ의 페인트가 필요한데 이는 자동차 6만 대를 도색할 분량이란다. 1년에 9대의 도크에 100여 척이 생산되며 2004년부터는 세계 최초로 육상에서 건조하고 레일을 통해 배를 바다로 밀어넣는 육상건조방식도 병행하고 있다. 4만 3000명이 식사하는 식당은 무려 50개. 모두 작업장에서 5분 거리에 있으며 매일 쌀 80가마, 돼지 250마리, 소 50마리를 잡는다고 한다. 만약 오징어 값이 폭락하면 공장에서 며칠간 오징어볶음을 내놓으면 산지 가격이 회복된다고 한다.

좌 현대중공업 홍보관 **우** 장생포고래박물관에 전시된 귀신고래 모형

Travel Info

친절한 여행팁 **울산시티투어** 울산시티투어는 홈페이지에서 사전예약을 해야 한다. 수·금요일은 산업탐방 코스로 10시에 시청 햇빛광장을 출발해 현대자동차-대왕암공원-현대중공업-외솔기념관 탁본체험까지 한 뒤 16:30에 여행을 마친다. 금요일은 고래박물관-현대중공업-현대자동차 코스로 성인은 5000원, 소인은 3500원이다. 2층버스투어는 외고산 옹기마을-간절곶-현대중공업-고래박물관 코스로, 월요일을 제하고는 매일 운행하며 성인 1만원, 소인 8000원이다.

가는 길 경부고속도로 → 언양분기점 → 울산고속도로 → 울산IC → 울산

맛집 장생포정통고래고기(고래고기, 052-265-5467, 남구신정1동), 콩사랑(콩요리, 052-252-0023, 동구 일산동 979-5), 언양전통불고기(언양불고기, 052-262-0940, 울주군 서부리 167-6)

잠자리 경원 B&B모텔(052-233-2000, 동구 전하 1동), S모텔(052-271-7089, 울산고속버스터미널), 굿스테이하이호텔(052-944-1010, 동구 전하 1동), 프린스호텔(052-298-0114, 북구 산하동 55-1)

주변 볼거리 태화강생태공원, 선바위, 반구대, 신불산, 파래소폭포, 내원암계곡, 진하해수욕장, 명선도, 서생포왜성

조선시대 정자문화의 메카
팔담팔정

Travel Guide

추천시기 4~5월, 10~11월	**여행성격** 가족, 연인, 단체　**추천교통편** 자가용, 단체버스

추천일정 1일 함양IC − 함양상림 − 지안재 − 오도재 − 지리산조망공원 − 숙박

2일 정여창 고택 − 연암물레방아공원 − 용추폭포 − 농월정 − 동호정 − 군자정 − 거연정 − 서상IC

주소 경남 함양군 안의면 월림리

전화 함양군청 055−960−5114　**웹사이트** 함양군청 tour.hygn.go.kr

2인비용 교통비 10만원, 식비 8만원, 숙박비 5만원, 여비 3만원

함양은 가야산, 덕유산, 지리산 3대 국립공원 중심에 자리 잡아 산이 높고 물이 맑은 고장이다. 그곳에 터전을 잡은 선비들은 누각과 정자를 세워 자연과 벗 삼으며 풍류를 즐겼다. 이런 정자는 안의면 화림동 계곡에 몰려 있다. 해발 1508m 남덕유산에서 발원한 금천(남강의 상류)이 서상−서하를 흘러내리면서 냇가에 기이한 바위와 담소를 만들어냈다. 영남 유생들이 덕유산 육십령을 넘기 전 지나야 했던 길목으로 예쁜 정자와 시원한 너럭바위가 많아 예부터 '팔담팔정(八潭八亭, 8개의 못과 8개의 정자)'으로 불렀다. 반석 위로 흐르는 옥류와 소나무가 어우러져 무릉도원을 이루고 있는데 그 길이가 장장 60리에 이른다. 안타깝게도 정자의 대표격인 농월정이 불타 없어졌지만 동호정, 군자정, 거연정이 화림동 정자의 맥을 잇고 있다. 대개가 도로변에 놓여 있어 쉼터처럼 들리기 좋다. 난간에 등을 기대고 계류소리에 박자를 맞춰 시조

한 수 읊어 뵈도 좋고 조용히 물소리만 들어도 시간이 훌쩍 지나간다. 동호정은 너럭바위를 바라보고 있는 누각으로, 통나무 두 개를 잇대고 도끼로 통을 파서 만든 나무 계난이 볼 만하다. 계류를 거슬러 올라가면 대학자 정여창이 시를 읊었다는 군자정이 소박한 자태로 서 있으며, 바로 옆에 바위섬 한가운데 자리 잡은 거연정이 계곡에 포인트 역할을 하고 있다. 가장 편안 자세로 난간에 기대 덕유산자락 봉우리를 바라보며 마음껏 풍류를 즐기기에 그만이다. 거연정 – 영귀정 – 군자정 – 동호정 – 경모정 – 람천정 – 농월정까지 약 6.2km 길이의 '선비문화탐방로'가 조성되어 있다. 나무데크와 농로가 어우러진 길로 2시간이 소요된다.

조선말기 실학자이자 안의 현감을 지냈던 연암 박지원 선생이 청나라 문물을 둘러보고 온 후 안심마을에 최초로 물레방아를 설치 가동했다. 이곳이 물레방아의 본고장임을 알리기 위해 높이 10m, 폭 2m나 되는 거대한 목제 물레방아가 만들어졌다. '함양산천(咸陽山川) 물레방아 물을 안고 돌고, 우리 집의 서방님은 나를 안고 돈다' 하는 민요까지 생겨났다고 한다. 그래서일까, 오늘날 함양의 캐릭터는 '물레동자'다.

더 깊숙이 들어가면 높이 15m 암반에서 직선으로 내리꽂는 용추폭포의 장관을 만난다. 상류는 하얀 화강암반으로 바닥이 훤히 드러날 만큼 깨끗하다. 그 옛날 이 연못엔 커다란 이무기가 살았는데 용이 되기 위해 신령께 빌었다. 108일 동안 금식기도를 바치면 용이 되어 승천할 수 있다는 계시를 받았지만, 날짜 계산을 잘못해 107일 만에 하늘로 힘차게 오르려다가 그만 천둥과 벼락에 맞아 죽었다고 한다.

'좌안동 우함양'이란 말이 있듯이 함양은 유학의 고장이다. 그 기틀을 잡은 분이 바로 일두 정여창 선생이다. 성종 때 대학자로 정몽주, 김굉필과 더불어 문묘에 배향되신 분인데 지곡면 개평리, 넉넉한 산자락과 개울이 지나가는 명당자리에 정여창 고택이 둥지를 틀고 있다. 정감 어린 돌담길을 따라가면 정려를 게시한 문패 4개가 걸린 솟을삼문 아래를 지나야 한다. 가문이 500년이나 이어질 정도로 풍수가 좋은데, 풍수지리학자들이 반드시 들려야 하는 성지 같은 곳이다.

대문을 들어서면 꽤 높은 축대 위에 올라선 사랑채가 나타난다. 'ㄱ' 자 평면집으로 일반사대부의 전형적인 배치와는 달리 동향을 하고 있는 것이 특징이다. 일반인들은 '충효절의'라고 쓰인 큼직한 글씨에 압도당하고 만다. 사랑채에 앉으면 앞마당에 일부러 만들어놓은 석가산이 눈에 들어온다. 허리가 잔뜩 굽은 늙은 소나무가 세월의 무게를 잔뜩 이고 있었다. 사랑채 옆구리에 뚫려 있는 일각문에 들어서면 사랑채와 안채의 완충지대인 전이공간이 나오고, 다시 행랑채 끝 문을 통해 들어가야 비로소 안채에 닿는다. 전이공간은 시선을 자연스레 받아주면서 차단하는 여유공간이다. 안채는 그리 크지도 않고 실용을 중시하는 인물답게 아담한 마당과 실용적인 부엌을 갖추고 있다.

Travel Story

무오사화의 단초, 학사루 ◦◦◦ 함양읍내의 학사루는 조선의 피비린내 나는 당쟁의 단초를 제공해 주었다. 김종직이 함양현감으로 부임하여 학사루 벽에 걸린 유자광의 시가 적힌 편액을 보고는 불같이 화를 내며 당장 편액을 떼어내 태워버렸고, 이 소식을 전해들은 유자광은 복수를 꿈꿨다. 세월이 흘러 유자광은 김종직의 '조의제문'을 빌미로 무오사화를 일으켰으며, 이미 죽은 김종직에게 '부관참시'라는 복수의 칼을 들이댔다. 학사루 옆에는 김종직이 심었다는 느티나무가 서 있어 자식에 대한 정과 세월의 무상함을 말해주고 있다. 김종직이 마흔이 넘어 어렵게 얻은 아들 목아(木兒)를 홍역으로 잃어버린 아픔을 대신해 나무를 심고 매일 물을 주면서 짧은 삶을 살다간 아들을 그리워했다고 한다.

Travel Info

가는 길 경부고속도로 → 대전통영간고속도로 함양분기점 → 88고속도로 함양IC → 함양읍내 → 함양상림

맛집 옥연가(연잎밥, 055-963-0107, 함양상림 주차장 앞), 뭣골관광농원(흑돼지, 055-963-8143, 병곡면 광평리), 안의원조갈비집(갈비찜, 055-962-0666, 안의면)

잠자리 용추자연휴양림(055-963-8702, 안의면), 느티나무산장(055-962-5345, 마천면 강청리), 지리산자연휴양림(055-963-8133, 마천면), 반월모텔(055-964-0538, 함양읍내), 엘도라도모텔(055-963-9449, 함양읍내)

주변 볼거리 함양상림, 지안재, 오도재, 서암, 지리산조망공원, 광풍루

서희와 길상의 사랑 이야기
하동슬로시티

Travel Guide

추천시기 4〜5월, 10〜11월　**여행성격** 가족, 연인, 단체　**추천교통편** 자가용, 단체버스

추천일정 1일 하동IC – 하동송림 – 평사리공원 – 동정호 – 최참판댁 – 문암송

　　　　 2일 화개장터 – 차나무 시배지 – 쌍계사 – 불일폭포 – 칠불사 – 지리산역사관

주소 경남 하동군 악양면 평사리

전화 하동군청 055-880-2375　**웹사이트** 하동군청 tour.hadong.go.kr

2인비용 교통비 15만원, 식비 8만원, 숙박비 5만원, 여비 3만원

섬진강은 어머님의 품처럼 푸근하다. 하동에서 오든, 구례에서 오든, 명산 지리산이 빚어낸 섬진강을 피할 수 없다. '갈 지(之)' 자로 온몸을 틀어대며 흘러가는 섬진강은 막걸리에 취해 비틀대는 아버지의 풍채를 닮았다. 바위에 부딪히며 조잘대는 여울 소리는 소설 『토지』를 일궈냈고, 시끌벅적한 화개장터가 배경인 「역마」를 그려냈다.

평사리공원은 경상도와 전라도 땅을 애틋한 시선으로 바라보는 자리다. 한때 섬진강을 오갔을 나룻배는 이젠 그 소임을 다하고 뭍에 올라 나뭇결을 드러낸 채 세월과 씨름하고 있었다. 바닥이 훤히 보이는 섬진강에 발을 적셔보았다. 고운 모래는 악양 사람들의 넉넉한 심성이며, 그 덕에 재첩의 속살은 영글어간다. 공원에서 길을 건너면 평사리 들판과 지리산자락이 눈에 들어온다. 앞뒤로 산과 강으로 막혀 천상 악양 사람들은 자연에 순응하며 살 수밖에 없었다. 지리산 속내로 깊숙이 들어가면 시간이 멈춘 이상향의 공간인 청학동이 숨어 있다. 봄에는 연둣빛 보리, 가을에는 노란 벼 이삭이 평사리 들판을 수놓는다.

『토지』를 집필하는 동안 박경리 선생은 평사리를 단 한 차례도 찾은 적이 없었다. 2001년에 이곳을 처음 찾았을 때 선생은 왜 자신이 '토지의 기둥'을 이곳 평사리에 세웠는지 깨달았다고 한다. 탁 트인 들판에 '부부송'이라 불리는 소나무 두 그루는 『토지』의 주인공인 서희와 길상을 보는 듯하다. 당나라 장수 소정방이 이곳을 지나다 악양의 동정호와 흡사하다고 해서 이름 붙여진 동정호는 넉넉한 물을 가두고 있다. 거지가 일 년 내내 동냥을 해도 들르지 못한 집이 세 집이나 될 정도로 악양은 풍요롭고 인심이 후했다. 마을사람들은 지리산에서 내려오는 악양천을 생명수처럼 여기며 소중하게 나눠 썼다. 80만 평의 대지에는 그 흔한 비닐하우스도 없고 그늘을 막을 쉼터는 물론 거름저장소도 만들지 않았다. 그저 밀짚모자에 의지해 더위와 싸웠고 일일이 거름을 짊어지는 수고를 감수해야만 했다. 땅을 믿고, 쌀 한 톨을 소중히 여기는 마음 씀씀이가 바로 소설 『토지』의 근간이 되었던 것이다. 바람을 맞으며 보리밭 사이로 한들한들 거닐어도 좋지만, 동정호 뒤편 평사드레문화교류센터에 들러 자전거를 빌려 타면 바람을 가르며 악양 들녘을 가로지르게 된다.

Travel Story

최참판댁 백종웅 훈장 ••• 최참판댁에서 백산 백종웅 선생님의 문화해설을 듣는다면 그야말로 행운이다. 의관을 갖추고 백발수염을 휘날리며 카랑카랑한 목소리로 한옥 구석구석을 안내하고 재미난 효 이야기를 들려준다. 안방마님은 권한과 의무를 며느리에게 물려주고 사랑채 뒤편에 작은 방에 기거하면서 아들과 교감을 나눈다고 한다. 아들은 사랑채의 문을 늘 열어두고 어머니의 안위를 걱정했고 홍시를 접시에 담아 어머님을 기쁘게 해 드렸다고 한다. 겨울철에 기침소리가 들리면 손수 녹차를 끓여 어머님께 바쳤으니 한옥은 가족사랑이 절절히 묻어 있는 공간이란다. 접수부에 가훈과 주소를 남기면 며칠 후 훈장 어르신이 손수 써주신 가훈을 무료로 보내준다.

상평마을 언덕배기에 대하소설 『토지』 속의 최참판댁을 고스란히 재현해 놓았다. 윤씨 부인과 서희가 기거했던 안채, 길상이가 머물렀던 행랑채, 김환과 별당아씨가 머물렀던 별당채, 최치수의 기침소리가 들리는 듯한 사랑채에서도 소설 속 이야기가 묻어 있었다. 사랑채 누마루에 서서 바라본 악양 들녘과 굽이 흐르는 섬진강의 자태는 대하소설의 분위기가 난다. 뒤편 대숲을 지나면 평사리문학관이 자리하고 있어 소설 『토지』를 이해하는 데 도움이 된다. 농업전통문화전시관은 우리의 옛 전통문화 풍습을 보고 느끼게 해주는 체험공간이다.

내친김에 굽은 산길을 따라 오르면 한산사가 반긴다. 이곳에서 20분쯤 산길을 오르면 고소산성에 이르게 된다. 성벽 위에 올라서면 평사리 들판, 지리산과 백운산을 가르는 섬진강의 도도한 물길을 볼 수 있다. 운 좋으면 물안개를 만나는 행운을 얻게 된다. 체력에 자신 있다면 능선을 따라 신선봉을 거쳐 형제봉에 오를 수 있는데 4~5월이면 진달래와 철쭉이 산 전체를 물들이는 장면을 만난다.

Travel Info

친절한 여행팁 문암송 악양 대봉감 마을 뒤편에 천연기념물 제491호인 문암송이 자란다. 소나무의 높이는 12m, 둘레는 3m로, 사방으로 퍼진 가지가 동서 16.8m, 남북 12.5m가량 된다. 수령 600년으로, 수많은 시인 묵객이 이 소나무를 즐겨 찾은 데서 문암송(文岩松)이라는 이름을 얻었다. 큰 바위를 둘로 쪼개듯 우뚝 솟아 있는데 그 기이하고 힘찬 모습이 남성미를 풍긴다. 화창한 봄날을 택해 마을 사람들이 이 나무 밑에서 귀신을 쫓아내는 제사를 지냈다고 하는데 그날은 춤추고 노래를 부르며 여흥을 즐겼다고 한다.

가는 길 서울 → 경부고속도로 → 천안논산간고속도로 → 익산장수고속도로 → 순천완주고속도로 → 구례화엄사IC → 19번 국도 → 화개 → 악양

맛집 강변원할매재첩회식당(재첩국, 055-882-1369, 고전면 전도리 1110), 여여식당(055-884-0080, 하동송림), 단아식당(더덕산채구이, 055-883-1667, 화개면운수리), 돈백식당(은어회, 055-883-2439, 화개장터)

잠자리 평사드레문화교류센터(055-883-6640, www.pyeongsadrea.kr, 악양), 고궁모텔(055-884-5300, 하동읍), 길손민박(055-884-1336, 쌍계사), 모텔엘도라도(055-884-0042, 금남면)

주변 볼거리 삼성궁, 청학동, 쌍계사, 칠불사, 남도대교, 화개장터, 고소산성

망개떡과 메밀소바와의 환상적인 만남

의령 별미기행

Travel Guide

추천시기 사계절 **여행성격** 가족, 연인, 단체 **추천교통편** 자가용, 단체버스	
추천일정 1일 신포리입석군 – 서동리 함안층볏방울자국 – 망개떡 – 메밀소바 – 충익사 – 정암루	
2일 자굴산 – 찰비계곡 – 봉화대 – 안희제 선생 생가 – 탑바위	
주소 경남 의령군 의령읍 서동리	
전화 의령군청 055-570-2400 **웹사이트** 의령군청 tour.uiryeong.go.kr	
2인비용 교통비 15만원, 식비 8만원, 숙박비 4만원, 여비 3만원	

밀짚모자를 쓴 아저씨가 장대를 메고 이 동네 저 동네 옮겨 다니며 팔
았던 망개떡은 이제 추억 속의 음식이다. 그런 망개떡이 그립다면 경남
의 외딴 고을 의령으로 가자. 의령 초입에 있는 아파트 건물 전면에 망
개떡 그림이 걸개그림처럼 그려져 있어 망개떡이 의령 특산품임을 말
해준다. 수많은 떡집 중에 가장 오래된 곳은 남산떡방앗간이지만 다른
집들도 맛은 비슷하다. 미닫이문을 열자 10여 명의 아주머니들이 떡을
빚고 있었다. 팥고물을 떡 안쪽에 넣고 잘 접어서 나뭇잎 2장을 앞뒤로
싸는데 사진을 찍을 수 없을 정도로 손놀림이 빠르다.

'망개'란 청미래나무의 경상도 방언으로, 망개잎을 소금에 절인 뒤 물로
씻어 증기로 쪄낸 것을 사용한다. 잎의 향이 떡에 스며들어 자연향기가
날 뿐 아니라 잎에 천연 방부제 성분이 들어 있어 떡이 쉽게 상하지 않
는다. 거기다 잎으로 찰떡을 감싸고 있어 서로 눌어붙지 않는 효과도 있

다. 떡은 찰기가 있어 쫄깃하며, 안의 팥소는 국산 팥을 사용해서인지 많이 달지 않다. 잘근잘근 씹는 맛도 그만이지만 밍기향 뒤에 느끼하지 않다. 한입에 쏙 들어가는 크기여서 떡기에도 좋다. 망개떡은 신선이 남겨 놓은 음식이라 하여 '선유량'이란 별칭을 가지고 있는데, 3~4개 청도 먹으면 몸과 마음이 부자가 된 기분이다. 달달한 맛 때문에 노인들도 즐겨 찾는다. 예전엔 망개나무 잎을 늘 구할 수 없어 여름에만 맛보았는데 지금은 여름에 채취한 망개잎을 염장해 사시사철 먹을 수 있게 되었다. 화학첨가물을 넣지 않는데다 상하기 쉬운 팥고물 때문에 유통기간은 단 하루다. 그 이후는 떡이 굳어버리기 때문에 반드시 냉동실에 보관해야 한다.

메밀소바는 의령의 또 다른 별미다. 쫄깃한 면발, 구수한 육수 맛을 못 잊어 의령읍내를 이어주는 정암다리를 건너다가 다시 차를 돌렸을 정도다. 메밀국수라는 순 우리 이름이 있는데 굳이 일본식의 '소바'라는 이름을 붙였을까. 광복 이듬해, 광복의 기쁨을 안고 고국으로 돌아온 한 할머니가 일본에서 배워온 모리소바를 만들어 주위 사람에게 대접했다. 그 맛에 푹 빠진 동네 사람들이 자주 먹길 원했고 그 등쌀에 못 이겨 할머니는 장터에서 소바를 말아 팔았다. 음식 이름만 소바이지, 재료를 따진다면 퓨전 메밀국수로 보면 된다. 일본 소바는 메밀국수를 다랭이를 우려낸 육수에 찍어 먹는다면 의령소바의 국물은 멸치로 우려낸다. 차가운 냉면이 아닌 뜨끈한 온면인 것도 다르다. 시금치, 깨, 김, 파 그리고 장조림을 고명으로 올려놓는데 이는 음양오행을 바탕으로 한 전통 색맞춤이란다. 고추장을 푼 국물은 진하고 얼큰해 애주가의 속풀이로 최고다. 듬성듬성 썰어 넣은 무가 매운맛을 덜어준다. 고명으로 얹은 소고기가 어찌나 많은지 이것만 집어먹어도 배가 부를 것 같다.

의령의 또 다른 먹거리는 쇠고기 국밥이다. 옛날 시골장터에서 맛보았던 국밥을 고스란히 재현하고 있다. 맛깔스런 김치와 수육 한 접시에 술 한잔 곁들이면 훌륭한 만찬이 된다.

의령은 임란 때 나라를 위기에서 구한 홍의장군 곽재우, 항일애국지사 백산 안희제 선생 등이 태어난 역사와 인물의 고장이다. 의령읍 남산

기슭 아래 자리한 충익사는 홍의장군 곽재우 장군과 그의 지휘 아래 있던 장령 17명과 무명 의병을 모신 사당이다. 1592년 임란 때 전국에서 가장 먼저 의병을 일으켜, 왜적을 물리친 곽재우의 공적을 기리기 위해 1972년 4월 의령군민의 성금으로 의병탑을 세웠다. 18개의 백색환은 곽재우 장군과 17장령을 뜻하고 양쪽 기둥의 팔자형은 횃불을 상징한다. 충익각은 다포팔작식 목조건물로 18장령의 증직명과 관향이 적힌 명판이 보존되어 있는데 포작이 정교하고 화려하다. 기념관에는 곽재우 장군의 전적도 5폭과 보물 제671호로 지정된 장검 등 유물이 보존되어 있다. 경내에 있는 모과나무(경남 기념물 제83호)는 높이 12m, 가슴높이 둘레 3.1m로, 수령이 280년이나 되어 우리나라 모과나무 중에서 가장 오래된 나무라고 한다.

Travel Story

의령 망개떡의 유래 ··· 가야와 백제가 적대관계를 해소하기 위해 서로 혼인을 맺었는데, 이때 신부 측이던 가야가 이바지음식 중 하나로 망개떡을 백제로 보냈다고 한다. 그러니까 망개떡은 결혼과 화친의 상징인 셈이다. 그 후 임란에 의병들이 산속으로 피해 다닐 때도 끼니 대신 먹었는데, 망개잎이 흙이나 먼지를 막아줌과 동시에 잎 성분에 함유된 천연 방부제 덕에 보관에 유리했다고 한다. 처음엔 떡만 싸먹었는데 차츰 팥소를 넣은 것으로 발전했고 의령읍에서 가내수공업으로 만들어오다 지금은 공장에서 대량생산하고 있다. 일본에도 망개잎으로 떡을 싸 먹는 풍속이 있다고 한다.

Travel Info

가는 길 경부고속도로 → 대전통영간고속도로 → 단성IC → 20번 국도 → 대의 → 칠곡 → 의령

맛집 남산떡집(망개떡, 055-573-2422), 낙원떡집(망개떡, 055-574-7979), 다시식당(소바, 055-573-2514), 원조의령소바(메밀소바, 055-572-0885, 의령), 종로식당(국밥, 055-573-2785)

잠자리 스카이모텔(055-573-6363, 의령읍 서동리), 티파니모텔(055-573-8102, 의령읍 서동리), 벤쿠버모텔(055-573-1033, 의령읍 서동리)

주변 볼거리 충익사, 정암루, 수도사, 찰비계곡, 자굴산

리아스식 해안선을 더듬어가는 길

거제 해안트레킹

Travel Guide

추천시기 12~2월, 7~8월　**여행성격** 가족, 연인, 단체　**추천교통편** 자가용, 단체버스

추천일정 1일 통영IC - 거제포로수용소공원 - 거가대교 - 옥포대첩기념공원 - 공고지
　　　　 2일 학동몽돌해수욕장 - 바람의언덕 - 신선대 - 해금강 - 여차해변 - 청마 생가

주소 경남 거제시 동부면 학동리 295-1

전화 거제시청 055-639-3023　**웹사이트** 거제시청 www.geoje.go.kr/tour

2인비용 교통비 15만원, 식비 8만원, 숙박비 5만원, 여비 4만원

학동해변에서 일출을 보았다. 밤새 바다의 에너지를 품었던 아침 해가
기지개를 활짝 켜고 있었다. 주인을 기다리는 빈 배가 바람에 일렁이고
있고, 활처럼 흰 몽돌해변에는 갈매기가 날갯짓하며 수채화의 한 구석
을 여유롭게 장식하고 있었다. 거제도에 있는 40여 개 해수욕장 중 20
여 개가 몽돌밭이다. 이리 몽돌이 있다는 것은 그만큼 바다가 거칠다는
것을 의미한다. 인생도 마찬가지다. 시련이 온다고 기죽지 말고 당당
히 세상을 받아들이자. 거제 학동의 몽돌 소리는 한국의 아름다운 소리
100선에 선정되었을 정도로 감미롭다.

학동해수욕장 - 해금강 - 다대항 - 여차 - 홍포 - 저구 - 탑포 - 가배 - 거
제까지 이어지는 해안도로는 거제에서뿐 아니라 남해안에서 손꼽히는
드라이브코스다. 아무래도 번잡한 여름보다는 한적한 겨울에 찾아야
제맛인데 코발트빛깔의 겨울 바다를 볼 수 있기 때문이다.

신선대는 옛날 신선이 놀다간 자리라 해서 이름 붙은 곳이다. 전망대에서 바라보는 풍경이 어찌나 황홀한지 이곳에 서면 누구나 신선과 선녀가 될 것만 같다. 다포도, 대병대도, 소병대도, 매물도까지 한눈에 들어온다. 전망대 바로 아래는 활처럼 휜 함목해수욕장을 품고 있으며 갯바위마다 강태공이 낚싯대를 드리우고 있었다. 워낙 멋진 절경이다 보니 드라마 촬영지로도 자주 등장한다. 전망대 반대편은 바람의언덕으로 쪽빛 바다에 풍차까지 서 있어 이국적인 분위기가 느껴진다. 옆으로 동백숲 산책로가 조성되어 있으니 놓치지 말자. 신선대에서 해안 쪽으로 깊숙이 들어가면 해금강이 펼쳐지고 외도 가는 배 선착장이 나온다.

다시 남쪽을 달리다 보면 항아리 모양의 다대항을 스쳐 간다. 고단한 뱃일을 마치고 포구에 돌아온 어부들을 가장 먼저 반기는 것은 빨간 등대였다. 다대항에서 직진해 고개 하나 넘으면 저구리가 나오지만 1018번 해안도로를 달려야 거제의 속살을 느낄 수 있다. 워낙 빼어난 경치가 펼쳐져 동행한 아내가 감탄사를 연발하는 것을 보니 목에 힘이 들어간다. "거봐. 나한테 시집오길 잘했지."

천장산 옆을 지나 고개를 딸깍 넘으면 여차해변이 나온다. 거친 바다와 험한 산세가 만나는 곳에 아늑한 포구가 자리 잡고 있었다. 한쪽은 절벽이고 다른 한쪽은 거친 바다여서 빼어난 경관을 자랑한다. 힘겨루기를 했던 산과 바다도 이 예쁜 포구 앞에서 싸움을 멈추고 무장해제 당하리라. 파도가 밀려들면 몽돌은 "쏴쏴" 소리로 화답한다. 여차해변은

Travel Story

팔색조 ∘∘∘ 동백숲과 팔색조는 궁합이 잘 맞는다. 워낙 귀하고 조그만 새이기에 거제 사람들조차 팔색조를 본 이가 거의 없다. 단지 동백숲속에서 들려오는 울음소리로 팔색조가 있다고 추측할 뿐이다. 그런데 몇 년 전부터 그 울음소리마저 들리지 않아 거제 사람들의 안타까움은 이루 말할 수 없다. '아, 이제 거제의 팔색조는 멸종했구나.' 그런데 몇 년 전 한 어선의 그물에 팔색조가 걸렸다. 거제도에 다시 팔색조가 찾아왔지만 싸늘하게 죽은 채였던 것이다.

거제도에서도 기장 끝자락에 자리 잡고 있어 적막하다. 이곳은 영화 〈은행나무침대〉의 촬영지이기도 하다.

여차포구에서 여차전망대까지 3km는 절벽을 더듬어가는 비포장길이다. 가끔은 길이 험해 그냥 돌아가는 사람도 보인다. 거기다 여차 전망대는 주차할 공간조차 넉넉지 않아 불편함을 감수해야 한다. 대신 접근하기 어려운 만큼 기가 막힌 풍경을 보장받는다.

어느 것이 배이고 섬인지 구별되지 않을 정도로 많은 섬들이 두둥실 떠 있다. 마치 신들이 건너다니는 징검다리처럼 보인다. 여차전망대에 서면 대병대도, 소병대도, 가왕도, 대매물도, 소매물도 등 자연이 만들어낸 천태만상에 넋이 나간다.

저구마을에서 1018번 국도를 타고 가다 보면 해안절벽을 따라가는 임도가 나온다. 예전엔 비포장도로였는데 포장도로가 연결되어 차가 다니는 데도 어려움이 없다. 진입 푯말도 없고 단지 '저구교회'라는 간판만 달랑 서 있을 뿐이다. 사람들에게 알려지지 않았기에 한적하게 바다 풍경을 감상할 수 있는 길이다. 가끔 주차된 차를 만난다면 그곳을 낚시 포인트로 보면 된다. 거제 최고의 일몰 포인트는 홍포 일몰이다. 섬 사이로 떨어지는 해가 유난히 붉다. 시간적 여유가 있다면 홍포에서 망산까지 오르는 등산코스에 도전해보자. 정상에 서면 통영 앞바다의 흩트려놓은 다도해를 감상할 수 있다. 얼마나 바다 경치가 좋았으면 산 이름조차 '망산'이란 이름을 얻었을까?

Travel Info

가는 길 대전통영간고속도로 통영IC → 14번 국도 → 거제대교 → 신현읍 → 거제자연휴양림 → 학동몽돌해수욕장

맛집 백만석식당(멍게비빔밥, 055-638-3300, 포로수용소 앞), 항만식당(해물뚝배기, 055-682-4369, 장승포), 거제평화횟집(세꼬시회, 055-632-5124, 사등면 성포리)

잠자리 거제자연휴양림(055-639-8115, 동부면 구천리), 거제도비치호텔(055-682-5161, 장승포), 거제투어하우스(055-681-6008, 장승포), 에이플러스모델(055-638-3990, 고현동)

주변 볼거리 거제포로수용소공원, 옥포대첩기념공원, 공고지, 청마생가, 외도

바다 위에 떠 있는 동화책
통영 매물도

Travel Guide

추천시기 2~10월　**여행성격** 가족, 등산　**추천교통편** 승용차, 고속버스, 여객선
추천일정 1일 통영여객선터미널 → 당금항 → 탐방로 → 장군봉 → 대항마을 → 당금
　　　　2일 당금항 → 소매물도선착장 → 폐교 → 트레킹 → 등대섬 → 선착장 → 통영여객선터미널

주소 경남 통영시 한산면 대죽리 매물도
전화 통영관광안내 055-650-4681　**웹사이트** 통영섬이야기 www.badaland.com
2인비용 교통비 20만원, 식비 8만원, 숙박비 5만원, 여비 5만원

단언컨대 대매물도는 인파로 몸살을 앓고 있는 소매물도보다 10배는
더 아름답다. 싱싱한 동백은 루비가 되어 밟고 지나기조차 황송하다.
예술섬답게 자연과 걸맞은 조형물이 가득하고 인심 또한 후하다. 쪽빛
바다에 취해야지, 파도가 깎은 기암절벽에 감탄해야지, 도무지 앞으로
나아가기 어려울 정도다. 거기다 문화단체에서 스토리를 가미하고 예
술인이 작품 옷까지 입혔으니 섬 일주(5.2km, 3시간)를 마치고 나면 재
미난 동화책 한 권을 읽은 기분이다.

한산도, 비진도를 지나면 바람은 육지와 연안 섬의 통제로부터 자유로
워진다. 이제부터는 바람과 친구가 되어야 편하다. 매운 바람이야말로
매물도의 시작이자 끝이다. 발전소 뒤편에 놓인 초지에 올랐다. 사람으
로 말하면 목 부위에 해당해 꼭대기에 서면 일출과 일몰을 한꺼번에 감
상할 수 있다. 북쪽으로 시선을 돌리면 낚시천국인 여유도가 나오고 그

뒤쪽에 가왕도, 장사도, 병태도, 여차도가 차곡차곡 겹쳐 있어 한려수도의 진수를 모아둔 듯하다. 마을 뒤편에 43년간 섬 아이들을 길렀던 학교는 폐교되어 단체숙박시설로 바뀌었다. 계단을 내려가면 아담한 몽돌해수욕장을 만난다. 몽돌은 공룡 알만큼이나 큼직한데 바닥이 훤히 드러날 정도로 깨끗해 스킨스쿠버 강습장으로 활용된다.

폐교 옆으로 산자락을 휘감아 돌면 본격적인 탐방로가 시작된다. 섬은 남방의 식물로 가득 차 있어 사계절 푸름을 자랑한다. 겨울로 접어들면 붉은 동백은 목이 뚝 부러져 바닥이 온통 루비를 뿌려 놓은 것처럼 화려하다. 다시 계단을 오르자 용천수가 콸콸 쏟아지는 우물이 반긴다. 물탱크에 물을 저장했다가 이틀에 한 번씩 마을로 물을 공급하는데, 계단식 논에 물을 댈 정도로 수량이 풍부하다. 섬 하나 보이지 않는 동쪽 해안은 급경사 절벽으로, 바람을 잔뜩 실은 파도가 해식동굴을 파내고 바위를 조각작품으로 변신케 했다.

짙은 숲으로 들어가 임도를 크게 휘감아 도니 정상이 나온다. 멀리서 보면 개선장군이 안장을 풀고 휴식하는 형상을 하고 있어 '장군봉'이라는 이름을 얻었다고 한다. 섬사람들은 먼 훗날 장군이 다시 나타나 말에 올라 출정하면 매물도가 크게 흥성할 것이라고 철석같이 믿고 있다. 정상에는 듬직한 말과 장군의 조형물이 서 있는데, 마을 사람들이 200kg이나 되는 조형물을 어깨에 메고 정상에 올려놓았다고 한다. 섬 사람들이 한마음으로 만든 작품이라 하겠다.

말에 오르는 순간 탁 트인 바다와 소매물도의 전경이 눈에 들어오니 '세상이 흥한다'라는 말이 결코 허언은 아닌 것 같다. 섬의 남쪽 끝은 소매물도를 가장 멋지게 조망할 수 있는 전망대다. 매물도와 소매물도 간 직선거리는 600m, 거인이 점프하면 건너편 섬에 닿을 것만 같다.

황톳길 끝자락에 대항마을이 자리한다. 한때 당금마을보다 훨씬 크고 주민이 많았건만 지금은 폐가가 많이 늘었다. 돌담을 어루만지며 이집 저집 둘러보는 재미가 쏠쏠하다. 건물을 높이 올리지도 않았다. 바람에 대한 순응일까, 남에 대한 배려일까, 집들이 몸을 바짝 낮추었기에 섬사람들은 모두 바다를 볼 수 있게 되었다. 1평 남짓한 화단에는 할머니의 정성에 감동했는지 꽃이 활짝 웃고 있었다. 할아버지를 따라 바다로 나가 그물을 걷어 보고, 평상에 앉아 도란도란 얘기꽃을 피워본다. 텃밭에 나가 부추를 뽑아 해물을 넣고 부침개를 지져 먹다 보면 어느덧 섬사람이 된 자신을 발견하게 된다.

Travel Info

친절한 여행팁 매물도 가는 길 강남고속버스터미널 또는 남부터미널에서 7시 버스에 오르면 12시쯤 통영종합버스터미널에 도착한다. 시내버스를 타고 통영여객선터미널(055-644-0364)에 가서 여객선을 타면 된다. 여객선터미널 앞에 자리한 서호시장에서 통영별미인 시락국으로 배를 채우고 2시 배에 오르면 일정이 딱 맞는다. 통영에서 1일 3회(07:00, 11:00, 14:10) 운행하며, 매물도까지 1시간 20분이 소요된다. 매물도 출항시간은 3회(08:15, 12:20, 15:45)이며 주말에는 증편 운항한다. 배는 매물도 당금항과 대항항에서 하선이 가능하며 바람이 심하면 입출항하지 않으니 늘 염두에 두어야 한다. 여객선은 매물도를 거쳐 소매물도까지 운행하니 시간적 여유가 있다면 소매물도를 일정에 넣는 것이 좋다. 거제도 저구항(거제시 남부면 저구리 640)에서 출발하는 매물도행 배를 타면 시간과 뱃삯을 절감할 수 있다. 거제도 저구항에서 1일 4회(08:30, 11:30, 13:30, 15:30)운행하며 30분이 소요된다.

가는 길 경부고속도로 → 대전통영간고속도로 → 통영IC → 통영여객선터미널 → 매물도

맛집 민박집에서 가정식 백반을 먹을 수 있다.

잠자리 매물도펜션(010-2827-6373), 매물도바람민박(055-642-9855, 당금), 매물도하우스(055-643-4957, 매물도 분교), 매물도대항콘도형민박(055-641-1514, 대항), 쿠크다스펜션(055-649-5775, 소매물도)

주변 볼거리 소매물도, 거제도, 한산도, 비진도

발아래 황홀경을 두고 오르는

사량도 옥녀봉

Travel Guide

추천시기 7~8월, 10~12월   **여행성격** 연인, 단체   **추천교통편** 자가용, 단체버스

추천일정 1일 북통영IC - 가오치항 - 진촌항 - 점심(옥녀봉식당) - 최영장군사당 - 돈지항 - 숙박(유스호스텔)

2일 웅동 - 사량도종주등반(돈지 - 지리망산 - 성자암 - 월암봉 - 가마봉 - 연지봉 - 옥녀봉) - 진촌항

주소 경남 통영시 사량면 금평리   **전화** 055-650-3620   **웹사이트** www.saryagndo.com

2인비용 교통비 12만원, 식비 8만원, 숙박비 5만원, 여비 3만원

가끔 바다가 미치도록 그리울 때가 있다. 발아래 바다 황홀경을 두고 기암괴석을 오르내리며 육지와 절연의 자유를 마음껏 즐기고 싶다면 사량도행 카페리호에 올라타라. 바다 위에 점점이 떠 있는 섬을 하염없이 응시해도 좋고 해안도로를 걷다 보면 가슴이 뻥 뚫린다. 3개의 유인도와 6개의 무인도로 이루어진 사량도는 상도와 하도 사이에 흐르는 물길이 가늘고 긴 뱀처럼 구불구불해 사량도라는 이름을 얻게 되었다.

사량도의 가장 큰 매력은 한국 100대 명산 중 하나인 지리망산과 옥녀봉을 오르는 데 있다. 돈지항 - 지리망산 - 불모산 - 가마봉 - 옥녀봉 - 금평항으로 이어지는 8km 코스로 3시간 정도 소요된다. 배에서 내리자마자 마을버스에 오르면 산행의 시작점인 돈지마을에 내려준다(15분 소요).

마을 뒤쪽으로 근육질 암반으로 형성된 지리망산이 병풍처럼 서 있으며 7부 능선까지 올라간 다랑이 논을 보면서 땅 한 평 얻으려는 섬사람들의 고단한 삶을 엿본다. 다람쥐 모양의 농개도, 철새처럼 입을 쭉 내민 죽도, 멀리 남해섬이 아른거리며 삼천포대교까지 눈에 들어온다. 암반에 뿌리내린 소나무와 들꽃에 눈길을 주며 발밑 바다경치에 취하다 보면 지리망산(398m) 정상에 오른다. 바다 건너 공룡발자국이 있는 상족암이 손에 잡힐 듯 가까이 보이며 날씨까지 받쳐준다면 지리산까지 조망할 수 있기에 '지리망산'이란 이름을 얻게 되었다고 한다.

불모산까지는 암반과 해송숲이 경쟁하듯 등장하며, 촛대바위와 남근바위가 하늘을 향해 있다. 공룡의 등뼈 같은 칼날바위를 지나면 사량도에서 가장 높은 봉우리인 달바위(불모산 400m)가 기차처럼 길게 이어졌으며 노송 한 그루가 암반 틈에 간신히 뿌리내리고 있다. 사량도 산행의 하이라이트는 불모산−가마봉−연지봉−옥녀봉까지 이어지는 암반 능선길이다.

철사다리, 수직 로프 사다리 오르기, 밧줄타기 등 마치 유격훈련장처럼 변화무쌍한 코스가 산행의 재미를 더해준다. 다행히 위험한 코스는 슬며시 돌아갈 수 있도록 우회길이 마련되어 있으니 미리 겁을 먹을 필요는 없다. 가마봉(301m) 아래 전망대에 서면 파릇한 다랑이 논과 옥동마을 그리고 상·하도를 잇는 해협인 동강을 한눈에 내려다볼 수 있다.

급경사 절벽을 가진 연지봉을 지나면 마지막 봉우리인 옥녀봉이 나온다. 아버지의 욕정을 피하려고 절벽에 몸을 내던진 딸의 전설이 서려 있어 더욱 애잔하게 보인다. 등산로 끝자락, 팽나무 아래는 막걸리를 파는 야외 주막이 있어 등산객을 유혹한다. 포구에는 싱싱한 해산물을 파는 포장마차가 있어 멍게와 해삼을 안주 삼아 하산주 한 잔 걸치면 세상 부러울 것이 없다.

산행이 부담스럽다면 금평항−옥동−돈지−내지−대항−금평항 해안선을 그리며 섬 한 바퀴 트레킹에 나서면 어떨까. 총 17km, 3시간이 소요되며, 특히 돈지에서 내지까지 해안길이 절묘한데 죽도, 농개도, 두미도를 내려다보는 해안길이다.

시야가 트인 곳마다 바다전망대가 서 있어 다리품을 쉬었다가 가기에 그만이나. 승용차로 섬 일주를 하겠다면 30분이면 족하지만 절경에 자꾸 발목 잡히다 보면 한 시간도 모자랄 지경이다. 금평항 마을 안쪽에는 고려 말 왜구를 무찌른 최영상군사당이 서 있다. 250년 된 팽나무 가지가 사당을 감싸고 있으며 하얀 교회 건물과 공존하며 살아가고 있다. 마을 고샅길을 어슬렁거리며 한가로운 어촌 풍경을 가슴에 쓸어 담아도 좋다.

Travel Info

친절한 여행팁 사량도 가는 길

통영 가오치발: 가오치항 → 금평항(07:00~17:00, 2시간마다 운행, 40분 소요, 문의 055-647-0147)

삼천포발: 삼천포여객선선착장 → 내지항(06:30~17:30, 1일 6회 운행, 35분 소요, 문의 055-832-5033)

고성 춘암발: 용암포선착장 → 금평항/내지항(06:30~17:30, 1일 7회 운행, 15분 소요, 문의 055-673-0529)

카페리호 도착시각에 맞춰 금평항 → 돈지항까지 버스 수시 운행. 지리망산 - 불모봉 - 옥녀봉까지 종주코스 이용자들은 마을버스를 이용하는 것이 좋다. 버스기사가 사량도 주변 섬과 산행정보에 관련된 이야기를 들려준다(문의 정경표 기사 010-5166-8684).

가는 길 경부고속도로 → 대전통영간고속도로 → 북통영IC → 고성 방향 14번 국도 → 좌회전 77번 국도 가오치항 → 사량도 카페리호

맛집 신형제횟집(생선회, 055-643-3876, 금평항), 미화횟집(멍게회덮밥, 055-648-7006, 금평항), 옥녀봉식당(흑염소불고기, 055-642-6027, 금평항), 우리횟집(생선회, 055-644-9331, 돈지항)

잠자리 사량섬유스호스텔(055-041 8247, 사량면 금평리 395), 그림같은집(055-641-6686, 사량면 금평리 106-10), 사량섬민박(055-642-6045, 사량면 금평리 192-1)

주변 볼거리 미륵산케이블카, 달아공원, 통영대교, 착량묘, 충렬사, 청마문학관

앞은 해금강이요, 뒤는 만물상이라
남해금산

Travel Guide

추천시기 사계절　**여행성격** 가족, 연인, 단체　**추천교통편** 자가용, 버스	
추천일정 1일 창선삼천포대교 → 원시어업죽방렴 → 남해금산 → 보리암 → 상주해수욕장	
2일 용문사 → 가천다랭이마을 → 남해유배문학관 → 관음포 이충무공유적 → 충렬사	
주소 경남 남해군 상주면 상주리 산265-1　**전화** 055-863-3524　**웹사이트** 남해군청 tour.namhae.go.kr	
2인비용 교통비 12만원, 식비 8만원, 숙박비 5만원, 여비 5만원	

바닷가에 인접한 산 중에서 남해금산은 아름답기도 하지만 영험한 산
으로 손꼽힌다. 기암괴석이 산 전체를 두르고 있어 금강산을 빼닮았다
하여 소금강이라고도 불린다. 태조 이성계가 이 산에서 백일기도 끝에
조선왕조를 개창하게 되었다니 더욱 신성하게 보이는지도 모른다. 바
위마다 희로애락의 전설을 품고 있는 금산이야말로 털털한 이야기꾼이
다. 가장 편한 코스는 북곡저수지에서 8부 능선까지 셔틀버스에 오르는
코스다. 주차장에서 20여 분 얌체산행만 하면 정상에 올라 산 전체를
둘러보게 된다.

금산의 최고봉인 망대에 섰다. 금산 38경 중 제1경으로, 시야가 탁 트
여 금산의 자태를 굽어볼 수 있으며 멀리 다도해의 섬이 점을 찍어 놓
은 듯한 풍경이 펼쳐진다. 이곳은 일출을 만나는 포인트다. 고려 때부
터 사용했던 봉수대도 여태 남아 있다. 여수에서 넘어온 봉화 연기가
이곳을 지나 남해 창선의 '대방산 봉수대'를 거쳐 진주로 전달되는데,

한양 목멱산 봉수대까지 4시간 30분이면 도달하였으니 당시로써는 첨단통신수단이었다. 한때 봉수꾼만 40명이 있어 3교대로 돌렸다고 하니 봉화가 얼마나 중요한 군사시설인지 말해주고 있다. 연기가 평소에는 한 개, 적이 나타났을 때는 2개, 그 위급함에 따라 개수가 늘어난다고 한다.

망대 옆은 장화처럼 생긴 '문장암'이 서 있다. 일명 명필바위로, 조선 중종 때 대사성을 지낸 주세붕 선생이 전국을 떠다니며 풍류를 즐기다가 남해에 있는 금산이 명산이라는 소문을 듣고 이곳을 찾아와 문장암이란 글씨를 새겼다고 한다. 금산에서 가장 경치가 좋은 곳은 상사바위다. 절벽이 툭 튀어나와 탁 트인 금산의 절경을 조망할 수 있다. 초승달처럼 휜 상주해수욕장과 그림에나 등장할 것 같은 송정해수욕장도 눈에 들어온다. 미륵이 도왔다는 항구인 미조항은 물론 조도, 호도 등 2개의 유인도와 16개의 무인도가 물감을 뿌려 놓은 듯 펼쳐져 '남해안의 베니스'로 통한다. 서쪽으로 시선을 돌리면 서포 김만중의 유배지인 노도가 한을 삭이고 있었다.

"앞은 해금강이요. 뒤는 만물상이라."

조선 숙종 때 전라남도 돌산에 사는 청년이 남해로 머슴을 살러 왔다. 주인은 자태가 빼어난 과수댁이었다. 돌쇠는 주인마님의 자태에 반하여 애간장을 태우다가 그만 상사병에 걸리고 말았다. 예나 지금이나 약

Travel Story

자기 난리가 일어나는 보리암삼층석탑 ··· 보리암삼층석탑은 가야 김수로왕의 부인인 허황옥이 인도 아유타국에서 가져온 불사리를 모셔와 원효대사가 세웠다고 전해진다. 이는 불교의 남방전래설을 말해주는 획기적 사건이지만 아쉽게도 탑의 모양이나 형식이 고려 초기의 양식을 띠고 있어 그걸 증명하고 있지는 않다. 대신 이 탑은 현대과학으로 규명하지 못한 불가사의를 하고 있는데 나침반을 기단석 위에 올려놓으면 바늘이 남북으로 움직이며 자기 난리가 일어난다고 한다.

도 없는 병이 상사병인지라 청년은 시들시들 죽어가고 있었다. 이를 보다 못한 과수댁은 사람이 없는 금산으로 돌쇠를 불러내 금산의 벼랑에서 소원대로 상사를 풀게 해주고 그의 목숨을 구했다. 그 후 사람들은 그 바위를 상사바위라 불렀다. 사자가 포효하고 있는 사자암, 돼지처럼 생긴 저두암, 코가 튀어나온 코끼리바위 등 기묘한 바위 모습에 그저 감탄사가 튀어나온다. 원효와 의상대사가 좌선했던 '좌선대'도 가까이 보인다. 사람이 앉기 좋도록 홈이 패어있는 것이 특징이다.

금산 38경 중 제일의 절경은 쌍홍문이다. 옛날 석가세존이 돌로 만든 배를 타고 쌍홍문의 오른쪽 문으로 나갔다는 전설을 품고 있다. 굴 위쪽에 작은 구멍이 하나 있는데 그곳에 돌을 얹으면 소원이 이루어진다고 한다. 그 옆으로 송악이 바위를 타고 올라간다. 고창 선운사 입구 암벽을 뒤덮은 송악과 같은 모습을 이곳에서 보니 그렇게 반가울 수가 없다.

대한민국 절집을 즐겨 찾는 사람 치고 보리암을 다녀오지 않은 사람은 없을 것이다. 그만큼 이곳이 터가 좋고 기도발이 좋기 때문이다. 신라 원효대사에 의해 창건된 천년고찰이지만 이렇다 할 문화재는 삼층석탑이 전부다. 동해 양양의 낙산사 관음보살상, 서해 석모도의 보문사 관음보살상과 남해 보리암 해수관음보살상을 비롯해 우리나라 3대 해수관음도량으로 알려져 있다. 관세음보살이 바닷가에 상주한다고 믿고

좌 보리암 해수관음보살상 **우** 비단을 두른 듯한 금산

306

좌 상주은모래해수욕장 **우** 남해 지족에서 장고섬 일몰

있기 때문에 바닷가 쪽에 이렇게 관음성지가 몰려 있다. 그 지리적 특성 탓에 저절로 일출이나 일몰 명소로도 소문이 났다.

친절한 여행팁 미조항 멸치회 멸치는 어패류 중에서도 칼슘과 인의 함량이 많아 골격과 치아 형성에 매우 좋은 식품이다. 미조항은 멸치의 주산지다. 생멸치찌개는 생멸치에 된장을 풀어 넣고 파, 마늘, 고추 등을 넣어 끓여내는데 개운하고 구수한 맛이 일품이며 쌈과 함께 먹으면 좋다. 생멸치회는 봄과 가을 사이에 잡힌 생멸치의 뼈를 발라낸 후 막걸리와 고추장양념에 버무려 먹는데 감칠맛이 난다.

가는 길 남해고속도로 사천IC → 삼천포대교 → 창선대교 → 금산
맛집 우리식당(멸치회, 055-867-0074, 창선대교), 공주식당(멸치회·갈치회, 055-867-6728, 미조항), 해사랑전복마을(전복, 055-867-7571, 미조항), 삼현식당(생멸치찌개, 055-867-6498, 미조항)
잠자리 마린원더스호텔(055-862-8880), 초전펜션모텔 (055-867-0803), 일송펜션(055-867-4423),
해사랑펜션(055-867-7571), 베스트모텔(055-867-3770)
주변 볼거리 남해대교, 남해충렬사, 용문사, 가천다랭이마을, 해오름예술촌, 남해유배문학관

Part 7
제주도

드라마 〈시크릿 가든〉에서 자전거 경주를 했던 그 숲
사려니숲길

Travel Guide

추천시기 4~11월　**여행성격** 가족, 연인, 단체　**추천교통편** 렌터카, 단체버스

추천일정 1일 제주공항 – 사려니숲길 트레킹 – 제주 돌문화공원 – 산굼부리

　　　　　2일 제주절물자연휴양림 산책 – 거문오름 – 만장굴 – 비자림 – 아부오름 – 용눈이오름

주소 제주시 조천읍　**전화** 제주도청 064-710-3314　**웹사이트** 제주도청 www.jejutour.go.kr

2인비용 교통비 20만원, 렌터카 10만원, 숙박비 5만원, 여비 6만원

'비밀의 정원'이란 이름에 걸맞은 사려니숲길. 드라마 〈시크릿 가든〉에서 주원과 오스카가 길라임을 두고 자전거 경주를 벌였던 장소로, 길라임이 길을 잘못 들어 신비가든으로 빠지면서 이야기가 얽히게 된다. 그 명장면을 찍은 곳이 바로 사려니숲이다. 비자림로에서 남조로로 빠지는 10km 구간 동안 내내 '길이 끝나면 어쩌지' 하고 마음 졸이며 걸었다. 천천히 걸어도 3시간이면 충분한데 '제주의 허파'라고 불러도 좋을 만큼 숲이 울창하다.

아늑한 옛날 제주 들녘을 호령하던 테우리와 사냥바치가 걸었던 이 길에는 제주 민중들의 삶이 고스란히 녹아 있다. 숯을 굽는 사람, 표고버섯을 따는 사람들의 생존을 위한 통로라고 보면 된다. 길은 해발 500~600m의 완만한 평탄길이다. '송이'라고 불리는 잔용암덩어리가 깔려 있어 철의 성분에 따라 붉은 길과 시커먼 길이 번갈아 나온다. 쭉 뻗은 삼나무와 어우러져 영화 속 필름이 돌아가는 듯 경치가 수려하다.

제주시에서 5·16도로를 타고 가다가 1112번 비자림로를 따라 내려가면 오른쪽에 사려니숲길 푯말이 있고 숲에 주차할 수 있는 공간을 만난다. 입구에 들어서면 사려니숲길 전체지도를 볼 수 있으니 미리 확인하면 좋다. 친절하게도 1km마다 번호를 부여하고 있는데 1번 입구부터 10번 붉은오름까지는 항시 개방하고 있고 남쪽으로 이어지는 길은 생태숲 보호를 위해 출입을 막고 있다. 남조로의 붉은오름부터 시작해도 되지만 다소 경사가 있어 비자림로에서 시작하면 내려가면서 걸을 수 있다. 차량을 가져왔다면 6번 물찻오름 삼거리까지 갔다가 되돌아와야 한다. 그러나 물찻오름부터 붉은오름까지 숲길도 좋으니 승용차 2대를 이용하거나 택시를 불러 해결하면 된다.

입구에 탐방안내센터가 있으니 세세한 설명과 지도를 담은 안내서 한 장쯤 챙기면 걷는 데 도움이 된다. 숲해설사가 지도를 가리키며 안내를 해주니 듣고 가는 것이 좋다. 여러 명이 걸어도 좋지만 혼자 사색하며 타박타박 걸어도 괜찮다. 조금 걷다 보면 한라산의 혈관인 천미천이 반긴다. 한라산 동측 사면인 어후오름(해발 1400m)에서 발원해, 물장올오름, 물찻오름, 개오름 등을 지나 교래, 성읍을 휘감아 표선면 하천리까지 이어지는 물길이다. 길이만 25.7km로 제주에서 가장 긴 하천이다. 현무암 지질 덕에 물이 거의 보이지 않는 건천이지만 지하로 흘러 표선으로 빠진다. 그 물이 암반 웅덩이에 고인 것이 제주삼다수다. 조금 지나면 참꽃 군락지가 나오는데 5월쯤 찾으면 붉게 물든 계곡을 만나게 된다.

숲에는 졸참나무, 서어나무, 산딸나무, 때죽나무, 단풍나무, 쥐똥나무 등 254종의 난대성 수목이 분포하고 있어 '제주수목전시장'이라 불러도 손색이 없다. 4km쯤 걸으면 서중천이 나타난다. 총 22.4km로, 동남쪽 남원을 향해 흘러간다. 나무 벤치가 놓여 있어 간식 먹기에 그만이다.

직진하면 성판악휴게소가 나오지만 생태 보호를 위해 출입을 막고 있다. 분화구에 물이 찰랑거린다고 해서 이름 붙여진 물찻오름 역시 오름 보호를 위해 출입을 막고 있다. 이곳까지 숲길의 딱 절반이다. 속내로 깊숙이 들어갈수록 숲은 두껍게 옷을 껴입는다. 완만한 곡선의 길에 온몸을 맡기며 타박타박 걸으면 치유와 명상의 숲길이 손짓한다. 밀림에서나 볼 수 있는 덩굴이 고목을 감싸며 살아가고 있다. 공생의 신비를 보며 세파에 찌든 마음을 치유해본다. 허파에 맑은 공기를 가득 채우고 어깨도 힘껏 벌려 온몸으로 숲을 품었다.

삼거리가 나왔다. 남쪽으로 서어나무숲–한남시험장–더불어숲–삼나무숲–사려니오름 등 미지의 숲길이 서귀포 남원의 서성로까지 이어진다. 안타깝게도 개방을 하지 않아 입맛만 다실 수밖에 없었다. 진입로부터 삼나무숲의 향연이 펼쳐진다. 숲 안쪽에 근사한 벤치가 있어 마음껏 향기를 맡을 수 있다. 투박한 돌담을 두르고 있는 무덤을 지나면 직선길, 'U' 자형 길, 'S' 자형 길 등 변화무쌍한 길이 등장한다. 드디어 찻소리가 들리더니 1118번 남조로가 나왔다. 10km 숲길을 걷는 내내 행복했다. 신록이 울창한 5월 다시 걷는 꿈을 꿔본다.

Travel Info

친절한 여행팁 사려니숲길 1112번 비자로를 출발해 1118번 붉은오름 옆길로 빠져나오는 탐방로는 총 10km, 3~4시간 정도 소요된다. 남쪽 감귤가공공장부터 삼산나무 숲까지 2km 구간은 산림과학원 난대산림연구소(064-710-6762)에서 관리한다. 사전에 예약하면 걸을 수 있는데 3월 1일부터 산불방지기간이다. 5월 말에서 6월 초순까지 사려니오름을 포함해 남쪽 구간을 임시개방하는데 제주관광 홈페이지(www.jejutour.go.kr)에 정확한 날짜가 공지된다. 제주시외버스터미널에서 매시 28분에 출발하는 비자림행 시내버스에 올라 사려니숲길 입구에서 하차하면 된다. 남조로에서는 서귀포에서 매시간 2회씩 출발하는 버스가 있으니 서귀포나 제주로 가면 된다(문의: 제주도 녹지환경과 064-710-6762).

가는 길 제주공항 → 16번 국도 → 아차초교 → 11번 국도 → 1112번 지방도 → 사려니숲길

맛집 천하일미(오겹살, 064-784-5555, 세화), 아름가든(토종닭, 064-784-9100, 교래), 버드나무집(해물탕, 064-782-9992, 조천읍 함덕리), 나목도식당(오겹살, 064-787-1202, 표선면 가시리)

잠자리 제주절물자연휴양림(064-721-7421, 봉개동 산78-1), 교래자연휴양림(064-710-8673, 조천읍 남조로 2023), 예하게스트하우스(064-713-5505)

주변 볼거리 거문오름, 만장굴, 한라산성판악, 제주돌문화공원, 갓전시관, 제주4·3공원

하늘 한 점 보기 어려운 원시림, 제주 최초의 곶자왈
교래자연휴양림

Travel Guide

추천시기 사계절　**여행성격** 가족, 연인, 단체　**추천교통편** 렌터카, 시내버스
추천일정 1일 제주공항 – 교래자연휴양림 – 제주돌문화공원 – 에코랜드 곶자왈 기차 – 갓박물관
　　　　2일 삼양해수욕장 – 사라봉 – 국립제주박물관 – 삼성혈 – 목관아 – 용두암 – 용눈이오름

주소 제주시 조천읍 교래리 산 119　**전화** 064-710-8673　**웹사이트** www.jejustoneparkforest.com
2인비용 교통비 20만원, 렌터카 10만원, 숙박비 5만원, 여비 6만원

거문오름과 용눈이오름 등 제주의 많은 곳들이 이젠 유명관광지가 되어 은밀한 여행지가 자꾸만 줄어드는 것 같아 불안하다. 제주만의 정체성을 지닌 여행지가 어디 있을까 늘 고민하면서 제주를 찾곤 한다. 그런 의미에서 2011년 7월에 개장한 교래자연휴양림은 단비와 같은 여행지다. 절물자연휴양림과 서귀포자연휴양림에 이어 제주에서 3번째로 생긴 휴양림으로, 곶자왈 지대에 조성된 최초의 자연휴양림이다. 별로 알려지지 않아 한적하게 숲길을 걸을 수 있을뿐더러 숙박시설인 숲속의 초가와 야영장과 풋살 경기장 등 부대시설까지 잘 갖추고 있다. 제주 중산간지역, 울창한 원시림에서 하룻밤을 보내면 색다른 추억이 되지 않을까. 돌문화공원에서 운영하고 있어서인지 숲속의 집은 제주의 전통가옥 형태를 띠고 있는 것이 특징이며 매달 1일 선착순 신청을 받는다. 휴양림은 조천읍 교래리 늪서리오름 일대 무려 230만㎡ 부지에 조성되어 있다. 팽나무, 서어나무, 산딸나무, 졸참나무 등 전형적인 낙엽활엽수를 볼 수 있으며

후박나무, 꽝꽝나무 등 상록 활엽수도 가득하고 고사리 등 양치식물이 드넓게 펼쳐져 쥐라기공원 분위기가 난다. 코스는 2가지다. 체력이 달리는 사람은 1.5km 생태관찰로를 이용하는 것이 좋으며 왕복 40분이 소요된다. 하지만 최고의 코스는 아무래도 야외교실－곶자왈－숯가마터－원두막－큰지그리오름으로 이어지는 곶자왈 숲길이다. 하늘 한 점 보기 어려운 원시림 속을 헤매기도 하고 드넓은 초지도 만나고 가파른 오름까지 등장해 쉴 새 없이 경치가 바뀐다. 편도 3.5km, 왕복 7km, 2시간 30분 동안 동화 속 세계에 흠뻑 빠져본다. 화산폭발 당시 용암이 분출해 크고 작은 바윗덩어리가 쪼개져 용암길이 해안을 향해 길게 이어졌는데 이를 '곶자왈'이라 부른다. 현무암 돌밭이어서 농토로 사용할 수 없어 제주 사람에게는 버림받은 땅이었다. 어쩌면 사람의 손길을 받지 않아 태곳적 원시림을 고스란히 간직하고 있는지 모른다. 아마 숲에 들어선 순간 깨달음을 얻은 선인처럼 머리가 맑아질 것이다. 인위적인 손길을 최소화하여 목제 데크도 없고 잔돌을 막아 길 표시를 했다. 밧줄과 데크에 익숙한 사람에게는 무척 생소할 것이다. 곶자왈 숲길은 2.1km나 이어지며 길이 완만해 걷기 수월하다. 단순히 앞만 보고 걷는 길이 아니라 산전터와 숯가마터 등 과거 곶자왈 터전에서 삶을 이어갔던 고단한 삶을 엿보게 된다. 곶자왈 중심지역은 바위가 많아 경작할 수 없지만 제주 사람들은 이곳에서도 손바닥만 한 크기의 평지를 찾아 가꾸었다. 돌을 일구고 가시덤불을 태운 후 피 같은 작물을 심었다. 땅 기운이 떨어지면 2～3년에 한 번씩 다른 곳으로 옮겨 이동생활을 했다. 길가 돌무더기는 당시 돌을 일구면서 모아두었던 것으로, 이런 산전이 1940년대 중반까지 이어졌다고 한다. 숯 가마터도 종종 나타난다. 산꾼들이 비를 피했던 움막 터도 보인다. 음습한 기운이 가득해 고사리가 많이 자란다. 폭설이 내려도 이곳은 눈이 쌓이지 않을 정도로 따뜻한데, 바위 틈새로 온기가 뿜어 나오기 때문이다. 나무가 크지 않은 이유는 자갈이 많아 뿌리를 내리지 못하기 때문이다. 그래서인지 옆으로 자라는 나무가 많다. 나사 모양의 나무도 보이고 등짝을 붙인 연리목도 눈길을 끈다. 라오콘처럼 꼬인 나무, 'ㄱ' 자처럼 꺾인 나무, 바위를 꽉 움켜진 나무까지 있어 천연 분재길을 걷는 기분이다. 돌과 나무 그리고 넝쿨이 이만큼 사이좋게 공존하며 살아가는 숲이 있을까. 숲 야외교실은 도시락 까먹기에 딱 좋다. 빼곡한 숲에서 자연과 교감하면서 거닐다 보니 갑자기 하늘이 열리고 너른 초원이 펼쳐진다. 기막힌 반전에 흠뻑 반해버렸다. 저 멀리 큰지그리오름이 킬리만자로 산처럼 솟아 있다. 정상 전망대가 아른거렸다. 현재 시각 4시 30분, 예전에 정선 민둥산에서 고생한 적이 있어 올라야 할지 고민됐다. 해가 산을 넘어가면 캄캄한 숲길을 빠져나갈 자신이 없기 때문이다. 그때 오름에서 내려온 부부가 10분이면 충분히 올라갈 수 있으니 꼭 오르라고 부추긴다. 오름 등산로는 삼나무가 빼곡해 그 안쪽은 캄캄했다. 속세의 미진을 떨쳐버리기에 그만이다. 빛의 속도로 뛰어올라 단숨에 오름 정상에 섰다. 전망대에 오르니 사방이 선경이다. 동쪽으로 거침없는 경치가 펼쳐지는데 멀리 비행기가 보이는 걸 보니 정석비행장이다. 성산의 바다도 아른거린다. 호연지기는 바로 이런 곳에서 길러진다. 반대편으로 시선을 돌렸더니 한라산과 줄줄이 낳은 아들 오름들이 실루엣이 되어 펼쳐진다. 전망대를 가지고 있는 오름을 자세히 보니 절물오름이다.

이젠 내려가는 것이 문제다. 길을 유심히 살펴보니 오름에서 초원길을 따라가면 돌문화공원과 연결된다. 캄캄한 숲을 헤매느니 목장길을 따라 빠져나가는 것이 낫겠다. 억새가 하늘거리고 오름 뒤로 해가 넘어간다. 비포장길을 가로지르며 홀로 거니는 맛은 눈물이 찔끔 나도록 아름답다. 울타리를 넘어 돌문화공원과 합류해 간신히 빠져나왔다.

Travel Info

가는 길 제주공항 → 제주국립박물관 → 97번 동부관광도로 → 남조로교차로 → 교래자연휴양림

맛집 송당식당(김치찌개, 064-784-4560, 구좌읍 송당리), 오름지기식당(고기국수, 064 782-9375, 거문오름), 교래손칼국수(꿩메밀칼국수, 064-782-9870, 고래사거리)

잠자리 교래자연휴양림(064-710-8673, 제주시 조천읍 남소로 2023), 대동호텔 (064-722-3070, 제주시 일도1동), 늘송파크텔(064-749-3303, 제주시 노형동)

주변 볼거리 종달해안도로, 해녀박물관, 다랑쉬오름, 만장굴, 연북정, 함덕해수욕장

드넓은 초원과 바다가 펼쳐지는 제주 남부의 대표 오름
따라비오름

Travel Guide

추천시기 4~6월, 10~11월 **여행성격** 가족, 연인 **추천교통편** 렌터카, 버스
추천일정 1일 성읍민속마을 – 따라비오름 – 표선해수욕장 – 미천굴관광단지 – 김영갑갤러리
2일 신영영화박물관 – 남원큰엉해안경승지 – 서귀포감귤박물관 – 쇠소깍 – 서귀포

주소 서귀포시 표선면 가시리 산 62번지
전화 제주도청 064-710-3314 **웹사이트** 제주도청 www.jejutour.go.kr
2인비용 교통비 20만원, 렌터카 10만원, 숙박비 5만원, 여비 6만원

성산일출봉과 한라산이 보이는 용눈이오름이 제주 동부의 대표 오름이
라면 다양한 식생을 지닌 저지오름은 제주 서부를 대표하는 오름이다.
그렇다면 서귀포, 표선을 비롯한 남부를 대표하는 오름은 어디일까? 난
주저 없이 따라비오름을 손꼽고 싶다. 은빛 억새가 바람에 휘날리며 사
방 거침없는 풍경이 펼쳐져 하루 종일 오름만 보고 있어도 지루하지 않
을 것 같다.
따라비오름은 서귀포시 표선면 가시리에 자리하고 있다. 가시마을에서
도 북서쪽으로 3km 깊숙이 들어가 있어 찾는 이도 그리 많지 않아 은
둔의 오름이라고 불러도 좋을 듯싶다. 큰 분화구 안에는 3개의 소형 화
구를 품고 있는 특이한 화산체다. 더구나 오름 북쪽 사면은 말굽형으로
침식된 흔적을 가지고 있어 오름 구석구석을 살피는 재미가 쏠쏠하다.
동쪽에 모지오름이 서 있어 마치 지아비, 지어미가 서로 따르는 모양이

라 '따라비'라는 특이한 이름을 얻게 되었다고 한다. 장자오름, 새끼오름 등이 군락을 이루고 있는데 그중 따라비오름이 가장 격이라 '따애비'가 되었고 훗날 '따라비'로 이름이 바뀌었다는 얘기도 전해진다.

버스를 세울 정도로 주차장이 넓은데 주변은 초지로, 말이 뛰놀 정도로 목가적인 풍경을 보여준다. 20분쯤 오르면 굼부리에 닿게 되는데 산길 양편은 억새가 가득해 윤이 난다. 11월 초순에 찾으면 극세사 이불 촉감 같은 억새밭을 만나게 될 것이다. 이상기온 때문일까, 한겨울 빨간 철쭉 몽우리가 보인다. 능선 초입에는 제주 민초들의 염원을 담은 돌탑이 서 있다. 과연 오름 안쪽은 어떤 모습일까, 굼부리 능선에 오르자 내부가 훤히 드러난다. 능선은 직선도, 둥그런 원도 아닌 그저 타원형인데 아이들이 원을 그리듯 순수하다. 오름은 한 개가 아니라 여러 개가 합쳐져 'X'자 오솔길로 연결되어 있다. 그 한가운데 돌담을 가진 무덤이 있어 인간도 자연의 일부분임을 말해주는 듯하다.

굼부리는 2.6km. 봉우리는 6개. 사방 거침없는 풍경을 담고 있어 '제주 오름의 여왕'이란 칭호를 얻고 있다. 남서쪽으로는 대평지다. 이곳은 몽골의 지배를 받았을 때부터 목장이 있었던 자리로, 삼나무 방풍림이 길게 이어져 그림 같은 풍경을 만들어내고 있다. 그 옆으로 트레킹을 할 수 있는 길이 놓여 있는데 일명 갑마장길로 무려 20km나 길이 이어졌다고 한다. 삼나무 방풍림은 마장을 구별하기 위해 쌓아올린 잣성이다. 맞은편 뿔을 세우고 있는 오름이 큰사슴이오름, 그 뒤가 작은사슴이오름이다. 하얀 풍력발전기가 초록밭 위에 돌고 있어 생동감이 넘친다. 사방 어디에 시선을 두어도 굼부리 길을 따라 펼쳐지는 풍경은 눈물이 날 정도로 아름답다. 남쪽 억새밭 너머로 표선 앞바다가 아른거린다. 동북쪽으로는 한라산의 위용을 볼 수 있다. 탐방로는 시커먼 타이어를 깔아서 만든 길이 아니라 코코넛 열매껍질을 엮어 만들었다. 멀리서 보면 황금매트처럼 보인다.

Travel Info

친절한 여행팁 오름과 해안트레킹 일정짜기 첫날은 제주 동부오름군들을 둘러보고 둘째날은 해안트레킹 코스를 짜는 것이 동선에 맞다. 오름 코스가 너무 많다고 생각되면 가장 제주다운 분위기를 만끽할 수 있는 제주돌문화공원을 일정에 넣는 것이 좋다. 1118번 도로가에 있는 물영아리오름은 람사르습지로 지정되어 있어 아이들 생태코스로 좋으며 삼나무숲 계단길이 일품이다. 제주올레는 하루 코스가 15km, 6시간 정도 소요되지만 시간이 없는 직장인들은 제주에서 가장 아름다운 해안길인 올레 5, 7, 8코스 중에서 남원큰엉, 쇠소깍, 돔배낭골, 조금모살 코스를 골라 걸으면 시간을 효율적으로 사용할 수 있다.

가는 길 제주공항 → 97번 동부관광도로 → 성읍민속마을 → 16번 국도 → 가시리 → 따라비오름

맛집 춘자국수(멸치국수, 064-787-3124, 표선사거리), 남원어촌횟집(생선회, 064-764-3457, 남원읍), 쌍둥이식당(생선회, 064-762-0478, 서귀포시장), 미항(똑배기 짬뽕, 064-732-7150, 보목항)

잠자리 모구리야영장(064-760-3408, 성읍민속마을), 에쿠스모텔(064-792-2341, 안덕면), 호텔펠리스콘(064-749-2008, 서귀포시)

주변 볼거리 쇠소깍, 돈내코계곡, 서귀포오일장, 서귀포감귤박물관, 신영영화박물관, 김영갑갤러리

추자도에 아들을 버린 정난주 마리아의 슬픈 사연
대정성지

Travel Guide

추천시기 사계절　**여행성격** 가족, 연인　**추천교통편** 자가용, 버스

추천일정 1일 이시돌목장 – 저지오름 – 용수성지 – 대정성지 – 추사적거지 – 산방산탄산온천
　　　　　2일 평화박물관 – 서광다원 – 카멜리아 힐 – 안덕계곡 – 산방산 – 용머리해안 – 송악산

주소 서귀포시 대정읍 동일리 10번지

전화 제주도청 064-710-3314　**웹사이트** 제주도청 www.jejutour.go.kr

2인비용 교통비 20만원, 렌터카 10만원, 숙박비 5만원, 여비 6만원

제주도로 유배의 형을 받았던 죄인들은 머나먼 유랑의 길을 떠나야만 했다. 서울 – 수원 – 천안 – 공주 – 논산 – 익산 – 전주 – 정읍 – 광주 – 나주 – 강진에서 제주도행 배를 타고 가거나 완도까지 내려가 제주 배를 타야 했는데, 남쪽 해안까지 다릿병으로 죽도록 고생하고 바다에서는 멀미와 풍토병에 시달려야 했다. 제주도 조천 연북정에 닿은 죄인은 그 곳이 유배처인 줄 알았더니 또다시 걸어야 한다는 소리에 아연실색. 차라리 칼을 받고 죽었으면 마음이 편했을지도 모른다. 죽음을 무릅쓰고 육지길, 바닷길을 다해 제주까지 왔건만 그들의 최종 목적지는 한라선 너머 바람도 세찬 대정 땅이란다. 또 하염없이 걸어 대정에 겨우 닿았는데 구들도 없는 초가집에서 위리안치를 당하며 눈물로 세월을 보내야만 했다.

조선의 주자가 되고 싶었던 송시열이 마지막 머물렀던 곳도 제주였다.

광해군의 패륜을 직언하고 청나라의 굴복에 반대한 동계 정온 선생 또한 이런 가시밭길을 기꺼이 받아들였다. 생명과 정의를 바꿀 수 없다는 선비정신은 제주도 민초들에게 뿌리내렸고 섬사람에게 유학을 전했다. 훗날 유배 온 추사 김정희가 동계 선생의 의와 덕에 반해 유배가 풀린 뒤 거창의 동계 고택을 찾았던 일화도 동병상련의 정이 아닐까 싶다. 정온을 제주도로 유배시킨 광해군도 인조반정으로 폐위되고 한 많은 삶을 제주에서 마감했으니 역사는 돌고 도는 것이 아닐까 싶다. 망경루(望京樓, 구 제주세무서) 서쪽에 위리안치당해 18년 동안 눈물로 세월을 보냈던 것이다.

1801년 16세에 진사에 합격할 만큼 천재였던 황사영은 백서사건을 일으켜 조정을 발칵 뒤집어놓는다. 남인 가문에서 태어난 황사영은 주문모 신부로부터 영세를 받은 후 세속적인 명리보다는 신앙에 온 힘을 쏟았다. 박해의 실상을 기록하고 신앙의 자유를 얻을 수 있도록 서양군인이 조선을 침범해달라고 북경 구베아 주교에게 편지를 쓴 것이 발각된 것이다. 황사영은 대역죄인으로 능지처참을 당했으며 그 가족들 역시 온전할 수 없었다. 어머니 윤혜는 거제도로, 아내 정난주는 제주도의 관노로 두 살 된 아들을 데리고 유배길을 떠나게 되었다. 정난주는 다산 정약용의 형인 정약현의 딸로 약전, 약용 형제들의 조카였고, 어머니는 이 땅에 천주교를 가져온 이벽 세례자 요한의 누이였다. 황사영 백서사건으로 황씨 일가는 물론 다산의 일가 역시 풍비박산이 났다. 약용은 강진으로, 약전은 흑산도로 혹독한 유배생활을 해야만 했다.

정난주는 18세에 황사영(당시 16세)과 혼인하고 아들 경한을 낳았다. 1801년 두 살배기 아들을 가슴에 안고 귀양길에 오른 정난주는 추자도에 이르러 아들이 죽임을 당할 것 같아 젖내나는 어린 것을 추자도 예조리 바닷가 갯바위에 내려놓았다. 사공들에게는 아이가 죽어 수장했노라고 말하고 눈물을 흘리며 추자도를 떠났다. 갯바위에 버려진 황경한은 그 울음소리를 듣고 찾아온 어부 오씨에 의해 키워졌으며, 훗날 추자도 어부가 되어 두 아들까지 낳았다. 훗날 정난주의 아들로 밝혀져

황경한으로 개명했으며 현재 추자도 바다가 아른거리는 언덕에 묘가 조성되어 있다. 북으로는 비명에 간 아버지를 그렸고 남으로는 제주도 대정의 친모 정난수를 애타게 바라보고 있었다. 지금까지 핏줄이 이어져 후손들은 하추자도에 일가를 이루고 살고 있다. 지금도 추자도에서는 황씨와 오씨가 결혼을 하지 않는 풍습이 있다.

한편 28세에 대정관노로 유배 온 정난주는 37년간 신앙의 힘으로 버텼고 풍부한 학식과 교양으로 주민들을 교화했다고 한다. 노비의 신분으로 멸시를 당하면서도 신앙을 지켰고 '서울 할머니'라는 칭송을 받으며 살아가다가 1838년 2월 66세의 나이로 대정에서 눈을 감았다. 그를 흠모했던 이웃들이 유해를 대정성지에 안장해주었다. 이 슬픈 가족사를 생각하며 조용히 사색해보는 것은 어떨까. 조경수가 유난히 예뻐 성지 순례지로 더없이 좋은 장소다.

Travel Info

친절한 여행팁 제주의 천주교 순례지 제주에는 천주교 성지순례지가 여럿 있다. 우리나라 최초의 신부인 김대건 안드레아 신부(1822~1846)가 1845년 중국 상하이에서 사제서품을 받은 뒤 귀국하던 중 풍랑을 만나 제주도 해안에 표착, 고국에서의 첫 미사를 봉헌했던 장소인 용수성지가 있다. 현재 김 신부가 타고 온 목선인 '라파엘호'가 서쪽 차귀도가 보이는 절부암 근처에 고증을 바탕으로 복원되어 있다. 1901년 이재수의 난으로 순교한 신자들과 성직자의 안식처인 황사평성지, 1960년대 목축을 통해 가난 극복에 이바지한 이시돌목장, 제주의 첫 천주교 신자이자 순교자인 김기량의 순교현양비 등 천주교 성지가 있다.

가는 길 제주공항 → 서부관광도로 → 동광 → 1135번 도로 → 대정

맛집 해녀식당(회덮밥, 064-794-3597, 모슬포), 산방식당(밀면, 064-794-2165, 대정읍 하모리), 금릉포구횟집(쥐치물회, 064-796-9006, 한림), 안당네풀내음(백반, 064-792-4525, 인양동 4거리)

잠자리 서귀포자연휴양림(064-738-4544, huyang.seogwipo.go.kr), 에쿠스모텔(064-792-2341, 안덕면 하순리), 산방산게스트하우스(064-792-2533, www.sanbangsanhouse.com)

주변 볼거리 추사적거지, 산방산탄산온천, 평화박물관, 서광다원, 카멜리아 힐, 안덕계곡, 산방산, 용머리해안, 송악산

제주다운 박물관을 찾아라 1

제주 이색박물관 – 동부

Travel Guide

추천시기 사계절 **여행성격** 가족, 연인, 단체 **추천교통편** 렌터카, 단체버스
추천일정 1일 북촌돌하루방공원 – 돌문화공원 – 에코랜드 – 해녀박물관 – 종달해안도로
2일 성산일출봉 – 혼인지 – 김영갑갤러리 – 서읍민속마을 – 용눈이오름 – 아부오름

주소 제주시 조천읍 교래리 산 119
전화 제주도청 064-710-3314 **웹사이트** 제주도청 www.jejutour.go.kr
2인비용 교통비 20만원, 렌터카 10만원, 숙박비 5만원, 여비 6만원

외국에 가면 토속 음식을 먹어봄으로써 그 나라의 삶을 이해하듯, 박물관에 들르면 그 나라의 역사와 문화를 체계적으로 볼 수 있다. 제주도 역시 마찬가지다. 제주에 가면 특색 있는 박물관이 워낙 많아서 어디를 가야 할지 난감할 때가 많다. 그럴 때는 토속음식을 맛보는 것처럼 가장 제주다운 박물관을 찾는 것이 현명한 선택이다.

제주돌문화공원

제주시 조천읍의 지질, 민속, 자연사를 집대성한 100만㎡의 메머드급 테마공원으로 제주 특유의 돌문화를 한곳에 집대성했다. 제주 특유의 향토성과 예술성을 만끽할 수 있어 제주를 찾는 사람이라면 반드시 가봐야 할 필수코스다. 탐라목석원이 기증한 자료를 근간으로 총 1만 4000여 점의 돌 전시품을 볼 수 있는데, 제주 돌박물관, 돌문화전시관,

야외전시관, 제주 전통초가공원 등의 코스로 꾸며졌으며 천천히 둘러보는 데 2시간 30분이 소요될 정도로 규모가 크다. 실문대할망과 오백나한을 상징하는 전설의 통로를 따라가면서 웅장한 제주의 전설을 배우게 된다.

제주의 석상들은 이스터 섬의 모아이 석상과 닮은 것 같다. 제주형성전시관에서는 화산활동을 주제로 오름, 동굴, 지하수 등 제주도 형성과정을 배울 수 있고, 조각작품을 닮은 희귀한 돌 전시물을 둘러보면서 제주의 신비를 느낄 수 있다. 용암에 녹아 융기와 풍화를 겪으면서 공룡, 돌고래 등 자연적으로 형성된 다양한 석상을 둘러보는 재미도 쏠쏠하다. 오름을 배경 삼아 초가와 돌담이 어우러진 제주의 옛 마을을 재현해 놓았으며 산책로를 따라 제주인들의 삶과 죽음, 신앙과 생활에 관련된 내용이 전시되어 있다. 야외전시관에는 망자의 한을 달래줄 동자석이 유난히 많다.

※ **문의** 064-710-7731, www.jejustonepark.com, 제주시 조천읍 교래리 산 119

제주해녀박물관

해녀는 얼마나 깊이 잠수하고 얼마나 물속에 오래 머물 수 있을까? 제주해녀박물관은 제주 해녀에 대한 궁금증을 풀어줄 공간이다. 제주와 일본에만 존재한다는 해녀는 전 세계적으로 아주 희귀한 존재이며 끈질긴 생명력과 강인한 개척정신을 보여주는 제주 여성의 상징이기도 하다. 제1전시관에는 물질 도구와 해산물을 이용한 제주의 다양한 음식과 해녀의 집 등 제주 의식주 생활 전반이 전시되어 있다. 물때에 맞춰 해산물을 채취하고, 물질하지 않는 날은 밭에 가서 농사짓는 억척스러운 해녀의 삶을 보여주고 있다. 제2전시실은 해녀의 일터로, 작업도구와 해녀옷의 변천사, 전통문헌에 나타난 해녀의 역사와 항일운동에 대해 기록되어 있다. 제3전시실에는 해녀의 남편인 어부들의 생생한 삶과 어로문화가 전시되어 있으며 전통 배인 테우의 실물을 볼 수 있고 제주의 대표적인 민요인 〈해녀노래〉를 감상할 수 있다. 4층 전망대에 오르면 제주의 동쪽 해변과 해녀들의 작업장인 바다밭과 용왕에 기원하는 해신당, 불턱 등이 한눈에 들어온다. 아이들의 시선을 사로잡는 어린이 해녀 체험관에서는 가상현실에서 바닷속을 체험하며 자연스레 해녀의 삶을 이해할 수 있도록 꾸며졌다. 해녀옷 입어보기, 물허벅 등에 져보기, 배타기, 해산물 채취와 탁본체험 등 흥미진진한 체험프로그램이 가득하다.

※**문의** 064-782-9898, www.haenyeo.go.kr, 제주시 구좌읍 하도리 3204-1

북촌돌하르방공원

제주의 마을로 들어서면 하르방이 서 있어 마을을 지키는 수호신 역할을 하고 있다. 차가운 돌이지만 온기가 전해지는 것은 하르방의 따뜻한 표정 때문이 아닐까. 제주의 대표적인 표상이라고 할 수 있는 돌하르방의 다양한 얼굴을 볼 수 있는 곳이 북촌돌하르방공원이다. 제주 각지에 흩어져 있는 48개의 돌하르방 실물 모형을 한곳에 모아두어 비교 감상할 수 있도록 꾸며졌다. 꽃을 들고 있는 돌하르방, 새와 돌하르방, 돌하르방 음악대 등 제주 민중들의 감성을 돌로 표현해내고 있다. 현대 미술가의 다양한 돌하르방 창작품이 볼만하며 보고 듣고 만지면서 관찰하는 흥미로운 체험공간도 갖추고 있다. 특히 직접 정과 망치를 이용하여 나만의 돌하르방을 만들어보는 체험이 흥미롭다.

※**문의** 064-782-0570, www.dolharbangpark.com, 제주시 조천읍 북촌리 976

Travel Info

가는 길 제주공항 → 제주국립박물관 → 97번 동부관광도로 → 1118번 도로 → 제주돌문화공원

맛집 대우정(오분자기솥밥, 064-757-9662, 삼도1동 569-27), 백선횟집(따치회, 064-751-0033, 삼도1동 584-22), 물항식당(생선회, 064-712-2731, 노형동 917-7)

잠자리 하와이호텔(080-753-8811, www.jejuhawaii.co.kr), 금호훼미리관광호텔(064-745-2020, www.gum-hotel.co.kr), 제주펄호텔(064-742-8871, www.pearlhotel.co.kr)

주변 볼거리 종달해안도로, 해녀박물관, 다랑쉬오름, 만장굴, 연북정, 함덕해수욕장

096 제주도

제주다운 박물관을 찾아라 2
제주 이색박물관 – 서부

Travel Guide

추천시기 사계절 **여행성격** 가족, 단체 **추천교통편** 렌터카, 단체버스	

추천일정 1일 평화박물관 – 추사유배지 – 오설록녹차박물관 – 이중섭미술관 – 감귤박물관

2일 표선제주민속박물관 – 김영갑갤러리 – 해녀박물관 – 돌문화공원 – 제주4·3평화공원

주소 제주시 한경면 청수리 1166

전화 제주도청 064-710-3314 **웹사이트** 제주도청 www.jejutour.go.kr

2인비용 교통비 20만원, 렌터카 10만원, 숙박비 5만원, 여비 6만원

평화박물관

제주시 한경면의 평화박물관은 태평양전쟁 당시 일본군이 주둔했던 미로형 지하요새다. 제주민의 강제노역으로 만들어진 역사의 현장이다. 내부는 맨손으로 곡괭이와 삽을 가지고 굴을 판 흔적이 남아 있다. 일본군의 만행을 눈으로 확인할 수 있어 아이들 역사교육에 좋다. 가마오름 지하요새는 총 길이 2000m 중 300m만 개방해 놓았다. 밀랍인형과 조명까지 갖추고 있어 일본강점기 시절 피비린내 났던 현장을 고스란히 볼 수 있다. 땅굴 입구 전시실에는 일본군 사진첩부터 화승총, 군복, 삭반, 철모, 수통, 미싱 등 군수품과 당시 생활용품 등 2000여 점을 볼 수 있다. 당시 전쟁과 수탈에 관한 내용이 남긴 영상물을 보여준다. 그러나 최근에 자금난을 이기지 못해 일본의 종교단체에 매각을 진행 중인 것으로 알려졌다. 사설 박물관이라 정책자금을 지원받지 못할뿐더

좌 태평양전쟁 당시 일본의 만행이 전시된 평화박물관 **우** 오설록녹차박물관

러 국내 기업에 접촉했으나 매입하겠다고 나서는 곳이 없어 이 소중한 현장이 일본으로 넘어갈 위기에 놓여 있다. 이영근 관장은 운영의 어려움으로 직원들을 내보내고 부부가 운영하고 있으며 틈틈이 버스 운전을 해서 운영비를 조달한다고 한다.

※ **문의** 064-772-2500, www.peacemuseum.co.kr, 제주시 한경면 청수리 1166

오설록녹차박물관

오설록녹차박물관은 우리나라 최초의 차 전문 박물관이다. 가야시대부터 조선시대까지 만들어진 대표적인 찻잔 150여 점이 전시되어 있으며 차의 역사와 녹차를 만드는 과정을 한눈에 볼 수 있다. 특히 박물관 앞에는 우리나라에서 가장 넓은 녹차밭이 형성되어 있어 차밭 고랑을 거니는 것만으로도 행복하다. 누구나 한 번쯤은 뜨거운 물에 설록차를 우려 마신 적이 있을 것이다. 그 녹차의 대부분이 제주에서 생산된 것이다.

제주는 일교차가 크고 연평균 기온이 14~16도를 유지하며 강수량이 풍부하기 때문에 차 재배에 이상적이다. 거기다 배수까지 잘되는 현무암 지형이니 차 재배에 그야말로 최상의 조건을 갖추고 있다. 녹차의 감칠맛을 내기 위해 돼지똥을 퇴비로 사용하여 질 좋은 토양을 만들었다고 한다. 동쪽으로 머리를 들면 한라산이 솟아 있고 남쪽을 바라보면 산방산이 손에 잡힐 듯 가까이 서 있어 뛰어난 경관을 자랑한다.

※ **문의** 064-794-5312, www.osulloc.co.kr, 서귀포시 안덕면 서광리 1235-3

추사유배지

19세기 동아시아의 대표적 석학을 뽑으라면 바로 추사 김정희 선생일 것이다. 그는 55세 되던 해에 윤상옥 옥사 사건에 연루되어 제주도 대정에서 9년간 유배생활을 했다. 나락으

세한도 속 집을 본뜬 제주 추사관

로 떨어진 추사의 마지막 노력과 성찰이 바로 추사체며, 전무후무한 명작 세한도를 그려냈다. 제주 추사관은 단층 건물로, 세한도에 나온 이상향의 집을 본떴다. 그러다 보니 지하 2층에 전시실과 교육실, 수장고를 두었다. 추사기념홀을 비롯한 3개의 전시실이 있는데 보물 제547-2호인 예산 김정희 종가 유물이 전시되어 있다. 전시실에는 유배 시절 대정향교에 써준 '의문당' 현판을 볼 수 있는데 의문당은 추사의 스승인 완원의 호다. 제주 유생과 추사의 교류 흔적을 볼 수 있는 흥미 있는 자료다. 추사관 뒤편에는 추사가 머물렀던 초가집이 복원되어 있다. 쪽마루에 앉아 추사의 세한도를 그려보기에 좋은 장소다. '날이 차가워 다른 나무들이 시든 뒤에야 비로소 소나무가 늘 푸르다는 사실을 알게된다'는 구절을 음미해볼 만하다. 옆으로는 제주 3개 읍성 중 하나인 대정성지가 길게 이어졌고 건너편은 눈이 돌출된 대정읍 돌하르방을 볼 수 있다.

※**문의** 064-760-3406, 서귀포시 대정읍 추사로 44번지

감귤박물관

제주를 떠올릴 때 **빼놓을** 수 없는 과일이 감귤이다. 그 옛날 대학나무라 부르기도 했던 감귤을 통해 제주인의 삶을 반추해볼 수 있는 공간이 서귀포감귤박물관이다. 박물관이라기보다 큼직한 정원에 가깝다. 전시실에 들어서면 섬사람들의 삶의 버팀목인 감귤의 세계를 한눈에 볼 수

있도록 꾸며졌으며 다양한 패널과 영상을 통해 배울 수 있다. 감귤의 종류, 감귤나무 단면도, 제주감귤의 향기와 당도를 과학을 통해 이해할 수 있게 했다. 2층 민속유물전시관에는 제주도민의 삶과 애환이 깃든 농기구와 향토민속유물이 전시되어 있으며, 세계감귤원에서는 한국, 일본, 유럽, 아시아, 아메리카 등 세계에서 자라는 감귤 80여 종이 자라고 있어 사시사철 신선한 감귤 열매를 만날 수 있다. 이밖에 감귤과자, 감귤주스, 감귤잼을 직접 만들어보는 체험학습장과 인공폭포, 아열대 식물원도 갖추고 있다.

※**문의** 064-767-3010, www.citrusmuseum.com, 서귀포시 신효동 산 1번지

좌 감귤박물관 **우** 서귀포감귤전시장에는 전 세계 감귤 80여 종이 식재되어 있다.

Travel Info

가는 길 제주공항 → 서부관광도로 → 동광 → 1135번 도로 → 대정

맛집 황금룡빅버거(햄버거, 064-773-0097, 대정읍 신도리 10), 부두식당(갈치조림, 064-794-1223, 대정읍 하모리), 수희식당(조림, 064-762-0777, 서귀포 천지연)

잠자리 재즈마을(064-738-9300, www.jazzvillage.co.kr), 풍림게스트하우스(064-739-9001, 강정), 미앤미(064-792-0190, www.minmi.co.kr)

주변 볼거리 추사적거지, 산방산탄산온천, 평화박물관, 서광다원, 카멜리아 힐, 안덕계곡, 산방산, 용머리해안, 송악산

堂 問 疑

제주에서 반드시 먹어야 할
제주 향토음식

육지가 양념과 저장음식이 발달한 반면 제주는 신선한 재료로 간단하게 만들어 먹는 음식이 발달했다. 이는 유독 일이 많은 아낙들의 생활상이 자연스레 식생활에 반영되었기 때문이다. 물회, 순댓국, 밀면 등 빨리 그리고 손쉽게 만들어 먹는 제주의 패스트푸드(?)야말로 현대인의 기호에 맞지 않을까 싶다.

비린내가 날 거라는 선입견을 버려요, 갈치호박국
가시가 많고 비린 갈치로 어떻게 국을 끓여 먹을 수 있나 내심 걱정했는데 그리 비린내가 나지 않고 구수하고 시원하다. 낚시로 잡아 올린 갈치를 먹기 좋게 잘라 호박, 풋고추, 배추 등을 넣고 소금간을 해서 내놓는다. 고춧가루를 쓰지 않은 맑은국이라서 은갈치 특유의 빛이 은괴처럼 영롱하다. 시원한 맛이 일품이어서 제주에서는 해장국으로 널리 알려져 있다. 9월, 10월 제주 연안에 갈치가 많이 잡히므로 회를 먹으려면 이때 찾으면 된다.
※**문의** 산지물식당(064-752-5599, 서부두 방파제), 물항식당(064-755-2731, 연동 제주그랜드호텔 정문 앞), 도라지식당(064-722-3142, 제주시 오라3동 2112)

전혀 느끼하지 않아요, 고기국수
제주야말로 국수의 천국이다. 아무래도 땅이 척박해서 쌀농사 하기가 힘들다 보니 보리나 밀을 사용한 음식이 발달하지 않았나 싶다. 제주는 1인당 국수 소비량이 전국 최고로, 다양한 면 요리가 발달해 있다. 냉밀면, 멸치국수, 고기국수를 쉽게 접할 수 있으며 순대국수까지 나왔을 정도다. 돼지고기 국물에 고기 몇 점을 올려 내는데 의외로 느끼하지 않고 사골국을 대하듯 푸짐하고 고소하다. 표선 하나로마트 앞에 있는 '청정지역 멸치국수집'은 등뼈에 붙은 살을 일일이 떼어 고명을 얹었기에 고기가 부드럽다. 특히 새콤달콤한 김치 맛이 별미인데, 김치에 밀감을 넣어 고기의 느끼함을 가시게 했다. ※**문의** 청정지역 멸치국수집 (010-7276-3125, 표선 하나로마트 맞은편)

제주의 여름 별미, 물회

생선회가 비싸 먹을 엄두가 나지 않는다면 자리물회를 권한다. 삼복더위에 땀을 흘릴 때 물회 한 그릇이면 속이 후련해진다. 자리물회는 오이와 깻잎, 미나리를 썰어 넣고 된장을 푼 국물에 싱싱한 자리를 넣어 만든 음식이다. 뼈째 썰어 넣은 자리는 칼슘이 풍부하고 비린내가 없어 담백하며 오돌오돌 씹히는 맛이 일품이다. 찬 국물에 밥 한 그릇 말아 먹으면 배가 든든하다. 7~8월 서귀포 법환포구에 가면 산더미처럼 쌓인 자리더미를 볼 수 있다. 물회, 소금구이, 젓갈 등 다양하게 요리해 먹는다. 자리물회가 부담스럽다면 한치물회도 좋다. ※**문의** 포구식당(064-739-2987, 서귀포시 법환동 278)

왕실 진상품 옥돔구이와 바다의 맛 해물뚝배기

옥돔은 비린내가 없고 맛이 담백한 생선으로 예로부터 왕실 진상품으로 각광을 받았다. 제주 연안과 일본 근해에서만 잡히며 특히 11~3월 중에 한림 인근 비양도에서 많이 잡힌다. 넓적하게 펴서 햇볕에 반쯤 밀린 후 참기름을 발라 노릇하게 구워 먹는다. 해물뚝배기는 전복의 친척쯤 되는 오분자기와 홍합, 바지락, 성게 등을 넣고 된장을 풀어 끓여낸 음식으로 숙취해소에 그만이다. 국물에서 제주 바다의 향이 전해진다.

황금빛깔의 성게미역국

성게는 5월 말~6월 사이 제주 바다에서 잡힌다. 껍질을 깨면 노란 살이 박혀 있으며 입에 넣으면 진한 바다향과 달콤한 맛이 입안 가득 퍼진다. 횟감으로 먹을 수 있지만 비싸서 제주사람들은 미역국에 넣어 국을 끓인다. 참기름을 살짝 볶은 후 오분자기를 넣고 끓이면 성게알이 진노랑으로 변하고 순두부처럼 엉켜 쫄깃하다. ※**문의** 유리네식당(064-748-0890, 제주시 연동 427-1)

하늘이 내린 영양보양식, 전복죽

그 옛날 진시황이 불로장생에 좋다 하여 널리 구한 것 중 하나로, 예로부터 임금님께 바치는 진상품으로 알려져 있다. 성산, 오조리, 섭지코지 인근에 해녀들이 조합 형식으로 식당을 차린 곳이 많은데 그중 '오조해녀의집'이 가장 유명하다. 전복죽은 내장을 풀어 푸른빛을 띠고 있는데 맛이 고소하고 영양이 뛰어나 보양식으로 그만이다. ※**문의** 오조해녀의집(064-784-7789, 서귀포시 성산읍 오조리 3), 성산해녀의집(064-784-0166, 서귀포시 성산동 성산리 125-2)

냉면식으로 만든 밀면, 제주 밀면

밀가루로 만든 면발을 냉면처럼 해먹으면 어떨까. 냉면만큼이나 면발이 쫄깃한데, 이 면 만드는 기술이 밀면의 맛을 좌우한다. 고기를 우려낸 육수가 고소한데 한여름이면 얼음을 동동 띄워 시원하게 먹는다. 점심에는 길게 줄을 설 정도로 식도락가들이 즐겨 찾는 집이다. 차가운 육수에 돼지고기와 매콤한 양념이 절묘한 조화를 이룬다. 식사로 먹기에 조금 약소하다 싶으면 수육을 곁들이면 좋다. ※**문의** 산방식당(064-794-2165, 서귀포시 대정읍 하모리 864-3)

푸른 초원에서 사육하는 한라산 도야지

제주만큼 돼지 소비가 많은 지역이 또 있을까? 고기국수, 돔베고기, 몸국, 순댓국 등 전통음식에는 꼭 돼지고기가 들어간다. 예전에는 집집마다 돼지를 키워왔고, 고기를 필요로 하는 사람들이 모여 부위별로 나누어 가지는 추렴도 성행했다. 큰일이 있을 때 돼지를 몇 마리 잡았느냐는 그 집안의 부를 상징하는 척도가 되기도 했다. 한라산 도야지는 한라산 맑은 공기와 푸른 초원에서 사육해 고기 맛이 쫄깃하고 육질이 우수한 것으로 알려져 외국에 수출할 정도로 품질이 좋다. 멸치젓을 찍어 먹는 것이 특이하다. ※**문의** 천하일미회관(064-784-5555, 제주시 구좌읍 세화리 3648-3)

활어회 포장, 황금어장

제주회를 저렴하게 그리고 푸짐하게 먹고 싶다면 횟집에 가지 말고 서귀포 올레시장에 들러 회를 떠 숙소에서 먹으면 된다. 5만원이면 네 명이서 배가 터지도록 회를 맛볼 수 있다. 주인장이 무척 친절하고 손이 커서 상추, 초고추장은 물론 회를 싸먹을 수 있도록 신김치까지 챙겨준다. 혼자 왔다고 했더니 자연산 광어를 썰어주는데 1만 5000원이다. ※**문의** 황금어장(064-738-4418, 서귀포 올레시장 상가 127번), 탈라수산(064-762-8589, 올레시장)

몸이 과연 뭘까, 제주 몸국과 순댓국

돼지고기를 푹 삶은 육수에 해초인 모자반을 넣고 다시 푹 고면 우거짓국처럼 보이는 몸국이 탄생한다. 제주사람들이 잔치를 벌일 때 빼놓지 않는 음식 중 하나다. 몸은 갈조류에 속한 모자반으로, 파를 썰어 신김치를 넣어 먹으면 느끼함이 사라진다. 서귀포 전통 오일장에서 맛보는 순대국도 별미다. 순대와 부속물을 듬성듬성 썰어 넣는데 몇 시간을 푹 고와서인지 국물이 무척이나 진하다. 제주 서민들의 삶을 가까이 만날 수 있는 절호의 기회. 서귀포 오일장과 제주 오일장에서 맛볼 수 있다. ※**문의** 신설오름식당(064-758-0143, 제주시 일도2동 409-5)

제주의 웰빙 패스트푸드
토속 주전부리

은근한 중독성, 제주 보리빵

보리빵은 무미건조한 맛이지만 은근히 중독성이 있다. 제주산 보리를 반죽해서 쪄내는데 씹을수록 고소한 맛이 난다. 뜨끈뜨끈하게 먹어야 제맛이다. 쑥빵, 생우유빵도 괜찮다. 서귀포 향토 오일장이나 제주 민속 오일장에 가면 제주 사람들이 먹는 보리빵을 구입할 수 있으며 덤도 잘 준다. 조천읍 신촌리에 가면 보리빵집이 몰려 있는데 미리 전화예약을 하면 따뜻한 보리빵을 기다리지 않고 바로 구입할 수 있다.

※**문의** 덕인당보리빵(064-783-6153, 제주시 조천읍 신촌리 2586-3), 삼다찰보리빵집(064-757-7888, 019-438-9967 주문예약 가능)

제주 순대

허영만의 만화 『식객』에도 등장할 정도로 제주 순대는 맛이 독특하다. 머릿고기와 당면, 각종 채소로 속이 꽉 차 있고 선지가 많이 들어가 속이 빨갛다. 찹쌀을 넣어서인지 쫄깃한 식감이 자랑이다. 증기로 찌지 않고 돼지고기 육수에 삶아 맛이 더욱 풍부하나. 고춧가루, 설탕, 파 등을 넣은 양념간장에 찍어 먹는 것이 특징이다. 모듬순대를 주문하면 순대, 머릿고기, 내장, 막창을 맛볼 수 있다. 직접 만든 수제 순대를 사용하기 때문에 순대가 다 팔리면 일찍 문을 닫는다.

※**문의** 감초식당(064-753-7462, 제주시 이도 1동 1289-5 보성시장 내)

제사 음식을 내놓기 위해 만든 효자빵, 상에떡

바케트마냥 큼직해 하나만 먹어도 든든하다. 1960~1970년대에 제사상에 떡을 올리려는데 쌀이 없어 조상을 뵐 면목이 없었던 것이다. 당시 구호품인 밀가루가 흔해 이를 가장 풍성하게 만든 것이 상에떡이다. 조상에 대한 애틋한 마음으로 눈물 없이는 먹을 수 없는 효자떡인 셈이다. 1000원짜리 상에떡 하나면 식사대용으로 충분하며 고소하고 담백하다. 서귀포 올레시장이나 제주 오일장에서 구입할 수 있다.

빙빙 돌려 먹는 빙떡

'빙빙 마는 떡'이라는 의미의 빙떡은 고운 메밀가루 반죽으로 둥글게 전을 부친 뒤 무, 파, 소금, 참깨가루 등을 전 위에 올려놓고 둥글게 만 것이다. 통째로 들고 먹는데 담백하고 고소하다. 천연재료라서 그런지 질리지 않는다.

※**문의** 할망빙떡(010-9278-8963, 동문시장)

달달한 팥빵, 올레꿀빵

올레꾼들의 달콤한 먹거리. 밀가루와 백년초 가루를 섞어 골고루 반죽하고 팥앙금을 속에 넣고 190도 고열로 튀겨낸다. 제주산 유채꿀을 넣은 시럽에 고명을 뿌리고 식혀주면 달달하면서도 고소한 올레 꿀빵이 탄생. 슈퍼에서 살 수 있다.

감귤 초콜릿과 감귤 커피

감귤맛, 녹차맛, 백련초, 파인애플맛, 복분자맛 등 다양한 제주의 초콜릿들은 간식거리로도 좋고 선물용으로도 제격이다. 최근에 감귤커피도 나왔는데 제주 감귤의 부드럽고 깊은 향이 커피에 배어 있다. 동문시장이나 오일장에 가면 시중보다 저렴하게 구입할 수 있다.

선인장 주스와 선인장 붕어빵

제주시 월령리 바닷가에는 거센 파도와 바람을 이기고 자란 선인장 자생지가 있다. 이곳의 '쉴만한물가'라는 카페에서 핑크빛의 선인장 주스를 맛볼 수 있다. 고소한 두유 맛이다. 한편, 제주 오일장에 가면 색이 화려하고 맛과 영양이 뛰어난 선인장 붕어빵과 쑥 붕어빵을 맛볼 수 있다. ※**문의** 쉴만한물가(선인장주스, 064-796-3808, 제주시 한림읍 월령리 435-4)

무인카페

제주에는 무인카페가 여럿 있다. 자기 손으로 차를 끓여 마시고 형편껏 값을 내면 된다. 서로 믿고 사는 주인장의 마음씀씀이가 고맙다. 원목을 사용한 내부 인테리어도 따뜻한 분위기다. 대정의 노을해안도로에 자리한 바당미술관은 제주풍경을 담은 그림을 감상하면서 커피를 마실 수 있도록 꾸며졌다. 귤, 과자 등 간식거리도 있으며 누린 만큼 돈을 내면 된다. 특히 2층에서 바라본 바다 풍경이 일품이다.
※**문의** 5월의 꽃(064-772-5995, 제주시 한경면 저지리 2989-1), 바당미술관(064-794-8218, 서귀포시 대정읍 1924-3)

오 마이 갓, 오메기술

제주는 쌀이 귀해 쌀로 술을 빚지 않았다. 제주의 대표 술인 오메기술은 차좁쌀을 이용해 만든 토속주다. 호떡처럼 생긴 오메기 떡을 만들어 끓는 물에 30분 정도 삶고 주걱으로 골고루 풀리게 한 다음, 잘게 으깬 누룩을 넣어 마지막으로 찬물을 붓고 항아리에 담아 일주일간 놔두면 감칠맛 나는 향기와 독특한 맛이 나는 오메기술이 된다. 제주 성읍 민속마을에서 맛볼 수 있다.

새콤하고 달달한 제주 감귤막걸리

감귤 특유의 노란 빛을 띠고 있고 달달한 맛이 여성에게 어울리는 술이다. 한중일 정상회의 공식 만찬주로 선정되어 유명세를 탔다. 끝맛이 부드러워 목에 잘 넘어간다.

제주 오일장

제주사람의 삶을 엿보겠다면 서귀포 오일장(4, 9일)이나, 제주시 전통 오일장(2, 7일)을 꼭 가보라. 제주 오일장은 모란시장보다 규모가 크고 복잡하다. 제주 생선과 싱싱한 야채를 저렴하게 구입할 수 있다. 제주 공항과 가까이 있다.

제주도, 비행기로 갈까 배로 갈까?
제주 페리여행

제주도 가는 길이 다양해졌다. 예전에는 대형 항공사가 독점해 별수 없이 비싼 항공료를 내고 갈 수밖에 없었지만 지금은 진에어, 이스트항공 등 저가항공 덕에 KTX로 부산 가는 것보다 저렴하게 제주에 갈 수 있다. 날짜만 잘 맞추면 1만 9000원짜리 항공권도 구할 수 있다. 제주에서는 렌터카도 미안할 정도로 저렴하다. 비수기에는 하루에 K5가 2만 4000원, 모닝은 1만 5000원에 빌릴 수 있으니 업계의 가격경쟁이 고마울 따름이다. 이렇게 렌터카 대여 비용이 뚝 떨어진 이유는 차를 싣고 제주에 갈 수 있는 선사들과 경쟁이 붙어서다. 서울 사람들이야 항공편이 많지만 대전 이남에 사는 사람에게는 그림의 떡이다. 그러나 이 설움을 한방에 날려버릴 대안이 바로 배편이다.

장흥 노력항에서 제주 성산항까지 쾌속선으로 시속 73km, 1시간 50분 만에 주파한다. 정원은 564명, 차량은 70대를 선적한다. 목포항에서 출항하는 배는 4시간 30분이 걸린다. 차량 선적 비용이 비싸지만 운임은 저렴하다. 목포에서는 스타크루즈, 카페리레인보우, 핑크돌핀호가 있는데 이왕이면 2011년 2월에 출항한 스타크루즈를 이용하는 것이 좋다. '바다 위의 호텔'이라고 불릴 정도로 국내 크루즈 중에서는 단연 최고 시설을 자랑한다.

수도권에서 선박을 이용하는 것은 그리 권하고 싶지 않다. 목포나 장흥까지 기름값과 고속도로 통행료가 만만치 않아 7일 이내 여정이라면 항공편을 이용하는 것이 낫다. 선박여행의 매력은 역시 편의성이다. 여러 교통편으로 갈아탈 필요가 없으며 짐을 가득 실을 수 있고 며칠간의 먹거리를 챙겨갈 수 있다. 더구나 제주 장터에 가서 특산물을 트렁크에 가득 싣고 육지로 올 수 있다. 거기다 남도여행과 연계할 수 있다. 해남 미황사, 강진의 다산초당, 백련사 동백뿐 아니라 장흥의 편백우드랜드, 천관산을 연계할 수 있고, 목포 출발이라면 유달산과 무안 일대, 완도라면 보길도, 청산도 일대를 한데 묶어 코스를 짜면 된다. 완도, 장흥 등 점점이 뿌려 놓은 다도해의 경치는 선상 여행의 매력이다. 목포행 배를 타면 추자도, 진도, 관매도를 비롯한 조도 열도, 장산도, 안좌도 등 남해의 하롱베이 풍경이 눈물이 찔끔 날 정도로 황홀하게 펼쳐진다. 남도 지도 한 장 펼쳐 들고 손가락으로 다도해를 짚어보는 재미가 좋다. 장흥 노력항이나 완도항에서 출발하는 배는 워낙 인기 있으니 반드시 홈페이지에서 사전 예약을 해야 낭패를 보지 않는다. 선내에 차는 'N' 자형으로 두 줄로 주차하며, 너울에 견딜 수 있도록 차를 자일로 묶어 고정한다. 노력항을 벗어나면 왼쪽에 금당도, 금일도, 생일도가 이어지고 오른쪽으로 완도의 약산도, 고금도, 신지도가 연이어 나타난다. 생일도까지는 후미 선창을 개방해 밖을 볼 수 있도록 배려했다.

생일도를 지나면 오른쪽 큰 섬이 보이는데 바로 서편제의 배경이 되었던 청산도다. 남해 마지막 끝섬인 여서도를 지나면 망망대해로 파도가 거세진다. 조금 지나자 동부의 오름 군락이 펼쳐지고 배가 미끄러지듯 성산항에 들어선다. 성산항에 내리면 성산일출봉과 섭지코지를 볼 수 있다.

제주국제항–목포항을 운항하는 스타크루즈호야말로 국내 크루즈 선박 중 단연 최고다. 2만 4000톤급, 총 6층으로 규모가 커 선내를 구경하다 보면 4시간 30분이 지루하지 않다. '바다 위의 호텔'이라는 별칭을 가지고 있는 스타크루즈호는 2011년 2월 4일 첫 출항한 신형 배로 주말에는 2000명이 가득 탄다고 한다. 목포항으로 돌아가는 배편에는 수산물을 가득 실은 화물차가 많은데, 목포에서 밤새 고속도로를 달려 가락동 농수산시장에 물건을 내려놓는다. 배에 들어가면 에스컬레이터를 타고 올라가야 한다. 2인에 30만 원짜리 로얄스위트룸은 고급 침대에 응접세트를 갖추고 있어 신혼여행객이 이용한다. 스위트룸과 패밀리형(4인, 10인), 1인실까지 있다. 일반실은 1인 3만원이다. 객실들이 그런대로 깔끔하며 TV까지 갖추고 있어 단체여행객에 어울린다. 선내 식당도 넓고 깔끔한데 뷔페식 식단으로 가격도 착하다. 단체여행객이라면 바다를 바라보며 맥주 한잔 마시면 좋다. 생맥주 가격도 저렴해 500CC에 3000원, 오징어 안주 5000원으로 부담이 없다. 선내에 편의점이 있는데 시중 가격과 같고 제과점, 샤워실, 마사지실, 오락실, 면세점까지 있다. 선내는 와이파이 지역이어서 노트북을 가져가면 지루하지 않겠다. 선창가로 나가면 제주도가 보인다. 관탈섬이나 추자도에서 선상 일몰을 만나게 된다. 추자도와 주변섬인 황간도, 흑검도, 주포도 등 추자열도 사이로 스쳐 지나간다.

백선횟집, 따치회 굴욕사건
제주 따치회

Travel Guide

추천시기 4~12월	**여행성격** 맛기행, 가족 **추천교통편** 시내버스, 택시

추천일정 1일 제주공항 – 절물자연휴양림 – 아부오름 – 용눈이오름 – 다랑쉬오름

2일 남원큰엉해안경승지 – 쇠소깍 – 돔배낭골산책로 – 조근모살 – 중문단지

3일 안덕계곡 – 송악산 – 추사적거지 – 수월봉 – 절부암 – 협재해수욕장 – 제주공항

주소 제주시 삼도1동 584-22 **전화** 백선횟집 064-751-0033 **웹사이트** 제주도청 www.jejutour.go.kr

2인비용 교통비 25만원, 렌터카 15만원, 숙박비 10만원, 식비 15만원, 여비 5만원

(사)한국여행작가협회 소속 임인학 작가는 자타가 공인하는 회 전문가
다. 얼마나 회를 좋아하는지 혼자 비행기를 타고 제주까지 가서 30만원
짜리 다금바리 회를 시켜놓고 자작하는가 하면, 회가 그리워 한밤중에
진도까지 차를 몰고 달려간 적도 있다. 노량진수산시장 근처에 사는 이
유도 순전히 회 때문이라는 소문까지 들린다. 이 회귀신(?)이 전국을 누
비면서 단연 최고라고 극찬한 회가 바로 제주 백선횟집의 따치회다.

독까치나 따돔이라 불리는 따치는 지느러미에 독이 있어 전문 요리사
가 칼질하지 않으면 위험해 제주에서도 취급하는 횟집이 그리 많지 않
다. 그러나 돈이 있다고 언제나 먹을 수 있는 횟감이 아니다. 4월부터
12월까지만 잡혀 겨울에 찾으면 소용이 없고 물때가 맞지 않으면 빈 수
족관을 보며 발길을 돌려야 한다. 그날 물량이 다 팔리면 침을 꼴깍 삼
키고 돌아가야 한다. 나 역시 두 번이나 실패한 경험이 있다. 한 번은

다 팔려서, 또 한 번은 횟집 앞 백록담호텔에 짐을 풀고 본격적으로 먹으려고 했는데 겨울에 찾는 바람에 방어회로 위안을 심이야만 했다. 그러나 이번만은 달랐다. 미리 전화를 걸어 회가 있는지 확인하고 또 주인장에게 우리 것을 남겨놓으라고 신신당부했다.

회의 달인이 추천한 횟집이니 동행한 3명의 작가들 역시 기대가 하늘을 찔렀다. 개선장군처럼 횟집 문을 열었는데 어쩌나 손님이 많던지 주방 옆에 물건을 쌓아두는 테이블 하나만 달랑 남았다. 주방 옆이라 썩 내키지 않았지만 그걸 탓할 처지가 아니었다. 오로지 따치회를 영접한다는 일념으로 우리가 직접 물건을 치우고 좁은 의자에 엉덩이를 붙였다. 과연 어떤 횟감이 나올까. 10여 분, 인고의 시간을 삭이며 심호흡을 내쉬고 마음을 가다듬었다. 드디어 홀 아줌마가 큼직한 회 접시를 들고 왔다. 접시 바닥에 얼음을 깔고 비닐 위에 회가 나와 싱싱함을 더했다. 붉은빛이 감도는 것이 눈맛을 사로잡는다. 젓가락으로 회를 집었더니 의외로 길쭉하고 두툼하다. 백지장처럼 얇게 썰었다면 5점은 족히 나올 양이다.

회 한 점을 살포시 입에 넣었다. 탄력이 있어 식감이 뛰어나다. 씹을수록 고소하며 단맛이 우러난다. 작가들의 입에서 감탄사와 더불어 극찬이 쏟아졌다. 어찌나 맛이 좋던지 순식간에 반 이상이 자취를 감췄다. 하긴, 저녁도 먹지 않은데다 장정 4명이 먹어댔으니 금세 바닥을 드러내는 것은 당연지사. 회가 거의 떨어질 무렵, 갑자기 옆 테이블에 앉은 제주 현지인들 4명이 따치회를 반이나 남겨놓고 훌쩍 나가버리는 것이다.

"제주 사람 돈 많네." "어쩜, 회를 저렇게 많이 남겨놓고 나가니?" 이런 대화가 오갔을 무렵 우린 이미 한통속이 되었다. 내 눈에 뭐에 쓰였는지, "운석아. 옆 테이블에 있는 회 우리 접시로 옮겨라." 이렇게 후배 운석에게 명령하니 운석은 얼씨구나 하며 전광석화 같은 젓가락 솜씨로 옆 테이블 회를 전부 옮겨 놓았다. 이를 지켜본 유정열 작가와 박동식 작가는 창피하다며 식당 바깥으로 나가버렸다. '자식들 소심하기는~.

너희도 애 키워바라.' 참고로 말하면 두 사람은 총각이다. 회를 전부 옮겨 놓고 한 점 맛보았다. "아이고~~ 좋다." 공짜라서 그런지 더 달았다.

사건은 그때부터 일어났다. 횟집 주인이 냉장고에 술을 가지러 왔다가 옆 테이블의 회 접시를 보더니 다급한 목소리로 물었다. "혹시 옆 테이블에 있는 회 가져왔어요?" 왜 물어보는지 의아했지만 실토하지 않으면 괜히 회 값 우리가 물어내야 할 것 같아 쥐 죽은 듯한 목소리로 대답했다. "예. 그런데요?" "아이고, 큰일 났네. 저 사람들 안 갔어요. 바깥에서 지금 담배 피우고 있어요."

그 순간 나와 임운석 작가의 얼굴은 잿빛으로 바뀌었다. 몸이 먼저 움직였다. 아까보다 두 배나 더 빠른 속도로 빈 접시에 옮겨 담은 것이다. 원래 예쁘게 줄을 맞춰 있었지만 그럴 경황이 없었다. 거의 회를 던졌다고 보면 된다. 가뜩이나 없는 우리 회도 몇 점 딸려 들어간 것 같았다. 사장 역시 우리 편이었다. 지나가면서 바깥을 힐끔 쳐다보더니 회를 예쁘게 정렬해놓고 갔다. "아. 이 무슨 창피야. 운석아. 걸리면 어떡하지?" "아마 술 취해서 모를 거에요."

조금 지나니 현지인 4명이 한꺼번에 들어와 각자 자리를 찾아 앉아 아무 일도 없다는 듯 소주잔을 꺾더니 따치회를 집어 입에 넣는다. "휴~ 다행이다." "거봐요. 술 취해서 모른다고 했잖아요." 얼마 후 밖에 나갔던 정열과 동식이가 고개를 푹 숙인 채 들어왔다. 그리고는 귓속말로

좌 길쭉하고 두툼하게 칼질한 따치회 **우** 따치매운탕은 수제비를 넣은 것이 특징이다.

"저 사람들 바깥에서 너희들 회 옮기는 것 다 보고 있었어. 눈이 똥그래 져서 쳐다보더라. 나는 너무 창피해서 들어가시도 못하고 빈 전화기 들 고 문자 보내는 척했어."

우리가 난처해 할까 봐 그냥 모른 척해준 것 같다. 남을 배려해주는 그 마음 씀씀이가 눈물겹도록 고마웠다. 그나저나 개그콘서트 애정남에게 묻고 싶다. 4명이 한꺼번에 담배 피우러 나가는 경우도 있는가?

왼쪽부터 용연, 용두암, 산지천 중국피난선

Travel Info

친절한 여행팁 **따치회** 백선횟집은 저렴한 가격과 질 좋은 회로 승부한다. 초밥, 튀 김 등 화려한 주변음식을 기대하면 곤란하다. 참치, 광어, 한치 등 회가 반찬으로 나 오고 미역, 다시마 등 해초류가 상에 올라온다. 모둠회를 시키면 황돔, 우럭, 따치가 골고루 접시에 올라오며 가격도 대(5만원), 중(4만원), 소(3만원)로 간단하다. 모둠회 대신 따치회(대 6만원)를 주문하면 1만원씩 더 받는다. 된장을 듬뿍 풀어 넣고 따치 대가리로 팔팔 끓인 매운탕이 일품인데, 민물매운탕처럼 수제비를 넣은 것이 특징 이다. 매운탕은 서비스로 딸려 나오지만 공깃밥은 1000원씩 받는다.

가는 길 제주공항에서 택시를 타면 15분, 제주시외버스터미널에서 도보 10분
맛집 삼대국수회관(고기국수, 064-759-6644, 삼성혈), 신설오름(몸국, 064-758- 0143, 일도2동), 산지물식당(물회, 064-752-5599, 서부두 방파제)
잠자리 백록담호텔(064-752-9141, 백선횟집 앞), 예하게스트하우스(064-713- 5505, 삼도1동), 제주마리나관광호텔(064-746-6161, 제주시 연동), 디셈버호텔 (064-745-7800, 연동)
주변 볼거리 삼성혈, 용두암, 한라수목원, 관덕정, 삼양동선사유적지, 삼양해수욕장, 연북정, 함덕해수욕장

한반도의 아침을 깨우는
해돋이 명소 4선

영금정 해돋이정자는 바다 위에 세워진 해상 징자다. 검푸른 동해바다와 부서지는 파도를 발밑에 둘 수 있으며 기둥 사이로 떨어지는 해가 묘한 감흥을 선사한다. 새들의 보금자리 조도와 불야성을 밝히는 오징어잡이 배가 활기찬 아침 풍경을 더해주고 있다. 속초등대에 올라서면 포말을 품은 해안선이 이어지며 멀리 금강산까지 시야에 들어온다. 뒤를 돌아보면 웅장한 백두대간이 병풍이 되어 버티고 있다. 아침 해가 떠오르면 밤새 파도와 싸우며 고기를 낚아 올린 배들이 하나둘씩 항구로 들어온다. 이때부터 포구는 경매로 북적거린다. 뱃사람들의 수고와 고단한 삶을 엿볼 수 있는 귀한 시간이다.

매년 속초해맞이축제를 열고 있는 설악해맞이공원에서는 바다를 배경으로 한 조각품을 감상할 수 있으며, 인어연인상 바위에 올라 근사하게 포즈를 취해도 괜찮다. 해변은 모래가 아닌 자갈과 돌로 이루어진 것이 특징이다. 우암 송시열 선생이 함경도 덕원에서 거제도로 유배되어 동해안을 따라 이곳을 지나다가 날이 저물어 머무르게 되었는데, 폭우로 물이 불어 며칠 더 체류했다가 마을을 떠나면서 '물에 잠긴 마을'이라고 하여 '물치'라는 이름을 얻게 되었다. 척산노천온천탕에서 눈 덮인 설악산을 바라보며 언 몸을 녹일 수 있고 근처 순두부 마을인 학사평에서는 바닷물을 간수로 한 순두부찌개를 맛볼 수 있다. 1월이면 물치, 외옹항, 장사 등 포구마다 산더미처럼 쌓인 도루묵을 볼 수 있다. 도루묵 구이와 찌개 등 현지에서 겨울별미를 맛볼 수 있는 기회다.

가는 길 서울춘천간고속도로 → 동홍천IC → 44번 국도 → 인제 → 속초

맛집 88구이집(생선구이, 033-633-8892), 김영애할머니순두부(순두부, 033-635-9520)

촛대바위는 애국가 첫 소절에 등장하는 일출 명소다. 촛대바위 위에 걸리는 붉은 햇덩이가 압권인데 부서지는 파도소리, 기암괴석 그리고 일

령이는 해가 잘도 어우러진다. 기암괴석과 바다를 병풍 삼은 해암정에 오르면 감미로운 해조음을 들을 수 있다. 추암은 예로부터 젊은 연인들의 동해안 여행 1번지로 알려져 있다. 드라마 〈겨울연가〉에서 배용준과 최지우가 마지막 밤을 보냈던 장소로, 지금은 한옥펜션으로 사용되고 있다. 추암해수욕장 끝에서 해가사터까지 목제 데크길이 조성되어 있다. 삼국유사에 따르면 해룡이 부인을 끌고 바닷속으로 들어가자, 남편이 '해가(海歌)'라는 노래를 지어 불렀더니 용이 수로부인을 다시 모시고 나왔다고 한다. 해가사터는 추암 일출을 가장 멋지게 볼 수 있는 전망 포인트로 알려져 있다. 삼척해수욕장에서 정라동을 잇는 새천년해안도로는 바닷길을 달리는 재미도 좋을뿐더러 소망의 탑 안으로 들어오는 일출이 감동적이다.

가는 길 서울 → 영동고속도로 → 강릉 → 동해고속도로 → 동해 → 7번 국도 → 추암

맛집 바다횟집(곰치국, 033-574-3543), 부일막국수(막국수, 033-572-1277)

문무왕의 염원, 경주 대왕암

신라 30대 문무왕의 수중릉으로, 죽어서도 왜적을 물리치겠다는 굳은 의지가 살아 있는 유적지다. 안개가 자욱한데다 갈매기까지 등장하면 신라의 몽환적인 분위기가 전해진다. 문무왕의 의지가 담겨 있어 무속인과 신도들이 대왕암을 향해 기도하는 모습을 종종 볼 수 있다. 대왕암을 가장 가까이서 볼 수 있는 봉길해수욕장은 해변이 모래밭이 아니라 자그마한 자갈돌로 이루어진 것이 특징이다. 파도가 들락거리면 돌 구르는 화음 소리가 듣기 좋다. 이견대는 신문왕이

'만파식적'을 얻은 장소로, 역시 대왕암을 감상하기에 좋은 포인트다. 대왕암에서 경주 쪽으로 대종천을 따라가면 문무왕이 짓기 시작헤 신문왕이 완성했다고 전해지는 감은사지가 나온다. 두 개의 거대한 삼층 석탑과 주춧돌만이 당시의 영화를 보여주고 있다.

가는 길 서울 → 경부고속도로 → 경주IC → 4번 국도 → 감은사지 → 봉길해수욕장 → 대왕암

맛집 한솔식당(도루묵찌개, 054-775-7058), 감포참전복직판장(전복, 054-744-9449)

한반도 꼬리뼈에 위치한 포항 호미곶

조선시대 풍수학자인 남사고는 '한반도의 모양새는 호랑이가 앞발로 연해주를 할퀴는 형상으로 백두산은 호랑이의 코, 호미곶은 호랑이의 꼬리에 해당한다'라고 하면서 이곳을 천하명당으로 꼽았다고 한다. '상생의 손' 위로 떠오르는 일출은 포항의 아이콘으로 한반도의 아침을 깨운다. 상생의 손은 모두 2개인데 바다와 육지에 서로 마주 보도록 설치하여 상생과 화합을 말해주고 있다. 해맞이광장 바로 옆에는 우리나라 유일의 등대박물관이 자리 잡고 있는데 운항체험실, 등대유물관, 등대과학관, 해양수산관, 수상전시관, 야외전시관, 테마공원 등 다양한 볼거리를 갖추고 있다.

가는 길 서울 → 경부고속도로 → 대구포항간고속도로 → 포항 → 31번 국도 → 약전 → 925번 지방도 → 호미곶

맛집 호미곶회타운(과메기, 054-284-2855), 어부회집(회국수, 054-284-5237)

지친 일상을 다독여주는

해넘이 명소 3선

동해 일출이 분출되는 생명력을 보여준다면 서해 일몰은 열심히 일한 당신에게 위로를 건네준다. 그래서인지 해넘이를 보면 마음이 편해진다. 서서히 빛을 잃어가는 태양을 보면서 자신을 반성하고 한해 아쉬웠던 일을 정리할 수 있는 좋은 기회다.

강화도 장화리와 석모도

강화도는 지붕 없는 역사박물관이다. 단군이 제사를 지냈다는 마니산 첨성대부터 시작해서 고인돌, 고려항몽유적지, 구한말 외세항쟁유적지까지 두툼한 역사책 한 권을 고스란히 담고 있어 역사기행에 더없이 좋은 코스다. 다소 지루하기 쉬운 답사여행 이외에도 강화도는 일몰이 아름다운 포인트가 몇 곳 있는데, 그중 서해안 3대 낙조로 손꼽히는 장화리 낙조가 가장 유명하다. 동막해수욕장이 시작되는 분오리 돈대부터 장화리로 이어지는 남단의 해안도로는 해 질 무렵이면 황금빛을 따라가는 드라이브 코스다. 굳이 일몰이 아니더라도 외포리 선착장에서 석모도 건너는 카페리호도 운치 있다. 공중에서 새우깡을 날름 받아먹는 갈매기의 모습은 색다른 추억거리를 제공한다. 서쪽 해변 가는 길에 만난 쓸쓸한 폐염전도 느낌이 좋고, 언덕 위에서 내려다본 민머루 해변도 황홀하다. 선덕여왕 때 창건했다는 보문사를 둘러보고 계단을 따라 올라 눈썹바위 아래 모셔진 7m 마애석불을 친견하고 뒤를 돌아서면 환상적인 서해 일몰이 펼쳐진다. 외포리 선착장 젓갈시장을 함께 둘러보면 된다.

가는 길 서울 → 김포 → 48번 국도 → 양촌 → 356번 지방도 → 대명포구 → 초지대교 → 동막해수욕장

맛집 대영호횟집(꽃게탕, 032-932-3953), 고향바자락칼국수(칼국수, 032-933-9163)

진도 세방낙조

남도석성에서 서쪽 해안으로 들어서면 환상적인 드라이브 코스가 펼쳐

진다. 조도, 관매도를 이어주는 팽목항이 아스라이 자리 잡고 있으며 바다를 향해 동석산이 우뚝 솟아 있다. 서남쪽 조도에서 진도 쪽을 바라보면 어머니가 아이를 안은 형상을 하고 있다고 한다. 이 산을 빙 둘러가면 진도 최고의 해안 드라이브 코스가 이어지는데 아무 곳이나 차를 세워 카메라를 들이대도 엽서에 나올 만한 사진 한 컷은 건질 수 있다. 뭐니뭐니해도 최고의 하이라이트는 세방낙조 전망대에서 바라본 일몰이다. 손가락섬, 발가락섬, 사자섬 등 동화 속에 나오는 형상들이 고스란히 바위로 굳어져 바다를 장식하고 있다. 붉은 태양이 올망졸망 떠 있는 섬과 바다를 붉게 물들일 때 그 감동은 극에 달한다. 이 붉고 아련한 낙조를 담은 술이 진도홍주인지 모른다. 남도석성은 조선시대 왜구의 노략질을 막기 위해 수군과 종4품을 배치하여 다도해 해역을 관찰하고자 세운 성인데 오늘날까지 원형이 잘 보존되어 있다. 성을 건너기 위한 쌍홍교는 편마암 석재를 사용한 것으로 성벽과 잘 어우러진다. 군청 근처 진도 별미인 간재미 요리를 하는 식당이 여럿 있다.

가는 길 서울 → 서해안고속도로 → 2번 국도 → 삼호 → 영암 금호방조제 → 77번 국도 → 진도

맛집 제진관(간재미회, 061-544-2419), 무등횟집(생선회, 061-542-2500)

화성의 궁평낙조

해송과 모래사장이 조화를 이룬 천혜의 관광지로, 길이 2km 백사장과 해송 5000여 그루가 길게 이어져 있어 한 폭의 동양화를 연상케 한다. 특히 서해바다가 이글거리는 태양을 꿀꺽 삼킬 때면 탄성이 절로 난다. 더구나 궁평항 방파제 중간에 전통 정자를 세워놓아 서해 낙조를 멋지게 감상할 수 있도록 배려했다. 한쪽은 노을이요, 다른 한쪽은 작은 배들이 쉴 수 있는 포구여서 분위기 만점이다. 화성팔경 중 하나인 궁평낙조는 반도의 끝자락에 붙어서 그런지 유난히 일몰이 예쁘다.

낙조뿐 아니라 개펄 체험도 인기 있다. 호미로 흙을 조금 걷어내면 펄에 숭숭 뚫린 구멍이 보이는데 그곳을 파내면 보석만큼 예쁜 바지락을

주을 수 있다. 먹을거리 또한 훌륭해 포구에서 갓 잡아온 활어를 즉석에서 맛볼 수 있다. 아침이면 포구에서 경매가 시작되는데, 뱃사람이나 경매인의 긴장된 표정을 보는 것도 재미있다. 해산물이 싱싱해서 한 잔, 노을이 좋아서 한 잔, 이러다 보니 궁평에 오면 취하지 않을 재간이 없다. 술에 취하든 노을에 취하든 궁평에 와서 멀쩡하게 나가면 오히려 이상하다. 방파제 낚시도 잘된다고 한다.

가는 길 서울 → 서해안고속도로 → 비봉IC → 313번 지방도 → 서신면 → 궁평
맛집 낙조횟집(활어회, 031-357-6200), 무명화가의집(칼국수, 031-357-6668)

궁평낙조

초보자도 쉽게 따라 할 수 있는

여행의 기술

여행은 미래를 위한 투자

시간과 비용에 대한 부담 때문에 여행을 실행에 옮기지 못한 사람을 제법 많이 만났다. 그러나 여행이 미래에 대한 직접적인 투자라면 생각이 바뀔 것이다. 단순히 오감으로 즐기는 차원을 뛰어넘어 새로운 삶과 풍경들을 만나게 되는 여행은 또 다른 도전의 기회가 될 수 있다. 부산 기장에 놀러 갔다가 짚불로 구운 꼼장어 맛에 반해 퇴직하고 외식사업에 뛰어들어 성공한 사람을 보았고, 터키에서 본 산양 아이스크림을 국내에 도입해 선풍적 인기를 이끌어낸 사람도 보았다. 30년 동안 대한항공 조종사로 일해왔던 사람이 이탈리아에서 원뿔 아이스크림 모양의 '테이크아웃 피자'를 보고 창업해 성공한 사례도 있다. 여행이 아니었다면 이 모든 게 가능했을까? 미지의 세계에서 만난 문화, 풍물, 별미 등이 경제 마인드와 혼합되면 놀라운 부가가치를 창출해낼 수 있다. 이런 값진 기회는 일부러라도 만들어야 하지 않을까.

여행은 가까운 곳부터 시작하라

시간과 더불어 비용 역시 제약요소가 될 수 없다. 굳이 멀리 가는 것만이 여행이 아니다. 서울 주변만 하더라도 궁궐과 산성, 왕릉 등 훌륭한 여행지가 산재해 있다. 2012년 서울시가 선정한 봄꽃길은 무려 100곳이 넘는다. 그만큼 우리 주변에 갈 곳이 많다. 가까운 곳부터 시작한다면 여행에 대한 부담을 덜 수 있다. 징기리어행은 비용이 부담된다면 컵라면이나 빵으로 끼니를 때우고 찜질방에서 하룻밤을 보내면서 경비를 아끼면 된다. 불국사 석가탑, 다보탑, 청운교, 백운교를 만나 감동받는 것이 중요하지 버스와 승용차, 호텔과 여관 같이 부수적인 것에 얽매인다면 그것이야말로 여행의 제약요소다. 가장 중요한 것은 떠나려는 의지와 감동을 느낄 줄 아는 열린 마음가짐이다. 어차피 여행은 떠나는 자의 몫이니 무조건 떠나라. 그리고 이왕 떠난다면 새벽에 출발하라. 그래야 길에서 인상 쓰며 기다리는 시간을 줄일 수 있다. 여행을 마치면 저녁까지 먹고 느긋하게 움직여라. 요즘처럼 유가가 폭등한 시기에는 여유를 가지고 악착같이 둘러보는 것이 남는 것이다.

자연휴양림을 이용하라

숙소가 정해지지 않으면 불안해서 떠나지 못하는 사람이 의외로 많다. 호텔과 펜션은 경제적으로 부담되고 여관과 민박은 시설이 낙후됐다고 생각한다면 전국에 산재한 자연휴양림을 이용하라. 숲속 통나무집이야말로 최고의 잠자리다. 그러나 성수기에는 휴양림 방을 구하는 것은 하늘에 별 따기다. 이럴 때는 데크에 텐트치고 야영하면 색다른 추억거리가 된다. 비수기 평일에는 언제든지 이용할 수 있으며 주말에도 취소자가 발생하기 때문에 대기자로 이름을 올리면 방을 얻을 확률이 높다. 그것마저 여의치 않다면 찜질방에서 하루를 묵어도 된다. 잘 찾아보면 호텔 수준의 시설을 갖춘 찜질방이 의외로 많다. 찜질방닷컴(www.zzimzilbang.com)에 들어가면 전국의 알짜배기 찜질방을 검색할 수 있다.

향토 별미를 맛보라

미각여행이야말로 살아있는 문화다. 수십 년간 이어져 온 전통 식당들은 현지의 살아 있는 재료를 이용해 음식을 만들고 주인장의 정성까지 담았기에 번창할 수 있었다. 전국의 별미를 맛보며 미각을 단련하고, 전통 식당들의 성공 노하우를 배우다 보면 훗날 음식점을 차려도 실패할 확률이 낮다. 입맛에 맞지 않더라도 향토별미(예컨대 전주비빔밥, 태안 박속낙지탕, 무안 기절낙지, 보성녹돈, 강진 한정식, 기장꼼장어, 마산아구탕 등)를 반드시 맛보라. 관광지에 몰려 있는 식당보다는 현지 사람들이 단골로 삼는 식당을 찾아가는 것이 좋다. 입맛이 까다롭기로 소문난 택시기사나 경찰서를 찾아도 잘 가르쳐준다. 그것도 여의치 않다면 관공서 근처 식당을 찾으면 실망하지는 않는다.

입장료를 아끼지 마라

토함산 굽잇길을 올랐다가 석굴암 매표소에서 4000원의 입장료를 보고 그냥 돌아가는 관광객을 여럿 보았다. 유류비와 제비용을 감안한다면 반드시 들어가야 한다. 세계문화유산인 석굴암은 돈으로 가치를 따질 수 없는 보물이다. 입장료는 자랑스러운 유물에 대한 고마움의 표시로 여기자. 한국처럼 입장료가 저렴한 나라가 그리 많지 않다. 인도 타지마할은 3만원, 만리장성은 케이블카를 타면 거의 2만원에 육박한다. 그에 반해 우리의 세계문화유산인 창덕궁은 3000원, 동구릉은 1000원이다. 자주 찾는 것이 남는 장사일 정도다.

여행 사진과 후기를 남겨라

여행에서 남는 것은 사진이다. 이왕이면 사진과 함께 후기를 남겨라. 요즘은 SNS가 발달해 정보가 홍수를 이룬다. 이럴 때일수록 양질의 정보가 절실하다. 사진이나 동영상을 잘 찍어 나만의 앨범을 만들어라. 사진첩도 좋고 블로그, 카페, 페이스북 등에 데이터를 올려 관리하면 훌륭한 정보 창고가 된다. 여행뿐 아니라 일상의 재미있는 장면도 기록에 남기면 더욱 생동감이 있다. 좋은 데이터가 누적되면 책을 출간할 기회가 올지도 모른다.

가족의 화합은 여행을 통해 이뤄라

여행은 대화다. 한번 여행을 떠나면 하루종일 차 안에 있게 된다. 대화를 나누다 보면 서먹서먹한 가족관계도 눈 녹듯이 풀어지고, 함께 여행을 준비하고 밥을 먹고 설거지까지 분담하면서 정이 깊어진다. 캠핑, 등산, 자전거 등을 가족과 함께하면 더욱 좋겠다. 홀로 여행한다면 자연을 가족 삼아 대화를 나누면 된다.

살아 있는 정보를 얻어라

한국관광공사 홈페이지(www.visitkorea.co.kr)에 가면 테마별, 지역별 여행지뿐 아니라 교통안내, 주변정보까지 다양한 정보를 얻을 수 있다. 스마트폰을 이용해 실시간 정보를 접할 수 있다. 여행지에서는 24시간 무료관광안내전화(지역번호+1330)를 이용하면 숙박, 맛집, 볼거리 등을 상세히 소개해준다. 해당 시군의 문화관광 홈페이지에 접속해 지도, 여행안내책자를 요청하는 글을 올리면 우편물을 보내준다. 고속도로휴게소에 자리한 관광안내소를 찾아도 최신 지도를 얻을 수 있다. 무교동 한국관광공사 지하에는 쉼터 분위기의 여행정보센터가 자리하고 있다. 한류 관광 정보와 지자체 여행자료가 가득해 청계천 산책 시 일부러라도 들리는 것이 좋다. 매년 2월에 열리는 '내나라 여행박람회'를 찾으면 여행정보와 책자는 물론 상담까지 받을 수 있다. 평소에 여행자료를 지역별로 구분해 박스에 넣어뒀다가 여행 시 필요한 자료만 빼가면 편리하다.

전국 200개 코스, 시티투어를 활용하라

한국관광공사 홈페이지에 들어가면 전국 50여 개 지자체의 시티투어 정보가 자세하게 소개되어 있다. 약간의 비용만 부담하면 하루종일 전문 해설사가 동승하며 그 지역의 여행지를 자세히 설명해줘 여행지가 더욱 가깝게 다가온다. 더구나 울산의 현대자동차, 현대중공업 공장을 견학하려면 단체가 아닌 이상 시티투어가 유일한 방법이다. 공주, 부여 시티투어는 백제역사답사 프로그램이 알차고 서울이나 부산은 순환형 시티투어버스가 운행되어 자유롭게 일정을 짤 수 있다. 갓바위, 동화사 등 대구의 명소를 둘러보는 대구시티투어도 잘 되어 있어 KTX와 연계하면 당일코스도 가능하다. 서울 근교는 태평무, 바우덕이 공연 등을 볼 수 있는 안성시티투어나 몽골의 민속예술공연, 마상공연을 볼 수 있는 남양주시티투어가 짜임새 있다. 삼척시티투어는 대금굴, 해양레일바이크 코스 등 1박 2일 일정을 가진 것이 특징이다.

테마를 가지고 떠나라

여행에도 방법이 있다. 처음에는 잡식성 여행을 떠나라. 많은 여행지를 접하다 보면 관심분야가 생길 것이다. 여행 역시 성향과 궁합이 맞아떨어져야 한다. 이를테면 역사를 좋아하는 사람은 '궁궐여행'이나 '사찰기행'이 맞고, 꽃을 사랑하는 사람이라면 '야생화기행', 트레킹을 좋아하는 사람은 '숲길 트레킹', 마음을 정화하고 싶다면 '템플스테이' 등 구체적 테마여행을 떠난다면 흥미와 집중도가 생긴다. 경험과 지식이 축적되면 전문가 반열에 오르게 된다.